カラー図解　アメリカ版　新・大学生物学の教科書

第３巻　生化学・分子生物学

デヴィッド・サダヴァ他　著

監訳・翻訳

圭代子　翻訳

ブルーバックス

●カバー装幀／芦澤泰偉・児崎雅淑
●カバー写真／©Science Photo Library/amanaimages
●目次デザイン／児崎雅淑
●本文 DTP ／ブルーバックス

監訳者まえがき

　本シリーズのブルーバックス旧版、すなわち『カラー図解　アメリカ版　大学生物学の教科書』第1〜3巻は、アメリカの生物学教科書『LIFE』（第8版）から「細胞生物学」、「分子遺伝学」、「分子生物学」の3つの分野を抽出して翻訳したものであった。『LIFE』のなかでも、この3つの分野は出色のできであり、その図版の素晴らしさは筆舌に尽くしがたい。図版を眺めるだけでも生物学の重要事項をおおよそ理解することができるが、その説明もまことに要領を得たもので、なおかつ奥が深い。我々はこの3分野を『LIFE』の精髄と考え訳出し、幸いにして望外に多くの読者に恵まれた。

　しかしながら生物学の進歩は速く、特にこの3分野の進歩は目覚ましいものがある。第1巻の刊行から11年が経過し、内容をアップデートする必要性を痛感し、この度『LIFE』第11版を訳出し、『カラー図解　アメリカ版　新・大学生物学の教科書』として出版することにした。例えば『LIFE』第8版では山中伸弥博士のiPS細胞に関する記載はなく、ブルーバックス旧版の第3巻に訳註としてiPS細胞に関する説明を追加したが、第11版ではiPS細胞に関する簡潔にして要を得た記載がある。また2020年のノーベル化学賞を受賞したCRISPR-Cas9というゲノム編集の画期的手法についての記載もある。さらに全般的に第8版に比べてさらに図版が充実して、理解を大いに助けてくれる。

　また『アメリカ版　新・大学生物学の教科書』では、『LIFE』第11版の図、「データで考える」、「学んだことを応用してみよう」に付随する質問に対する解答を訳出し巻末に掲載することにより、読者の理解を助ける一助とした。ブルーバックス旧版の読者も是非この『アメリカ版　新・大学生物学の教科書』を

3

手に取っていただきたい。本書を読んで生物学に興味を持った方々は、大部ではあるが是非原著に「挑戦」してほしい。

『LIFE』第11版は全58章からなる教科書で、生物学で用いられる基本的な研究方法からエコロジーまで幅広く網羅している。世界的に名高い執筆陣を誇り、アメリカの大学教養課程における生物学の教科書として、最も信頼されていて人気が高いものである。例えばスタンフォード大学、ハーバード大学、マサチューセッツ工科大学（MIT）、コロンビア大学などで、教科書として採用されている。MITでは、一般教養の生物学入門の教科書に指定されており、授業はこの教科書に沿って行われているという。

　MITでは生物学を専門としない学生も全てこの教科書の内容を学ばなければならない。生物学を専門としない学生が生物学を学ぶ理由は何であろうか？　1つは一般教養を高めて人間としての奥行きを拡げるということがあろう。また、その学生が専門とする学問に生物学の考え方・知識を導入して発展させるということもある。さらには、文系の学生が生物学の考え方・知識を学んでおけば、その学生が将来官界・財界のトップに立ったときに、最先端のバイオテクノロジー研究者との意思疎通が容易になり、バイオテクノロジー分野の発展が大いに促進されることも期待できる。すなわち技術立国の重要な礎となる可能性がある。また、一般社会常識として、様々な研究や新薬を冷静に評価できるようになるだろう。

　本シリーズを手に取る読者はおそらく次の四者であろう。第一は生物学を学び始めて学校の教科書だけでは満足できない高校生。彼らにとって本書は生物学のより詳細な俯瞰図を提供してくれるだろう。第二は中学生・高校生に生物学を教える先生

方。彼らにとって、生物学を教える際の頼りになる道標となるだろう。第三は大学で生物学・医学を専門として学び始めた学生。彼らにとっては、生物学・医学の大海に乗り出す際の良い羅針盤となるに違いない。第四は現在のバイオテクノロジーに関心を持つが、生物学を本格的に学んだことのない社会人。彼らにとっては、本書は世に氾濫するバイオテクノロジー関連の情報を整理・理解するための良い手引書になるだろう。

本シリーズは以下の構成となっている。
- 第1巻（細胞生物学）：生物学とは何か、生命を作る分子、細胞の基本構造、情報伝達
- 第2巻（分子遺伝学）：細胞分裂、遺伝子の構造と機能
- 第3巻（生化学・分子生物学）：細胞の代謝、遺伝子工学、発生と進化

まず第1巻で、生命（生物）とは何か、生命を研究する学問である生物学とは何か、生命を作る分子、生命の機能単位である細胞の構造、細胞の機能にとって必要不可欠な情報伝達について説明し、第2巻では、細胞の分裂と機能を司る遺伝子の構造と機能、それを研究する分子遺伝学について説明し、第3巻では細胞の代謝、遺伝子工学、発生と分化について概説する。

第3巻は、第14章から第19章までとなる。第14章では細胞が利用するエネルギーと生物内の反応を触媒する酵素について説明する。第15章では細胞がどのようにして化学エネルギーを獲得するかについて説明する。第16章では植物が日光からエネルギーを獲得する過程である光合成について説明する。第17章では染色体上の全ての遺伝情報であるゲノムについて説明する。第18章では組換えDNAとバイオテクノロジーについ

て説明する。ここではCRISPR-Cas9を用いた最新のゲノム編集法についても紹介する。最後に第19章では多細胞生物において1個の細胞から成体が形成されるまでの過程である発生の分子メカニズム、進化の分子メカニズムについて説明する。

　近年、生命科学・医学分野における日本の研究力低下が問題となっている。その原因は多様であり、即効性の対策を講じることは困難であるが、若い世代が生物学の面白さに気付き、多くの若者が生物学研究に参入することが、この分野における日本の研究力復活にとって不可欠であると考える。本書が、若い世代をはじめとする広い層の人々が生物学の面白さを発見し、生物学研究を支える一助となることを願ってやまない。

2021年4月　　　　　　　　監訳・翻訳者を代表して　　石崎泰樹

付記：本書翻訳過程における高月順一氏ら講談社学芸部ブルーバックス編集チームの学問的チェックを含めた多大の貢献に深く感謝する。

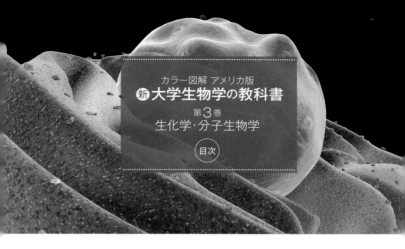

カラー図解 アメリカ版
新・大学生物学の教科書
第3巻
生化学・分子生物学

目次

第1巻・第2巻の構成内容

【各章の翻訳担当】
　　　第1章〜第2章 …… 中村千春、小松佳代子
　　　第3章〜第7章 …… 石崎泰樹
　　　第8章〜第13章 …… 中村千春、小松佳代子
　　　第14章〜第16章 …… 石崎泰樹
　　　第17章〜第18章 …… 中村千春、小松佳代子
　　　第19章 …… 石崎泰樹

第14章
エネルギー、酵素、代謝

エネルギー変換は生命の大きな特徴である。

生命を研究する

アスピリンの作用機序

"おこり（マラリア熱）"に苦しんでいるにもかかわらず、エドワード・ストーン牧師はイギリスの田舎を歩き続けた。熱っぽく、疲れ果てて、筋肉痛と関節痛に苦しみながら、ヤナギの木に偶然たどり着いた。多くの古代の治療者が解熱のためにヤナギの樹皮の抽出物を用いていたことは知らなかったようだが、牧師はいろいろな病気に対して天然の治療薬を用いる伝統があることは知っていた。牧師はヤナギから、南米の樹木の樹皮由来の苦い抽出物が解熱のための高価な治療薬として売られていることを思い出した。牧師はヤナギの樹皮を取ってしゃぶりつき、実際苦いけれども症状を和らげてくれることを発見した。

　後に牧師は1ポンド（454グラム）のヤナギの樹皮を集め、すり砕き、粉末にして、痛みを訴えるおよそ50人に与えたと

ころ、全員の気分がよくなった。牧師はこの"臨床試験"の結果を、イギリスで最も尊敬されている科学団体である王立協会（ロイヤルソサエティ）への短報として報告した。牧師は世界で最も広く使われている薬物の主成分であるサリチル酸を発見したのである。短報（現存している）の日付は1763年4月25日であった。

　サリチル酸（ヤナギ属の学名である *Salix* サリックス由来）の化学構造はおよそ70年後に解明され、すぐに化学者たちは実験室で合成することに成功した。この化合物は痛みを軽減したけれども、酸性度が高いために消化管系に炎症を引き起こした。1890年代後半、ドイツの化学会社バイエルはより穏やかで等しい効果を持つアセチルサリチル酸を合成し、それをアスピリンと命名した。この新薬の成功によってバイエルは世界に冠たる製薬会社となり、今でもその地位を保っている。

　1960年代と1970年代には、他の鎮痛薬が広く用いられるようになり、アスピリンの使用はいくらか減少した。しかし同時期に、臨床試験によりアスピリンの新たな利用法が明らかになった。アスピリンは効果的な抗凝固薬であり、血液凝固によって引き起こされる心臓発作や脳卒中を予防する作用があるのだ。今日では多くの人がこれら凝固疾患の予防薬として、アスピリンを毎日低用量服用している。

　熱、関節痛、頭痛、血液凝固。これらの症状に共通するものは何だろうか？　これらは全て、プロスタグランジンという脂肪酸産物及びそれ由来の分子によって引き起こされているのである。サリチル酸はおおもとのプロスタグランジンの合成を阻害する。アスピリンの生化学的作用機序は1971年に明らかにされた。これから分かるように、この機序を理解するために

は、この章の2つの主題であるタンパク質と酵素の機能を理解しなければならない。

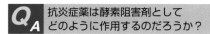

抗炎症薬は酵素阻害剤として
どのように作用するのだろうか？

14.1 物理的原理が生物における エネルギー変換の基盤である

化学反応は原子が十分にエネルギーを持っていて、相手と結合したり、結合する相手を変えたりすることができるときに起こる。二糖であるスクロース（ショ糖）のその成分単糖であるグルコース（ブドウ糖）とフルクトース（果糖）への加水分解を考えてみよう（これらの糖の化学構造は第1巻の**第3章** 図3.16）。この反応を化学式で表すと次のようになる。

スクロース ＋ H_2O → グルコース ＋ フルクトース
（$C_{12}H_{22}O_{11}$）　　　　　　（$C_6H_{12}O_6$）　　　（$C_6H_{12}O_6$）

この化学式で、スクロースと水は**反応物**であり、グルコースとフルクトースは**産物**である。この反応でスクロースと水の結合のうちのあるものは壊され、新たな結合が作られて、これら反応物とは化学的特性が非常に異なる産物が作られる。ある時点での生物内の化学反応全ての総体を**代謝**と呼ぶ。代謝反応にはエネルギー変化が伴う。例えば、スクロース（反応物）の化学結合に含まれているエネルギーは2つの産物であるグルコースとフルクトースの化学結合に含まれているエネルギーよりも大きい。

・熱力学の第二法則は、宇宙での乱雑さは常に増大しているというものである。
・生体系での化学反応は発エルゴン反応か吸エルゴン反応である。

　物理学者は**エネルギー**を仕事をする能力と定義する。仕事は、ある物体に力を加えてある距離を移動させたとき、生じる。生化学では、エネルギーを変化をもたらす能力と捉えた方が有益である。生化学反応では、エネルギー変化は通常分子の化学的構成や特性の変化を伴う。

エネルギーには２つの基本タイプがある

　エネルギーには多くの形がある。化学エネルギー、電気エネルギー、熱エネルギー、光エネルギー、機械的エネルギーなどである（表14.1）。しかし全ての形のエネルギーは２つの基本タイプに分けて考えることができる（図14.1）。

表14.1　生物学におけるエネルギー

エネルギーの形	生物学における例
化学エネルギー： 結合に保存されている	共有結合に保存されている化学エネルギーは、重合体の加水分解により放出される
電気エネルギー： 電荷の分離	細胞膜内外の電気的勾配は、チャネルを通してのイオンの移動を助ける
熱エネルギー： 温度差による伝達	熱は化学反応によって生じ、これによって生物の内部温度が変わりうる
光エネルギー： 光子として保存される 電磁放射線	光エネルギーは眼の色素によって、または、光合成においては植物色素によって捕捉される
機械的エネルギー： 運動エネルギー	機械的エネルギーは筋肉運動や細胞内運動において利用される

図14.1 エネルギー変換と仕事
飛び跳ねるカエルは、位置エネルギーと運動エネルギーの相互変換と化学エネルギーと機械的エネルギーの相互変換の両者の例を示している。

1. **位置（ポテンシャル）エネルギー**は、状態ないし位置のエネルギー、すなわち保存されたエネルギーである。これは多くの形で、すなわち化学結合、濃度勾配、電荷の不均衡等の形で保存される。
2. **運動エネルギー**は運動のエネルギー、すなわち仕事をするエネルギー、物事を変化させるエネルギーである。例えば、熱は分子の運動を生じさせ、化学結合を壊しさえする。

　位置エネルギーと運動エネルギーは相互変換可能であり、それぞれのタイプに属するエネルギーも相互変換可能である。この本を読む間に、光エネルギーが眼の中で化学エネルギーに変換されるし、その化学エネルギーが神経細胞中で電気的エネルギーに変換され、脳へと情報が伝達される。ページをめくろう

と決めたときには、神経と筋肉の電気エネルギーと化学エネルギーは手と腕の運動のために運動エネルギーに変換される。

代謝には2つの基本タイプがある

　生体系のエネルギー変化は通常化学変化として起きている。この変化の中で、エネルギーは化学結合の中に貯蔵されるか、化学結合から放出される。

　同化反応により、低分子が結合し、大きくて複雑な分子が作られる（例えば、グルコースとフルクトースからスクロースが合成される）。同化反応はエネルギーの入力を必要とし、そのエネルギーを合成される化学結合（例えば、2つの単糖の間のグリコシド結合）の中に捕捉する。この捕捉されたエネルギーは化学結合中に位置エネルギーとして保存される。

　　グルコース ＋ フルクトース ＋ エネルギー → スクロース

　異化反応により、大きくて複雑な分子は低分子へと分解され、しばしば化学結合中に蓄えられていたエネルギーが放出される。例えば、スクロースが加水分解されるとエネルギーが放出される。生体系では、放出されたエネルギーは新たな化学結合中に再捕捉されるか、運動エネルギーとして、原子、分子、細胞、個体全体の運動に使われる。

　　スクロース ＋ H_2O → グルコース ＋ フルクトース ＋ エネルギー

　同化反応と異化反応はしばしばリンクしている。異化反応で放出されたエネルギーは、しばしば同化反応を駆動するため、すなわち生物学的仕事をするために使われる。例えば、グルコースの分解（異化作用）に際して放出されたエネルギーはトリグリセリドの合成のような同化反応を駆動するために使われる。これがエネルギー要求以上に食物を食べたときに脂肪とし

て蓄えられる理由である。

　熱力学の法則は、エネルギーの基本的な物理的性質と、エネルギーが物質と相互作用する仕方の研究から生まれた。この法則は宇宙に存在する全ての物質と全てのエネルギー変化に当てはまる。熱力学の法則を生体系に応用することにより、どのようにして生物と細胞がエネルギーを獲得して変換し、生命の維持に用いているかを理解することができる。

熱力学第一法則：
エネルギーは作り出すことも破壊することもできない

　熱力学第一法則は、エネルギー変換の際、エネルギーは作り出すことも破壊することもできない、というものである。言葉を換えると、エネルギーをある形から別の形へと変換する際に、変換の前後で系の中でのエネルギーの総量は変化しない（不変である）ということである（図14.2（**A**））。次の2つの章で見るように、糖質と脂質の化学結合中の位置エネルギーはATPの形の位置エネルギーに変換可能である。このエネルギーは次に運動エネルギーに変換されて、筋収縮などの機械的仕事やタンパク質合成などの生化学的仕事をするのに用いられる。

熱力学第二法則：無秩序は増大する

　熱力学第二法則は、エネルギーは作り出すことも破壊することもできないが、エネルギーがある形から別の形へと変換されるときに、そのエネルギーの一部は仕事には使えなくなる、というものである（図14.2（**B**））。言葉を換えると、どんな物理的過程も化学反応も100％効率的ということはあり得ず、放出されたエネルギーの一部は無秩序と関連した形で失われる。無秩序は乱雑さの一種であり、粒子の熱運動に起因する。このエ

ネルギーは小さくて散乱しているので、使うことができない。**エントロピー**は系における無秩序の尺度である。

　ある系に秩序を与えるのにはエネルギーがいる。ある系にエネルギーが供給されない場合、その系は乱雑で無秩序になる。熱力学第二法則は全てのエネルギー変換に当てはまるが、ここでは生体での化学反応に焦点を当てよう。

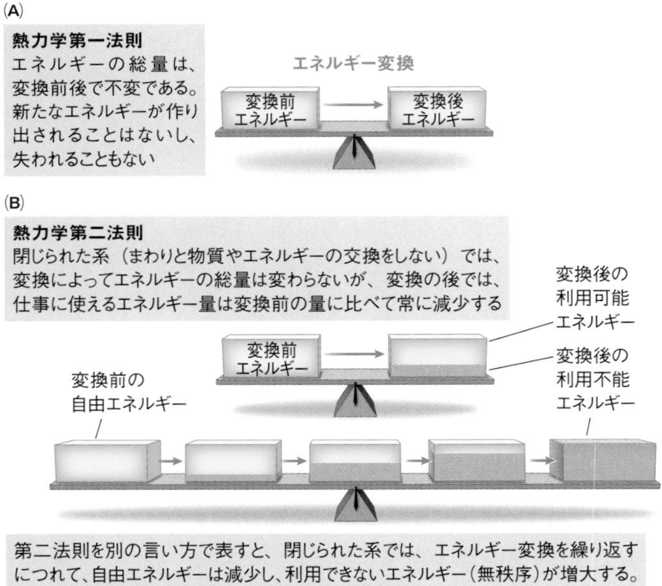

(A)

熱力学第一法則
エネルギーの総量は、
変換前後で不変である。
新たなエネルギーが作り
出されることはないし、
失われることもない

エネルギー変換

変換前エネルギー　→　変換後エネルギー

(B)

熱力学第二法則
閉じられた系（まわりと物質やエネルギーの交換をしない）では、
変換によってエネルギーの総量は変わらないが、変換の後では、
仕事に使えるエネルギー量は変換前の量に比べて常に減少する

変換後の利用可能エネルギー

変換前エネルギー　→

変換後の利用不能エネルギー

変換前の自由エネルギー

第二法則を別の言い方で表すと、閉じられた系では、エネルギー変換を繰り返すにつれて、自由エネルギーは減少し、利用できないエネルギー（無秩序）が増大する。このことは**エントロピー増大**として知られる現象である。

図14.2　**熱力学の法則**
(A)第一法則によると、エネルギーは作り出すことも破壊することもできない。
(B)第二法則によると、エネルギー変換の際には、エネルギーの一部は仕事に使われずに失われてしまう。

全てのエネルギーが利用可能なわけではない　どの系でも、総エネルギーは仕事ができる利用可能なエネルギーと無秩序へと失われる利用不能のエネルギーを含んでいる。

　総エネルギー ＝ 利用可能なエネルギー ＋ 利用不能のエネルギー

　生体系では、総エネルギーは**エンタルピー**（H）と呼ばれる。仕事ができる利用可能なエネルギーは**自由エネルギー**（G）と呼ばれる。自由エネルギーは細胞成長、細胞分裂、細胞の健康の維持などの全ての化学反応のために細胞が必要とするものである。利用不能のエネルギーはエントロピー（S）に絶対温度（T）を乗じることによって表すことができる。

　上の説明を正確に書き表すと以下の式になる。

$$H = G + TS \qquad (14.1)$$

　我々にとって重要なのは利用可能なエネルギーであるから、こう書き直そう。

$$G = H - TS \qquad (14.2)$$

　G、H、Sの絶対値を測定することはできないが、ある一定温度におけるこれらの変化を測定することはできる。このようなエネルギー変化はカロリー（cal）もしくはジュール（J）で測定できる（注：1カロリーは1グラムの純水の温度を14.5℃から15.5℃まで上昇させるのに必要な熱エネルギーの量である。1ジュールは普遍的に用いられるSI系におけるエネルギー単位である。1J = 0.239 calで、逆に1 cal = 4.184 J。例えば486 cal = 2033 Jもしくは2.033 kJである。熱で定義されているけれどもカロリーとジュールはともに、機械的、電気的、化学的エネルギーの単位である。エネルギーに関するデータを比較するときには、いつもジュールはジュールで、カロリーは

カロリーで比較することを忘れないようにすること）。変化は（エネルギーであれ他の量であれ）ギリシャ文字のデルタ（Δ）で表す。いかなる化学反応の自由エネルギー変化（ΔG）も産物と反応物の自由エネルギーの差異に等しい。

$$\Delta G_{反応} = G_{産物} - G_{反応物} \qquad (14.3)$$

自由エネルギー変化はプラスの場合もマイナスの場合もあり得る。すなわち、産物の自由エネルギーは反応物の自由エネルギーに比べて大きい場合もあるし小さい場合もある。もしも産物の自由エネルギーの方が大きければ反応にはエネルギーの入力があったということである（エネルギーは作り出すことができないので、外部からある程度のエネルギーを足してやらなければならない）。

一定温度では、ΔGは総エネルギー変化（ΔH）とエントロピー変化（ΔS）から次のように定義される。

$$\Delta G = \Delta H - T\Delta S \qquad (14.4)$$

式（14.4）からある化学反応で自由エネルギーが放出されるのか要求されるのかが分かる。

・もしΔGがマイナス（$\Delta G < 0$）の場合、自由エネルギーは放出される。
・もしΔGがプラス（$\Delta G > 0$）の場合、自由エネルギーが要求される。

もし必要な自由エネルギーが得られない場合、その反応は起こらない。ΔGの符号（プラスかマイナスか）と大きさは、この式の右辺の2つの要素に依存する。

1. ΔH：化学反応において、ΔHはその系に加えられたエネルギーの総量（$\Delta H > 0$の場合）かその系から放出されたエネルギーの総量（$\Delta H < 0$の場合）である。

2. ΔS：ΔSの符号と大きさにより、$T\Delta S$の符号と大きさが決まる。言葉を換えると、一定温度（Tが不変）の生体系では、ΔGの符号と大きさはエントロピー変化に大きく依存するということである。

　もしある化学反応においてエントロピーが増大する場合は、その産物は反応物に比べてより無秩序で乱雑である。タンパク質のアミノ酸への加水分解のように、反応物に比べて産物の数が多い場合は、産物は自由に動き回ることができる。アミノ酸溶液は、ペプチド結合やその他の力により動きが制限されているタンパク質溶液に比べて、より無秩序な状態であるといえる。であるから、加水分解反応ではエントロピー変化（ΔS）はプラスである。逆に、もし産物の方が反応物に比べて少数で動きが制限されている場合（例えばペプチド結合によりアミノ酸がつながっているタンパク質）は、ΔSはマイナスとなる。

無秩序は増大する傾向がある　熱力学第二法則から次のことも予告される。すなわち、エネルギー変換の結果として、無秩序は増大する傾向がある。エネルギーの一部は常に失われて無秩序な熱運動（エントロピー）となる。化学的変化、物理的変化、生物学的過程のいずれにせよ、エントロピーは増大し、無秩序あるいは乱雑さへと向かう（図14.2（B））。これにより、ある反応がある一方向に進み逆の方向には進まないことが説明できる。

　熱力学第二法則は生命にどのように当てはまるのだろうか？大きくて複雑な分子から構成され、高度に組織化された組織・

器官からなる人体のことを考えてみよう。この秩序と複雑性は第二法則（結局エントロピーすなわち無秩序は最大化される）と矛盾するように思われる。しかしながら、実際は以下の2つの理由からそうではない。

1. *秩序形成は無秩序形成と共役している。* 人体1kg（骨以外の軟組織）を作るためには、10kgの高度に秩序化された生体材料（食物）の異化を必要とし、これらはCO_2、H_2O、その他の単純な分子に変換される。この代謝により、人体1kgの高分子に貯蔵される秩序の量（全エネルギー、エンタルピー）よりもはるかに大きな無秩序が作り出される（より多くのエネルギーが低分子のエントロピーへと失われる）。
2. *生命の秩序を維持するために絶えずエネルギーが入力され* *なければならない。* このエネルギーがないと、生体系の複雑な構造は壊れてしまう。エネルギーが秩序を形成し維持するために消費されるので、熱力学第二法則とは矛盾しない。

　これまで熱力学の法則が生命に当てはまることを見てきたので、これらの法則が細胞内の生化学反応にどのように当てはまるのかを見てみよう。

化学反応により
エネルギーが放出されたり消費されたりする

　これまで見てきたように、同化反応では単純な分子を結合してより複雑な分子を合成する。したがって同化反応により細胞内の複雑さ（秩序）が増大する。これに対して、異化反応により複雑な分子が単純な分子に分解される。したがって細胞内の

複雑さが減少する（無秩序が創造される）。

・異化反応により、秩序立った反応物が、より小さくて乱雑に分布する産物に分解される。自由エネルギーを放出する反応（$-\Delta G$）は**発エルゴン反応**と呼ばれる（図14.3(A)）。例えば、

複雑な分子 → 自由エネルギー ＋ 低分子

・同化反応により、多数の小さな反応物（より乱雑な分子）から、高度に秩序立った単一の産物が産生される。自由エネルギーを必要とする反応（$+\Delta G$）は**吸エルゴン反応**と呼ばれる（図14.3(B)）。例えば、

自由エネルギー ＋ 低分子 → 複雑な分子

　原則として、化学反応は可逆的であり、正反応も逆反応も起こりうる。例えば、化合物Aが化合物Bに変換可能ならば（A→B）、原則として、BはAに変換可能である（B→A）。ただし*A*，*B*それぞれの濃度がどの方向に反応が進むかを決定する。全体の反応は正反応と逆反応の間の競合の結果である（A⇄B）。質量作用の法則によれば、Aの濃度を上げると正反応（A→B）が逆反応よりも起こりやすいし、Bの濃度を上げると逆反応（B→A）が正反応よりも起こりやすくなる。

　AとBの濃度がある値のとき、正反応と逆反応の速度は等しくなる。この濃度では、個々の分子は形成されたり分解されたりしているが、系の正味の変化は起こらない。この正反応と逆反応の間のバランスがとれた状態を**化学平衡**と呼ぶ。化学平衡は正味の変化がない状態、$\Delta G = 0$の状態である。

(A) **発エルゴン反応**

発エルゴン反応では、反応物が低エネルギー産物を産生する間にエネルギーが放出される。ΔGはマイナスである

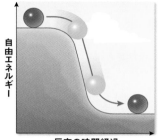

自由エネルギー

反応の時間経過

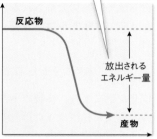

反応物

放出される
エネルギー量

産物

反応の時間経過

(B) **吸エルゴン反応**

反応物が高エネルギー状態の産物に変換される吸エルゴン反応では、エネルギーを与えなければならない。ΔGはプラスである

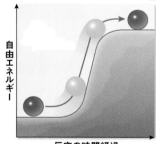

自由エネルギー

反応の時間経過

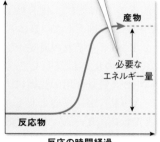

産物

必要な
エネルギー量

反応物

反応の時間経過

図14.3　発エルゴン反応と吸エルゴン反応
(A)発エルゴン反応では、反応物は坂道を転がり落ちるボールのように振る舞い、エネルギーが放出される。
(B)ボールは自然には上り坂を上らない。吸エルゴン反応を進めるためには、ボールに坂道を上らせるように、自由エネルギーを加えることが必要である。

化学平衡と自由エネルギーは関連している

　どの化学反応もある程度までは進行するが、必ずしも完了する（全ての反応物が産物に変換される）まで進行するわけではない。それぞれの反応には特定の平衡点があり、その平衡点は、反応物と産物の相対的自由エネルギー量と関連している。平衡の原則を理解するために、以下の例を考えてみよう。グルコース 1 -リン酸とグルコース 6 -リン酸の相互変換、すなわち、炭素原子からなる環状構造のある位置から別の位置へのリン酸基の転移である。これはほとんどの細胞内で起きることであるが、実験室でもできる。

グルコース 1 -リン酸 ⇄ グルコース 6 -リン酸

　0.02 M の濃度のグルコース 1 -リン酸の水溶液から始めよう（M はモル濃度の単位である。**キーコンセプト 2.4**）。水溶液の環境条件（25℃で pH 7）は一定である。反応がゆっくりと平衡に向けて進行するとき、産物であるグルコース 6 -リン酸の濃度は 0 から 0.019 M に上昇するのに対して、反応物であるグルコース 1 -リン酸の濃度は 0.001 M に低下する。この時点で、平衡状態に達する（**図 14.4**）。平衡状態では逆反応すなわちグルコース 6 -リン酸からグルコース 1 -リン酸への変換も正反応と同じ速度で進行する。

　平衡状態では、この反応における産物の反応物に対する比は 19 : 1（0.019/0.001）であり、正反応は反応完了（式でいうと右に到達する）の 95％まで進行する。この反応では、同一条件下で実験が行われる限り、必ず同じ結果が得られる。

　どの反応でも、自由エネルギー変化（ΔG）は平衡点と直接の関連がある。平衡点が反応完了に近ければ近いほど、より大きな自由エネルギーが放出される。発エルゴン反応では、ΔG は負の数である。ΔG の値は、反応物及び産物の開始時の濃度

及び溶液の温度、圧力、pHなど他の条件に依存する。生化学者はしばしば標準実験条件（25℃、1気圧、1Mの溶質濃度、pH 7）を用いてΔGを計算する。この条件を用いて計算された**標準自由エネルギー変化**をΔG^0と表す。グルコース1-リン酸とグルコース6-リン酸の変換の例では、ΔG^0 = -1.7 kcal/mol、-7.1 kJ/molである。

反応のΔGが大きな正の数である場合、その反応（A→B）はなかなか右へは進まないということを意味する。初めにAの濃度に比べてBの濃度が高い場合には、その反応は逆にすな

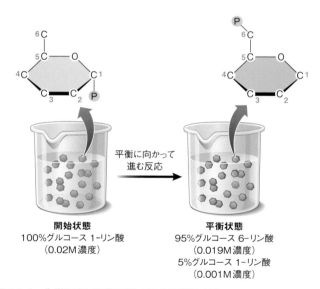

開始状態
100%グルコース 1-リン酸
（0.02M濃度）

平衡に向かって
進む反応

平衡状態
95%グルコース 6-リン酸
（0.019M濃度）
5%グルコース 1-リン酸
（0.001M濃度）

図14.4　化学反応は平衡に達するまで進行する

どのくらいの量のグルコース1-リン酸とグルコース6-リン酸が水に溶けていようと、平衡状態に達すると、常に95%のグルコース6-リン酸と5%のグルコース1-リン酸になる。

わち左に（A←B）進み、平衡に達するときにはほとんど全ての B が A に変換される。ΔG の値がゼロに近いのは容易に両方向に進みうる反応の特徴である。反応物と産物がほとんど同一の自由エネルギーを持っている。

第15章と**第16章**では、食物と光からエネルギーを抽出する生化学的変換について学ぶ。こうして得られたエネルギーは糖質、脂質、タンパク質の合成に用いられる。生物によって行われる全ての化学反応は、熱力学と平衡の原理によって支配されている。

我々が議論してきた熱力学の法則は、宇宙の全てのエネルギー変換に当てはまるとても強力で有益なものである。次に、生物のエネルギー通貨である ATP が関与する細胞内の反応に、熱力学の法則を応用してみよう。

🔑 14.2 ATPは生化学的エネルギー論で重要な役割を果たす

　細胞は化学的な仕事をするために必要な自由エネルギーの獲得と移動に関してアデノシン三リン酸（ATP）を利用する。ATP は一種の"エネルギー通貨"として機能する。カフェでランチをとるときに、実際に働いて対価を支払うよりはお金で支払う方がずっと効率的で便利なように、異なる反応や細胞過程間でエネルギーを交換するときに 1 つの通貨を持っている方が、細胞にとって有益である。であるから、発エルゴン反応で放出された自由エネルギーの一部を、アデノシン二リン酸（ADP）と無機リン酸（HPO_4^{2-}、通常 P_i と表す）からの ATP 合成という形で獲得するのである。ATP は細胞内で加水分解

されて自由エネルギーを放出し、吸エルゴン反応を進行させる。反応によってはATPの代わりにグアノシン三リン酸（GTP）がエネルギー転移分子として用いられることもあるが、ここではATPに焦点を当てる。

学習の要点
・ATPはADPとP$_i$に加水分解されるときに細胞が利用可能なエネルギーを放出する。
・共役反応によって、ATPは発エルゴン反応由来のエネルギーを用いて吸エルゴン反応を駆動する。

ATPは細胞内でエネルギー通貨だけでなく別の重要な役割も担っている。ATPは核酸の構成要素にも変換しうる（第4章）。ATPの構造は他のヌクレオシド三リン酸と同様であるが、ATPは下記の2つの特徴のために細胞にとって特に便利な分子である。

1. ATPはADPとP$_i$に加水分解されるときに比較的大量のエネルギーを放出する。
2. ATPは多くの異なる分子をリン酸化（リン酸基を付与すること）し、これらの分子はATPに貯蔵されていたエネルギーの一部を獲得する。

ATPの加水分解はエネルギーを放出する

ATP分子は窒素性塩基であるアデニンがリボース（糖質）に結合し、そのリボースに3つのリン酸基が並んだものが結合している分子である（図14.5）。ATPの加水分解によって自由エネルギーが放出され、ADPと無機リン酸イオン（P$_i$）が産生される。すなわち、

$$ATP + H_2O \rightarrow ADP + P_i + 自由エネルギー$$

　この反応の重要な性質は自由エネルギーを放出する発エルゴン反応であるということである。標準実験条件でのこの反応の自由エネルギー変化（ΔG）は、およそ-7.3 kcal/mol（-30 kJ/mol）である。しかしながら、細胞内ではΔGは-14 kcal/molにもなりうる。今後両方の値に出会うだろうし、その値の由来を覚えておくべきだから、ここでそれらを明記する。両方とも正しいのだが、異なる条件下での値なのだ。

　1分子のATPはADPとP_iか、アデノシン一リン酸

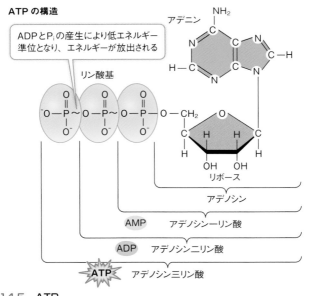

ATP の構造

ADPとP_iの産生により低エネルギー準位となり、エネルギーが放出される

リン酸基

アデニン

リボース

アデノシン

AMP　アデノシン一リン酸

ADP　アデノシン二リン酸

ATP　アデノシン三リン酸

図14.5　ATP
ATPはその類似物であるADPやAMPと比較するとよりエネルギーに富む分子である。

（AMP）とピロリン酸イオン（$P_2O_7^{4-}$、通常PP_iと省略される）に加水分解される。ATPの2つの性質からそれが1つないし2つのリン酸基を失うときに放出される自由エネルギーが説明できる。

1. リン酸はマイナスに荷電し、互いに反発し合うので、リン酸どうしを互いに近づけてそれらの間に共有結合を作らせるためにはエネルギーを必要とする。このエネルギーの一部はATP内のリン酸基間のP〜O結合中に位置エネルギーとして貯蔵される（波線は高エネルギー結合を意味する）。

2. このP〜O結合（リン酸無水物結合と呼ばれる）の自由エネルギーは加水分解の後で形成されるO—H結合のエネルギーよりもはるかに大きい。この低エネルギー準位のため自由エネルギーが放出されるのである。

細胞はATPの加水分解で放出されたエネルギーを用いて、吸エルゴン反応、すなわち複雑な分子の生合成、能動輸送、運動、発光（生物発光）などを行う。

ATPは発エルゴン反応と吸エルゴン反応を共役させる

これまで見てきたように、ATPの加水分解は発エルゴン反

応であり、ADP、P_i、自由エネルギー（もしくは AMP、PP_i、より大きな自由エネルギー）を生み出す。逆反応である ADP と P_i からの ATP 産生は吸エルゴン反応であり、ATP の加水分解で放出される自由エネルギーと同じ自由エネルギーを必要とする。

$$ADP + P_i + 自由エネルギー \rightarrow ATP + H_2O$$

　細胞内の多くの発エルゴン反応が ADP から ATP への変換に必要なエネルギーを供給できる。真核細胞と多くの原核細胞では、これらの反応のなかで最も重要なものは細胞呼吸である。細胞呼吸では燃料分子から放出されたエネルギーの一部が ATP の形で獲得される。ATP の産生と加水分解は"エネルギー共役サイクル"とでも呼ぶべきサイクルを構成し、このサイクルで ADP は発エルゴン反応からのエネルギーを受け取って ATP になり、ATP は吸エルゴン反応に対してエネルギーを与える。ATP はこれらの反応の共通の構成要素であり、図 **14.6** に示すように共役の担い手である。

　発エルゴン反応と吸エルゴン反応の共役は代謝において非常に普遍的なものである。自由エネルギーは ATP の P〜O 結合の中に捕捉・維持される。ATP は次に細胞内の別の場所に拡散し、そこで加水分解され、放出された自由エネルギーによって吸エルゴン反応が駆動される。例えば、グルコースからのグルコース 6-リン酸産生（図 **14.7**）はプラスの ΔG を持ち（吸エルゴン反応）、マイナスの ΔG を持つ（発エルゴン反応）ATP の加水分解から自由エネルギーを受け取らないと進行しない。これら共役反応全体の ΔG（2つの ΔG を足し合わせたもの）はマイナスである。このためこの2つの反応は、同時期に同一場所で起こり共役する場合には発エルゴン反応として進行し、グルコース 6-リン酸が合成される。**第15章**で学ぶよう

に、この反応はグルコース異化の最初の反応である。

　活発な細胞はその生化学装置を駆動するために毎秒数百万個のATP分子を必要とする。以前の章からもう既に、ATPの加水分解からのエネルギーを必要とする細胞内の活動のいくつかはお馴染みであろう。

・膜を越えての能動輸送（図6.14）
・酵素を用いる重合体形成のための縮合反応（図3.4（A））
・プロテインキナーゼによる細胞内信号タンパク質の修飾（図

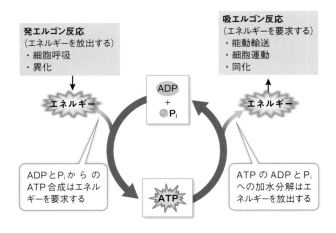

図14.6　共役反応
発エルゴン的な細胞反応はADPからATPを合成するのに必要なエネルギーを放出する。ATPからADPに戻る際に放出されるエネルギーを用いて吸エルゴン反応を駆動することができる。

7.15）

・微小管に沿って小胞を動かすモータータンパク質（**図 5.19**）

ATP分子は典型的には合成されてから1秒以内に消費される。安静時に、平均的な人は1日あたりおよそ40 kg（人によっては体重と同じくらい）のATPの合成・加水分解を行う。

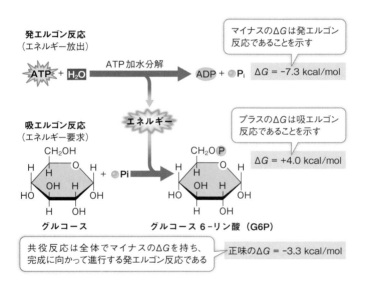

発エルゴン反応（エネルギー放出）

ATP加水分解

マイナスのΔGは発エルゴン反応であることを示す

ΔG = -7.3 kcal/mol

吸エルゴン反応（エネルギー要求）

エネルギー

プラスのΔGは吸エルゴン反応であることを示す

ΔG = +4.0 kcal/mol

グルコース　　グルコース 6-リン酸（G6P）

共役反応は全体でマイナスのΔGを持ち、完成に向かって進行する発エルゴン反応である

正味のΔG = -3.3 kcal/mol

図14.7　ATPの加水分解と吸エルゴン反応の共役
ATPの加水分解から生じたリン酸基のグルコースへの付加によりグルコース6-リン酸分子が生じる（ヘキソキナーゼによって触媒される反応）。ATPの加水分解は発エルゴン反応であり、放出されたエネルギーが吸エルゴン反応である2番目の反応を駆動する。

Q：ATP合成を駆動するためには変換反応のΔGはどのくらいの大きさであるべきだろうか？

これは1個のATP分子は合成・加水分解のサイクルを毎日およそ1万回繰り返していることを意味する！

ATPはきわめて迅速に合成・消費される。しかしながらこれらの生化学反応及び細胞内で起こるほとんど全ての反応は、酵素の助けなしには、これほど迅速には進行しない。

🔑 14.3 酵素は 生化学的変換の速度を速める

ある反応の自由エネルギー変化（ΔG）を知れば、その反応の平衡点がどこにあるかを知ることができる。ΔGがマイナスであればあるほど、反応はそれだけ産物生成すなわち完結の方向に向かって進む。しかしながら、ΔGは反応の速度（反応が平衡に向かって進行する速度）については何も語ってくれない。実験室で生化学反応の反応速度を測定すると、生命の化学のための迅速な要求に応じるのには、反応速度は遅すぎるということがすぐに明らかになる。実際、細胞内で起こる反応は遅すぎて、それをスピードアップすることなくしては、細胞は生存できないだろう。これこそが*触媒*の役割である。触媒は、反応によって永久的に変化させられることなしに、その反応をスピードアップする物質である。触媒は、それなしには進行しないような反応を進行させることはできない。単に反応速度を*上昇させ*、平衡により迅速に到達されるように働くだけである。これが重要なポイントである。*触媒は、それなしには起こらないような反応を起こすことはない*。

学習の要点

・触媒は反応速度をスピードアップすることはできるが、それなしには起こらないような反応を起こすことはない。
・ほとんどの酵素はタンパク質触媒であり、全ての酵素は基質と呼ばれる特異的な反応物が結合し産物が産生されて拡散する活性部位を持っている。
・酵素は反応の平衡点や自由エネルギー変化を変化させない。

　ほとんどの生物触媒はタンパク質であり、酵素と呼ばれる。生物触媒は化学的触媒作用が起こる分子的枠組みもしくは鋳型である。酵素は反応物を結合し、時には反応に自ら関与することもある。しかしこのような関与によっても酵素は永久に変化することはない。これが触媒の特徴である。触媒は反応後に反応前と全く同一の化学状態に戻るのである。

　この節では化学反応の速度を制御しているエネルギー障壁について考える。それから酵素の役割、どのようにして特定の反応物と相互作用するのか、どのようにしてエネルギー障壁を低下させるのか、どのようにして反応をより速く進行させるようにするのか、について考える。

反応が進行するためには
エネルギー障壁を克服しなければならない

　発エルゴン反応は大量の自由エネルギーを放出しうるが、触媒なしにはその反応の進行はきわめて遅い。反応物と産物の間にエネルギー障壁が存在するからである。**キーコンセプト14.1**で記載したスクロースの加水分解について考えてみよう。

スクロース ＋ H_2O → グルコース ＋ フルクトース

　体の中ではこの反応は消化の一部である。水が豊富にあって

も、反応を開始するためのエネルギー入力がなければ、スク
ロース分子が適切な位置で水のH原子と—OH基を結合し、グ
ルコースとフルクトースの共有結合が壊されることは非常に稀
にしか起こらない。このようなエネルギー入力によりスクロー
スは**遷移状態**と呼ばれる活性化モードに入る。スクロースがこ
のような状態に到達するために必要なエネルギー入力を**活性化
エネルギー**（E_a）と呼ぶ。活性化エネルギーと遷移状態につい
てイメージを得るためのより身近な例を挙げてみよう。

$$花火 + O_2 \rightarrow CO_2 + H_2O + エネルギー（熱と光）$$

　花火は火花を与えないと爆発し始めない。火花が活性化エネ

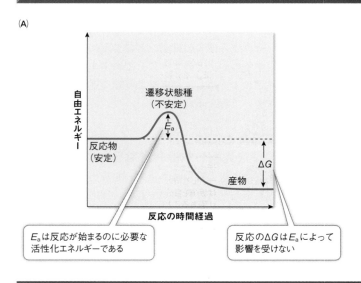

焦点：🔑 キーコンセプト図解

(A)

自由エネルギー

遷移状態種
（不安定）
E_a

反応物
（安定）

ΔG

産物

反応の時間経過

E_aは反応が始まるのに必要な
活性化エネルギーである

反応のΔGはE_aによって
影響を受けない

ルギーである。それは花火の中の分子を活性化し、その結果、花火の中の分子は大気中の酸素と反応するようになる。いったん遷移状態に達すると爆発反応が起こる。

　一般的に、発エルゴン反応は、反応物に少量のエネルギーを与えることによりエネルギー障壁を乗り越えさせて初めて進行するようになる。このようにエネルギー障壁は反応を開始するために必要なエネルギー量、すなわち活性化エネルギーを表す（**焦点：キーコンセプト図解　図14.8（A）**）。図14.3の坂道を転げ落ちるボールのことを思い出そう。ボールは丘の上では大量の位置エネルギーを持っている。しかしながら、もしボールが小さなくぼみにはまり込んでしまうと、たとえその運動が発

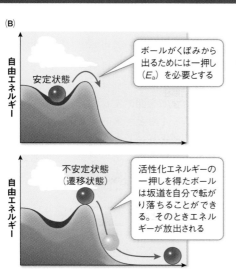

(B)

自由エネルギー

安定状態

ボールがくぼみから出るためには一押し（E_a）を必要とする

自由エネルギー

不安定状態（遷移状態）

活性化エネルギーの一押しを得たボールは坂道を自分で転がり落ちることができる。そのときエネルギーが放出される

図14.8
活性化エネルギーが反応を開始させる
(A) どの化学反応でも、反応が進行するためには、初期安定状態は不安定にならなければならない。
(B) 坂道にあるボールは(A)のグラフに示された生化学的法則の物理的モデルを提供してくれる。

Q：吸エルゴン反応には活性化エネルギーは必要だろうか？

エルゴン反応であったとしても、坂道を転がり落ちることはできない。ボールが転がり落ちるためには、ボールをそのくぼみから脱出させるために少量のエネルギー（活性化エネルギー）が必要となる（焦点：**キーコンセプト図解　図14.8(B)**）。化学反応においては、活性化エネルギーは反応物を遷移状態種と呼ばれる不安定な分子形態に変えるのに必要なエネルギーである。

遷移状態種は反応物や産物よりも高い自由エネルギーを持っている。その結合は引き伸ばされており不安定である。反応によって必要な活性化エネルギーの量は異なるけれども、反応の自由エネルギー変化に比べると小さいことが多い。反応を開始するための活性化エネルギーは、引き続いて起こる反応の"下り坂"相の間に回収される。であるから、活性化エネルギーは正味の自由エネルギー変化（ΔG）の一部ではない（**図14.8**(A)）。

活性化エネルギーはどこから来るのだろうか？　反応物がヒトの体温（37℃）に置かれたとき、それらは動き回るだろう。一部は速く動き回り、その運動エネルギーはエネルギー障壁に打ち克って遷移状態に入り、反応を開始するだろう。であるから反応は起こるが、非常にゆっくりとである。もし系の温度を高めれば、全ての反応物分子はより速く動き、より大きな運動エネルギーを持つようになり、反応はスピードアップするだろう。たぶん化学実験室や台所ではこの方法を使ったことがあるだろう。

しかしながら、十分に熱を加えて分子の平均運動エネルギーを上昇させることによって反応させる方法は、生体系ではうまくいかない。そのような非特異的なアプローチは全ての反応を促進し、タンパク質の変性などの破壊的な反応をも促進させてしまう（**第3章**）。生体系で反応をスピードアップするもっと

効率的な方法は、反応物どうしを互いに近づけてエネルギー障壁を低下させることである。生細胞では、酵素がこの仕事を担う。

酵素は活性部位に特定の(特異的な)反応物を結合する

　触媒は化学反応の速度を上昇させる。ほとんどの非生物触媒は、非特異的である。例えば、粉末プラチナは分子状水素（H_2）が反応物である反応のほとんど全てを触媒する。これとは対照的に、ほとんどの生物触媒は特異性が非常に高い。*酵素は、通常ただ１つの（もしくはそれと類似の少数の）反応物を認識し、それとしか結合せず、特異的な産物を生成する。

---

*概念を関連づける　酵素とその活性を理解するためには、まずタンパク質の構造と化学的特性を理解しなければならない。キーコンセプト3.2参照。

　酵素によって触媒される反応では、反応物は**基質**と呼ばれる。基質分子は**活性部位**と呼ばれる酵素上の特定部位に結合し、そこで触媒反応が起こる（図14.9）。酵素の特定の反応を加速させる特異性はその活性部位の三次元の形と構造によって決定される。活性部位には非常に狭い範囲の基質しか入り込むことができないからである。他の分子（異なる形、異なる官能基、異なる性質を持つ）は活性部位に入り込み結合することができない。この特異性は**第６章**や**第７章**で記載した膜輸送タンパク質や受容体タンパク質の特異的結合とよく似ている。

　酵素の名前はその機能の特異性を反映し、しばしば"アーゼ（ase）"という接尾辞で終わる。例えば、スクラーゼという酵素は上述したようにスクロースの加水分解を触媒する。

$$\text{スクロース} + H_2O \xrightarrow{\text{スクラーゼ}} \text{グルコース} + \text{フルクトース}$$

　数千の酵素が同定され、それぞれが特定の基質の変換を触媒する。一般に、酵素は下記の6つのカテゴリーに分類される。

1. オキシドレダクターゼは、特にエネルギー代謝において、分子間での電子の転移を触媒する。この反応を触媒する酵素の一例がオキシドレダクターゼである。

$$\text{A- + B} \rightarrow \text{A + B-}$$

他の例は**第15章**及び**第16章**で見ることになる。

2. トランスフェラーゼは分子間での原子団（官能基、**図3.1**）転移を触媒する。基本的な反応は以下のようである。

$$\text{AX + B} \rightarrow \text{A + BX}$$

　ここでAは供与体、Bは受容体、Xは官能基である。例

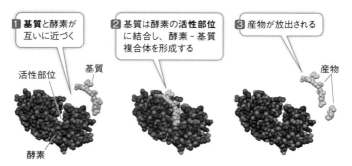

図14.9　酵素と基質
リゾチームを例にとり酵素が関与する反応を示す。リゾチームは細菌の細胞壁のペプチドグリカンの結合の分解を触媒する（ペプチドグリカンについては**キーコンセプト5.2**参照）。

えば、アミノトランスフェラーゼは分子間で—NH_2基を転移し、糖質とアミノ酸を結合する。

3. ヒドロラーゼは共有結合に水を加えて分子を分解する。その例は先に示したスクラーゼで、スクロースを構成成分の単糖に加水分解する。

4. リアーゼは加水分解や酸化以外のやり方で多様な化学結合を壊す反応を触媒する。その結果しばしば新たな二重結合や環状構造が作られる。例えば、リアーゼはATPのリン–酸素結合の開裂を触媒する。

$$ATP \rightarrow cAMP + PP_i$$

5. イソメラーゼは分子内で官能基を移動させ、同一原子が異なる結合を持つ異性体を作る。例えば、グルコースとフルクトースは$C_6H_{12}O_6$の異性体である（図3.17）。

6. リガーゼは2つの分子を結び付ける。**第10章で**DNA複製を学んだときにリガーゼの実例を見た。

　ここで用語に関する注意を記そう。生物学者が酵素の話をするときは、その作用を動詞で表す。例えば、上述したように(6.)、我々は"リガーゼは結び付ける"と言う。この話し方は実際起こることの省略形であることを理解するのが重要である。リガーゼは"結び付ける"のを触媒するのである。酵素はその反応を"行う"のではなく、その反応を触媒するのである。

　酵素の活性部位への基質の結合により**酵素–基質複合体**（**ES**）が形成される（図14.9）。複合体を結び付けている*化学的力は水素結合、電気的誘引、一時的共有結合などである。酵素–基質複合体から産物と遊離酵素が生じる。

$$E + S = ES \rightarrow E + P$$

Eは酵素、Sは基質、Pは産物であり、ESは酵素－基質複合体である。遊離酵素（E）は反応の前と後で変化はない。基質に結合しているときは化学的に変化している場合でも、反応が終わるときまでには元の形に戻り、次の基質を結合できるようになる。

---

*概念を関連づける　基質の酵素への結合は単に"フィット"（形がぴったり合うこと）するだけではなく、酵素と基質の間の非共有結合的相互作用が関与している。非共有結合的相互作用についてはキーコンセプト3.2参照。

酵素と基質の関係はお馴染みかもしれない。それは第7章で記載した受容体とリガンドの結合に似ている。受容体とリガンドの結合では、受容体のリガンドに対する親和性を解離定数（K_D）で表した。K_Dが低ければ低いほど、親和性は高い。酵素と基質の場合、K_D値はしばしば10^{-5}から10^{-6} Mの範囲であり、ES形成に傾く。実際、ESのK_D値は酵素と基質の結合がいくらか可逆的であるような数値であり、基質が反応の前に遊離することもある。しかしながら、多くの酵素によって触媒される反応は進む。ESの寿命は短く、産物が迅速に産生されるからである。

酵素はエネルギー障壁を低下させるが平衡には影響を与えない

反応物が酵素に結合し、酵素－基質複合体の一部となっているときには、相当する非触媒反応の遷移状態種に比べて、より小さい活性化エネルギーしか必要としない（図14.10）。この

ように酵素は反応のエネルギー障壁を低下させ、反応により容易な通り道を提供し、反応速度を上昇させる。酵素がエネルギー障壁を低下させるとき、正反応と逆反応の両方ともにスピードアップするので、酵素によって触媒される反応は非触媒反応に比べてより迅速に平衡に達する。*最終平衡は酵素があろうがなかろうが変わらない*。同様に、酵素を反応に加えても反応物と産物の間の自由エネルギー変化（ΔG）は変わらない（図14.10）。

　酵素は反応速度を大きく変化させる。例えば、末端にアルギニンを持つある特定のタンパク質が溶液中に存在する場合、そのタンパク質分子の無秩序さが増大し、次第に末端のペプチド結合は分解し末端のアルギニンが放出される（ΔSが増大する）。酵素がない場合にはこの反応は非常に遅くしか進ま

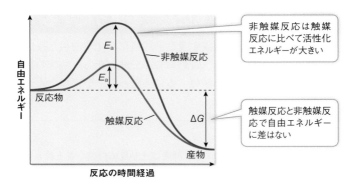

図14.10　酵素はエネルギー障壁を低下させる
酵素によって触媒される反応では、非触媒反応に比べて活性化エネルギーが低下するが、放出されるエネルギーは触媒があってもなくても変わらない。言葉を換えると、E_aは低下するが、ΔGは変わらない。活性化エネルギーが低いということは反応速度が大きいということを意味する。

い。そのタンパク質の半数がこの反応を終えるのにおよそ７年かかるだろう。しかしながらカルボキシペプチダーゼＡという酵素がこの反応を触媒する場合には、１秒以内に半数のアルギニンが放出されてしまう！　酵素による速度亢進は100万倍から硫酸モノエステラーゼによる驚異的な10^{26}倍までいろいろである。生細胞にとって酵素による触媒作用の結果は想像に難くない。このような反応速度の上昇は新たな可能性を現実化する。

　酵素の構造と機能と特異性を理解したので、酵素がどのように働くのかをより詳細に見てみよう。

🔑14.4 酵素は基質をまとめて　　反応が容易に起こるようにする

　酵素－基質複合体の形成中及び形成後に、化学的相互反応が起こる。この相互反応は、古い結合の分解と新しい結合の形成に直接寄与する。反応を触媒するに当たって、酵素はいくつかの方策を用いる。

学習の要点
・いくつかの異なる機構により、酵素は化学反応の速度を上昇させることができる。
・酵素は基質との結合により誘導適合と呼ばれる形の変化を起こすことがある。
・多くの酵素は化学反応を触媒するために付加的な化学的パートナーを必要とする。
・基質濃度は酵素によって触媒される反応の速度に影響を及ぼす。

酵素は基質を適切に配置する

　溶液中に遊離状態で存在するときには、基質はあちこちランダムに動き回ると同時に振動し、回転し、転げ回る。基質は、衝突するときに相互作用するための適切な位置関係にないことが多い。反応を開始させるために必要な活性化エネルギーの一部は、結合が作られる特定の原子どうしを近付けるために用いられる（図14.11 (**A**)）。例えば、アセチルCoAとオキサロ酢酸からクエン酸が合成される場合には（**キーコンセプト15.2**で見るようにグルコース代謝の一部をなす反応である）、アセチルCoAのメチル基の炭素原子がオキサロ酢酸のカルボニル基の炭素原子と共有結合を作るように2つの基質が配置されなければならない。クエン酸シンターゼという酵素の活性部位は、これら2つの分子を結合したときにこれらの原子がちょうど隣り合うような形をしている。

酵素は基質にひずみをもたらす

　いったん基質が結合部位に結合すると、酵素は基質の中の結合が伸展するように作用し、基質を不安定な遷移状態にする（図14.11 (**B**)）。例えば、リゾチームは細胞壁中の多糖鎖を分解することにより侵入してきた細菌を破壊する防御的酵素である。リゾチームの活性部位はグリカン単量体の結合を"引き伸ばす"。引き伸ばされることによりその結合は不安定になり、リゾチームのもう1つの基質である水と反応しやすくなる。

酵素は基質に一時的に化学基を付加する

　酵素のアミノ酸の側鎖（R基）が、基質をより化学的に反応しやすいものに変えるのに直接関与する場合もある（図14.11 (**C**)）。

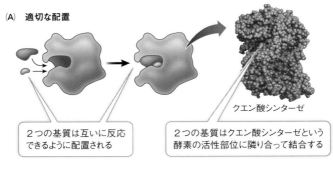

(A) 適切な配置

2つの基質は互いに反応できるように配置される

2つの基質はクエン酸シンターゼという酵素の活性部位に隣り合って結合する

クエン酸シンターゼ

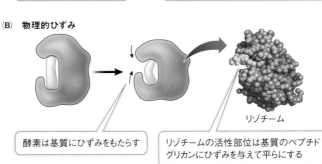

(B) 物理的ひずみ

酵素は基質にひずみをもたらす

リゾチームの活性部位は基質のペプチドグリカンにひずみを与えて平らにする

リゾチーム

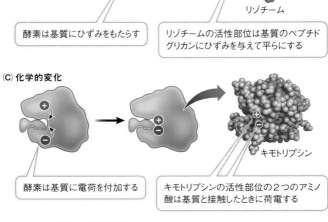

(C) 化学的変化

酵素は基質に電荷を付加する

キモトリプシンの活性部位の2つのアミノ酸は基質と接触したときに荷電する

キモトリプシン

図14.11 酵素の活性部位

酵素が基質を遷移状態に入らせる方法はいくつかある。(A)適切な配置、(B)物理的ひずみ、(C)化学的変化。

- *酸−塩基触媒*では、活性部位を形成しているアミノ酸の酸性側鎖ないし塩基性側鎖が基質にH^+を与え（あるいは基質からH^+を奪い）、基質の共有結合を不安定化し壊れやすいようにする。
- *共有結合触媒*では、側鎖の官能基が基質の一部と一時的に共有結合を形成する。
- *金属イオン触媒*では、酵素の側鎖にしっかりと結合している銅、鉄、マンガンなどの金属イオンが酵素から離れることなく電子を失ったり獲得したりする。この性質により、これらの金属イオンは電子の喪失・獲得を伴う酸化−還元反応において重要な役割を担う。

分子構造が酵素機能を決定する

　ほとんどの酵素は基質に比べてはるかに大きい。酵素は典型的には数百のアミノ酸を含むタンパク質であり、単一の折りたたまれたポリペプチド鎖か数個のサブユニットから構成されている（**キーコンセプト3.2**）。その基質は通常低分子か高分子の小さな一部分である。酵素の活性部位は通常きわめて小さく、6〜12個のアミノ酸から構成される。2つの疑問が生じるかもしれない。

- どのような性質によって活性部位は基質を認識し結合することができるのだろうか？
- 酵素の活性部位以外の部分はどんな役割を果たすのだろうか？

活性部位は基質に対して特異的である　正確に正しい基質を選ぶ驚異的な酵素の能力は、活性部位における分子形の的確な組

合わせと化学基の相互作用に依存する。活性部位への基質の結合は酵素の三次元構造を維持しているのと同様の力に依存している。すなわち、水素結合、荷電している基の反発力ないし誘引力、疎水性相互作用などである。リゾチームの活性部位に基質がどのように結合するかは図14.9と図14.11（B）に示した。

酵素は基質と結合するとその形を変える　膜の受容体タンパク質がリガンドと結合するとそのコンホメーションが的確に変化するように（第7章）、酵素のなかには基質と結合すると形が変わるものがある。この形の変化を**誘導適合**と呼び、酵素の活性部位の形が変わる。

　誘導適合の例は、ヘキソキナーゼという酵素に見られる（図14.7）。この酵素は次の反応を触媒する。

グルコース ＋ ATP → グルコース6-リン酸 ＋ ADP

　誘導適合によりヘキソキナーゼの活性部位の反応性側鎖が基質と隣り合うように並び（図14.12）、触媒作用が促進される。同様に重要なのは、ヘキソキナーゼが基質であるグルコースを取り囲むように変形することにより、活性部位から水が排除されることである。これは非常に重要である。もし水が存在すると、ATPは加水分解してADPとリン酸になってしまう。しかし水がないので、ATPからリン酸基がグルコースに転移されることになるのである。

　誘導適合は酵素タンパク質の残りの部分の役割を少なくとも部分的には説明してくれる。

・活性部位のアミノ酸が基質に対して適切な位置にあるように調整する枠組みを提供する。
・タンパク質の形と構造に重大な変化をもたらし、その結果と

して誘導適合が起こるようにする。

・調節分子の結合部位を提供する（**キーコンセプト14.5**）。

全ての酵素がタンパク質というわけではない

　20世紀のほとんどの間、生物学者は全ての酵素はタンパク質だと考えていた。結局、タンパク質のみが、基質に結合しその変換を触媒する三次元構造と官能基の多様性を持ちうると考えていたのだ（**キーコンセプト3.2**）。その後、RNA分子のなかには基質（ほとんどの場合他のRNA分子）の変化を触媒するという酵素機能を持つものがあることが発見された。**キーコ**

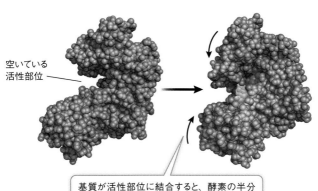

空いている
活性部位

基質が活性部位に結合すると、酵素の半分のそれぞれが互いに動いて酵素の形が変わり、触媒作用が起こるようになる

図14.12　酵素のなかには基質が結合したときに形が変わるものがある
酵素と基質が結合すると誘導適合と呼ばれる酵素の形状変化が起こり、酵素の触媒効率が上昇する。誘導適合はヘキソキナーゼという酵素に見られる。ここではその基質であるグルコース（赤）及びATP（黄）がある場合とない場合を示す。

***Q*：ヘキソキナーゼの形が変わるとき、その中の共有結合は壊れるか？説明せよ。**

ンセプト11.4でRNAスプライシングについて学んだ。簡単に言うと細胞内で大きなRNAが合成され、切断を受け、内部領域を除去され、つなぎ合わされる。スプライシング反応はリボザイムによって触媒される。別の重要なリボザイムはリボソームに存在し、このRNA分子はアミノ酸間のペプチド結合形成を触媒する（**キーコンセプト11.5**）。

振り返ってみると、RNA分子のあるものが生物学的触媒（**リボザイム**）として機能するのは驚くべきことではない。図4.3で見たように、ほとんどのRNAは1本鎖ヌクレオチドが折れ曲がり水素結合により三次元構造をとっているものである。基質はRNA分子の中にピッタリとはまり込み、RNAの官能基（―NH_2や$C=O$など）が触媒作用に関与する。

酵素の中には機能するために 他の分子を必要とするものもある

多くの酵素は機能するために非タンパク質性の化学的"パートナー"を必要とする（表14.2）。

・*補欠分子族*は特定の非アミノ酸原子あるいは分子族であり、酵素に永久的に結合している。例えば、フラビンアデニンジヌクレオチド（FAD）は細胞呼吸の重要な酵素、コハク酸デヒドロゲナーゼ（**キーコンセプト15.3**）に結合している。

・*無機補因子*はある種の酵素に永久的に結合しその機能に不可欠な銅、亜鉛、鉄などのイオンである。

・*補酵素*はある種の酵素の機能に必要な非タンパク質性の炭素含有分子である。補酵素は通常、それが一時的に結合する酵素に比べると小さい分子である。

補酵素は酵素分子から別の酵素分子に移動して、基質から化

表14.2　**酵素の非タンパク質性"パートナー"の例**

分子の種類	触媒反応における役割
補欠分子族	
ヘム	鉄、O_2、電子を結合する
フラビン	電子／プロトンを運搬する
レチナール	光エネルギーを変換する
無機補因子	
鉄（Fe^{2+}もしくはFe^{3+}）	酸化／還元
銅（Cu^+もしくはCu^{2+}）	酸化／還元
亜鉛（Zn^{2+}）	DNA結合構造を安定化する
補酵素	
ビオチン	$-COO^-$を運搬する
補酵素A	$-CO-CH_3$を運搬する
NAD	電子／プロトンを運搬する
ATP	エネルギーの供給／捕捉

学基を奪ったり付加したりする。補酵素は「酵素に永久的には結合しない」「活性部位に結合する」「反応の過程で化学的に変化する」という点において基質に似ている。反応後は酵素から離れて他の反応に参加する。実際のところ、補酵素の機能とある種の基質の機能には明確な区別はつけられない。例えば、ATPとADPは補酵素と記載されてきた。これらは化学反応の間にリン酸基を失ったり獲得したりするので、本当は基質であるのだが。"補酵素"という用語はこれらの分子の機能が完全に理解される前に作られた。生化学者はこの用語を使い続けている。我々も生化学分野に合わせてこの用語を使う。

基質濃度は反応速度に影響を与える

　A→Bというタイプの反応では、触媒されない場合の反応速度はAの濃度に直接的に比例する。基質濃度が高ければ高い

ほど、反応速度は大きくなる。適切な酵素を加えると、もちろん反応はスピードアップするが、基質濃度に対して反応速度をプロットしたカーブの形も変わる（図14.13）。酵素濃度が一定のとき、初めは、基質濃度が上昇するにつれて酵素によって触媒される反応の速度もゼロから上昇するが、しだいに横ばい状態になっていく。ある点以降は、基質濃度をさらに上げていっても反応速度は有意に上昇せず、最大速度に達する。

　通常、酵素濃度は基質濃度よりもはるかに低い（例えば、スクラーゼを発現している細胞では、それよりもはるかに大量のスクロース分子が存在する）。より多くの基質分子が酵素分子に結合するにつれて、促進拡散で見られるような飽和現象が起こるのである（図6.12）。全ての酵素分子が基質分子を結合したとき、酵素は最大限に、すなわち最大速度で働いているの

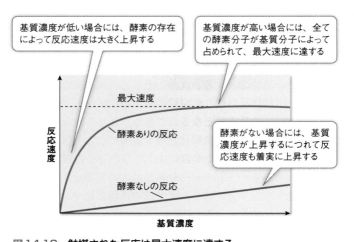

図14.13　触媒された反応は最大速度に達する
通常、酵素は基質より少ないので、酵素が飽和すると反応速度は横ばい状態になる。

である。基質をさらに加えても何も起こらない。触媒として働くことができる遊離の酵素は残っていないからである。こういう状態のとき、活性部位は飽和しているという。

　触媒された反応の最大速度はその酵素の効率を測るのに用いることができる。代謝回転数は、1つの酵素分子が単位時間あたり産物に変換できる基質分子の最大数である。この代謝回転数は、リゾチームの2秒ごとに1分子という値から肝臓のカタラーゼという酵素の毎秒4000万分子という驚異的な値まで大きな幅がある。

　個々の酵素が基質に対してどのように働くのかを見てきた。しかしながら、生体内の酵素は単独で働いているのではない。1つの細胞中には、数千もの異なる酵素が存在する。複雑な生体の中で、どのようにしてこれらの異なる酵素が全て協働するのかを見ていこう。

🔑 14.5 酵素活性は調節される

　細胞内の生化学反応は、代謝経路の中で行われ、ある反応の産物は次の反応の反応物となる。これらの経路は孤立して存在するのではなく、広範囲に相互作用する。そして個々の経路中の反応はそれぞれ特異的な酵素によって触媒される。

学習の要点

・細胞は大量の代謝反応を遂行する。これらの反応は互いにつながっており、それらを触媒する酵素によって制御されている。

・低分子は酵素に結合することにより活性化したり阻害したりして、酵素活性を制御しうる。

- アロステリック制御は、酵素の活性部位以外の場所に調節分子が結合してもたらされる。
- pHや温度などの環境因子が酵素活性に影響を及ぼす。

　細胞内あるいは個体内で、酵素の存在と活性が異なる代謝経路を通る化合物の"流れ"を決定する。その酵素活性の量は、2つの方法で制御される。

1. *遺伝子発現制御*。酵素タンパク質をコードする遺伝子の発現の強弱によって細胞内の酵素分子の多少が決まる。**第7章**で信号伝達経路のなかには遺伝子発現変化をもたらすものがあること、またスイッチをオン・オフされるそれらの遺伝子はしばしば酵素をコードしていることを学んだ。
2. *酵素活性制御*。酵素は形を変えて活性部位を基質から隠してしまうこともあるし、基質が活性部位に到達するのを調節分子が阻害することもある。1つの酵素活性の阻害により、代謝経路全体に影響が及ぶこともある。

　相互作用する経路を通しての分子の流れは研究可能ではあるが、非常に複雑なものになりうる。一つ一つの経路が互いに影響を及ぼし合うからである。コンピューターによる数学的アルゴリズムを用いてこれらの経路をモデル化すると、それらが網目状の相互依存システムであることが分かる（図14.14）。このようなモデルはある分子の濃度が変化した場合に何が起こるかを予測する際に役立つ。無数の応用がある生物学のこの新しい分野を**システム生物学**と呼ぶ。

　この節では、代謝経路を組織化し調節している酵素の役割を調べる。またどのようにして環境、特に温度とpHが酵素活性に影響を及ぼすかを見てみる。

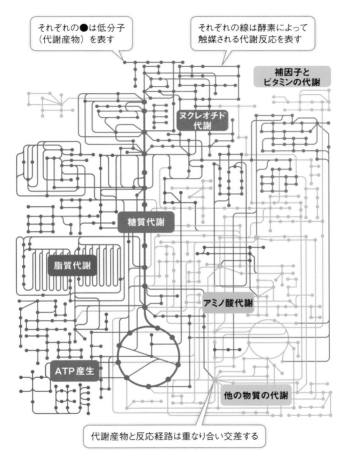

それぞれの●は低分子（代謝産物）を表す

それぞれの線は酵素によって触媒される代謝反応を表す

補因子とビタミンの代謝

ヌクレオチド代謝

糖質代謝

脂質代謝

アミノ酸代謝

ATP産生

他の物質の代謝

代謝産物と反応経路は重なり合い交差する

図14.14　代謝経路
代謝経路の複雑な相互作用はシステム生物学によってモデル化可能である。細胞では、これらの経路を制御する主要な要素は酵素である。

酵素は阻害因子によって調節されうる

多様な化学的阻害因子が酵素に結合して、それが触媒する反応の速度を低下させる。阻害因子のなかには細胞にもともと存在するものもあるし、人工的なものもある。天然の阻害因子は代謝を調節するし、人工的な阻害因子は病気の治療に用いられたり、病原体を殺したり、実験室で酵素の機能を研究するために用いられたりする。阻害因子のなかには酵素に永久的に結合し、不可逆的に阻害するものがある。酵素に対して可逆的に作用するものもある。すなわち酵素から離れ、酵素が元通りに完全に機能を果たせるようになるものもある。天然の可逆的阻害因子を除去すれば酵素の触媒速度は上昇する。

不可逆的阻害　阻害因子が酵素の活性部位の側鎖に共有結合する場合には、正常な基質と相互作用する能力を破壊することにより、その酵素を永久に不活化する。不可逆的阻害因子の例として、この章の冒頭で記載したアスピリンがある。アスピリン（アセチルサリチル酸）はシクロオキシゲナーゼ（COX）と呼ばれる標的酵素の活性部位近辺に結合する。結合すると、アスピリンはアセチル基（—CH_3CO^-）を放出し、この原子団はセリンの極性ヒドロキシ基に共有結合する（図14.15）。アセチル基は酵素タンパク質中のチャネルに突き出ているセリンを"コーティング"し、基質であるアラキドン酸が活性部位に到達するのを阻害する。その結果、プロスタグランジンは産生されなくなり、その炎症・疼痛促進効果は阻害される。炎症が関与する経路の阻害因子としてのアスピリンの作用機序解明は現代薬理学（薬物を研究する学問）の大きな達成であった（「生命を研究する：抗炎症薬は酵素阻害剤としてどのように作用するのだろうか？」）。

63ページへ→

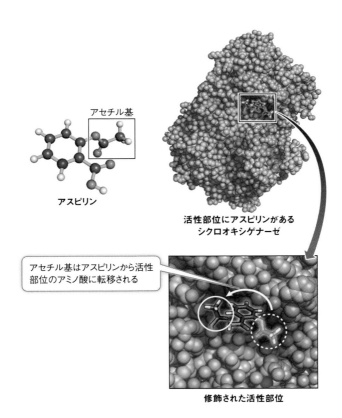

アセチル基

アスピリン

**活性部位にアスピリンがある
シクロオキシゲナーゼ**

アセチル基はアスピリンから活性
部位のアミノ酸に転移される

修飾された活性部位

図14.15　不可逆的阻害
アスピリンはアセチル基を転移し、アセチル基は標的酵素の活性部位
近くのアミノ酸であるセリンに共有結合する。この永久的変化によ
り、基質結合が阻害される。

抗炎症薬は酵素阻害剤として どのように作用するのだろうか？

実験

原著論文：Vane, J. R. 1971. Inhibition of prostaglandin synthesis as a mechanism of action for aspirin-like drugs. *Nat New Biol* 231: 232–235.
Smith, J. B. and A. L. Willis. 1971. Aspirin selectively inhibits prostaglandin production in human platelets. *Nat New Biol* 231: 235–237.

　この章の冒頭の話には、ヤナギの樹皮（後にアスピリンが作られる元となったもの）が、数百年の歴史を持つ疼痛と炎症のための治療薬として使われてきたことを記載した。20世紀後半まで、アスピリンは直接神経系に作用すると考えられてきた。イングランド王立外科医師会で研究していたジョン・ヴェインらのグループは、アスピリンは炎症において重要な脂肪酸誘導体であるプロスタグランジン（PG）を産生する酵素反応の阻害因子であることを示した。

仮説▶ アスピリンは、プロスタグランジン合成を触媒する酵素を阻害することにより、抗炎症薬として作用する。

方法

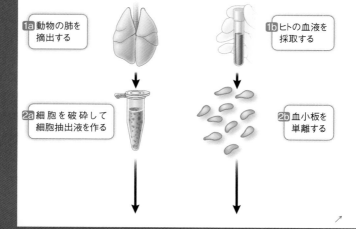

1a 動物の肺を摘出する

1b ヒトの血液を採取する

2a 細胞を破砕して細胞抽出液を作る

2b 血小板を単離する

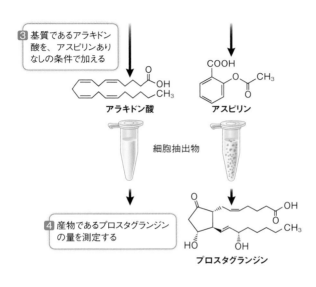

3 基質であるアラキドン酸を、アスピリンありなしの条件で加える

アラキドン酸

アスピリン

細胞抽出物

4 産物であるプロスタグランジンの量を測定する

プロスタグランジン

結果

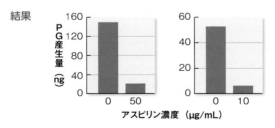

アスピリン濃度（μg/mL）

結論▶　動物細胞でもヒト細胞でも、アスピリンは試験管実験で炎症促進性分子であるプロスタグランジンの合成を阻害する。

データで考える

　アスピリンが疼痛を軽減するメカニズムの発見により、ジョン・ヴェインはノーベル賞を受賞し、エリザベスⅡ世によってナイト爵に叙された。彼の実験のポイントは、酵素の機能と機構は生体内外で同一であるという仮定であった。実験室でも、基質と環境条件が細胞質と同一であれば、酵素は産物生成を触媒する。

質問▶

1. 最初の実験では、モルモットの肺組織をすりつぶして細胞抽出液（ホモジェネート）を作った。基質であるアラキドン酸を抽出液に加え、30分後にプロスタグランジン（PG）の量を測定した。結果を表Aに示す。アスピリン濃度に対してPG合成をプロットせよ。どんな結論になるか？

表A

アスピリン濃度 （μg/mL）	PG合成量（ng）
0	220
1	172
2	136
10	99
50	33
80	0

2. 同様の実験をヒト血小板（巨核球由来の膜で囲まれた細胞断片）で行った。この細胞はある環境条件では肺組織と同一の酵素機構によりPGを産生することが知られている。結果を表Bに示す。これらの結果からどんな結論になるか？　また質問1から得た結論の一般化可能性はどうか？

表B

アスピリン濃度 （μg/mL）	PG合成量（ng）
0	53
0.01	48
0.1	35
1	18
10	7

3. ３番目の実験で、ボランティアから血小板を単離し、そのPG合成能を測定した（アスピリン非存在下）。それからボランティアに臨床的に有効な用量のアスピリンを投与し、短時間後に血小板を単離し、PG合成能を測定した（試験管実験ではアスピリン非存在下）。３人の結果を表Cに示す。これらのデータは質問１及び２から得た結論を支持するものか、論駁するものか？

表C

個人	プロスタグランジン合成量（ng）	
	アスピリン投与前	アスピリン投与後
1	160	16
2	108	5
3	103	20

可逆的阻害　阻害因子のなかには、酵素の活性部位に可逆的に結合する点では本来の基質と似ているが、それが結合した酵素が化学反応を触媒できないという点で基質とは異なるものがある。そのような分子が酵素に結合している間は、本来の基質は活性部位に近付けず、酵素は機能することができない。このような分子は**競合的阻害因子**と呼ばれる。それらは活性部位をめぐって基質と競合するからである（図14.16（A）及び（B））。この場合、阻害の程度は基質と阻害因子の相対濃度に依存する。阻害因子の濃度が高ければ、基質よりも多く酵素の活性部位に結合するだろう。基質の濃度が高ければ、阻害因子よりも多く酵素の活性部位に結合するだろう。阻害は可逆的である。もし基質濃度を上げるか、阻害因子の濃度を下げれば、基質が酵素の活性部位に結合しやすくなり、酵素は活性を発揮できるようになる。

　競合的阻害因子の例はメトトレキサートという薬物である。テトラヒドロ葉酸はプリン（核酸の構成成分）合成の重要な補酵素であり、ジヒドロ葉酸レダクターゼ（DHFR）によって触

媒される反応によってジヒドロ葉酸から合成される。

$$\text{ジヒドロ葉酸} \xrightarrow{\text{レダクターゼ}} \text{テトラヒドロ葉酸}$$

　癌細胞が増殖するとき、DNA を複製しなければならない。すなわちプリンを産生する必要がある。この点で DHFR は抗

(A)　正常な酵素 – 基質結合

基質

酵素

酵素活性部位への基質の正常な結合

(B)　競合的阻害

競合的阻害因子

競合的阻害因子は活性部位に結合し、基質が結合するのを阻害する

(C)　反競合的阻害

反競合的阻害因子

反競合的阻害因子は酵素 – 基質複合体に結合し、産物が放出されるのを阻害する

(D)　非競合的阻害

非競合的阻害因子

非競合的阻害因子は活性部位以外の部位に結合し、酵素の構造を変化させ、反応速度の低下をもたらす

図14.16　可逆的阻害

癌剤のいい標的となりうる。ハーバード大学医学部のシドニー・ファーバーに率いられたチームは、ジヒドロ葉酸アナログ（類似物）が白血病の治療に役立つことを初めて示した。ファーバーが用いた薬物（アミノプテリン）はその後、同様のアナログであるメトトレキサートによって置き換えられた。

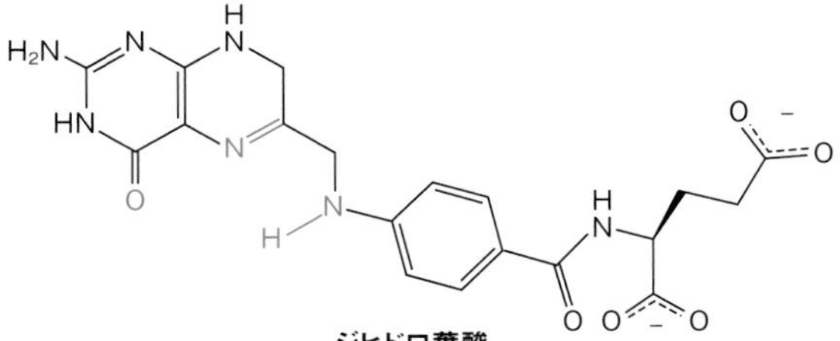

ジヒドロ葉酸

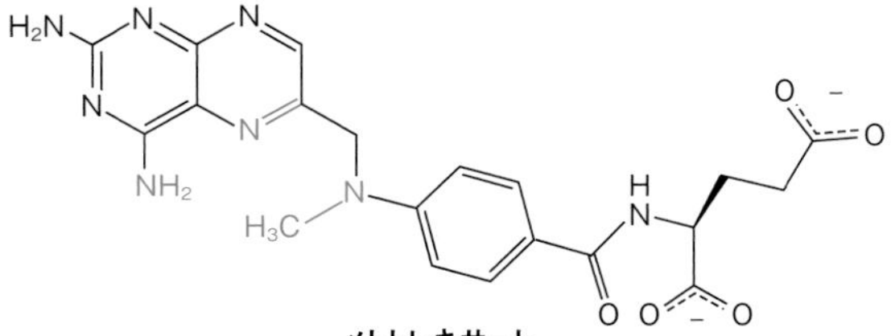

メトトレキサート

　この薬物は癌のみならず、乾癬や関節リウマチなどの炎症性疾患の治療にも用いられる。

　反競合的阻害因子（図14.16（C））は酵素 − 基質複合体に結合し、複合体から産物が放出されるのを阻害する。競合的阻害とは異なり、反競合的阻害では、基質量を増やしても阻害は解除されない。

　非競合的阻害因子は酵素上の活性部位とは異なる部位に結合する。阻害因子が酵素に結合することにより、酵素の形が変化して活性も変化する（図14.16（D））。活性部位はもう基質を結合できないか、たとえ結合したとしても反応速度は低下す

る。非競合的阻害因子も競合的阻害因子と同様に酵素から離れることができるので、その阻害は可逆的である。

アロステリック酵素は形の変化を介して調節される

　非競合的阻害因子が結合することによる酵素の形の変化はアロステリック効果（アロ *allo* ＝異なる、ステリック *steric* ＜ *stereos* ＝形）の一例である。**アロステリック調節**は、エフェクター分子が酵素の活性部位とは異なる部位に結合し、*酵素の形の変化をもたらす*場合に起きる。形の変化により、反応速度の低下がもたらされる。

　しばしば細胞内では酵素は以下の2つの形をとっている（図**14.17**）。

・酵素の*活性型*は基質結合に適した形をしている。
・酵素の*不活性型*は基質を結合できない形をしている。

　まとめてエフェクターと呼ばれる他の分子が、酵素がどちらの形をとるかに影響を与える。

・阻害因子が活性部位以外の部位へ結合することにより、酵素の不活性型が安定化し、活性型に変化しにくくなる。
・酵素の別の部位に活性化因子が結合することにより、活性型が安定化する。

　基質結合と同様に、阻害因子と活性化因子の調節部位（アロステリック部位とも呼ばれる）への結合も非常に特異的なものである。アロステリック調節を受けるほとんどの（全てではない）酵素は、四次構造を持つタンパク質である。すなわち複数のポリペプチド性サブユニットから構成されている。活性部位

を持つサブユニットを触媒サブユニットと呼ぶ。アロステリック部位はしばしば別のサブユニットにあり、調節サブユニットと呼ぶ（図14.17）。

　酵素のなかには活性部位を含むサブユニットを複数持つものがあり、活性部位の1つに基質が結合すると、アロステリック効果が引き起こされる。基質が1つのサブユニットに結合すると、そのタンパク質構造にわずかな変化が生じ、それが隣り合うサブユニットに影響を及ぼす。そのサブユニットに引き起こされたわずかな構造変化のために、その活性部位がより基質を

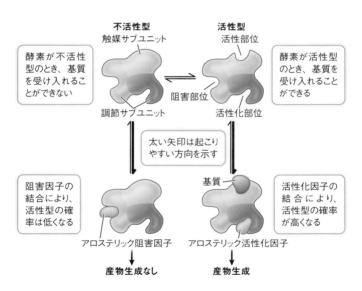

図14.17　酵素のアロステリック調節
酵素の活性型と不活性型は、活性部位とは異なる部位へのエフェクター分子の結合に依存して、相互に変換可能である。阻害因子が結合すると不活性型が安定化され、活性化因子が結合すると活性型が安定化される。

結合しやすくなる。酵素内の活性部位が次々と活性化されるために、反応がスピードアップすることになる。

その結果、活性部位を複数持つアロステリック酵素と活性部位を1つしか持たない非アロステリック酵素は、基質濃度が低いときの反応速度が大きく異なる。反応速度を基質濃度に対してプロットしたグラフを見るとその関係が分かる。非アロステリック酵素の場合、カーブは双曲線である。

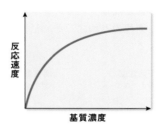

基質濃度を上昇させると、反応速度は初めのうちシャープに立ち上がるが、酵素が基質で飽和されるにつれて次第に横ばいになり、一定の最大速度に近づく。

複数サブユニットからなるアロステリック酵素の場合、カーブは全く異なるものになり、シグモイド（S字状）曲線になる。

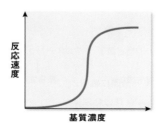

基質濃度が低い間は、基質濃度を上昇させた場合、反応速度の上昇は微々たるものである。基質が酵素の最初の活性部位に

結合した後（カーブのゆっくりと立ち上がる部分）では、酵素の四次構造に変化が起こり、他の活性部位に基質が結合しやすくなり、反応はスピードアップする（カーブの急速に立ち上がる部分）。いったん全ての活性部位が基質で飽和されると、反応速度は横ばいになる（カーブの上の平らな部分）。ある濃度の範囲では、反応速度は基質濃度の比較的小さな変化にもきわめて鋭敏に反応する。さらに、アロステリック酵素は低濃度の阻害因子に対して感受性がきわめて高い。この感度の高さのために、アロステリック酵素は代謝経路全体の制御において重要な役割を果たしているのである。

アロステリック効果が多くの代謝経路を制御する

典型的代謝経路は、出発材料があって、多様な中間産物があり、細胞にとって何らかの目的で必要とされる最終産物で終わる。それぞれの経路にはたくさんの反応があり、それぞれの反応が異なる*酵素によって触媒され中間産物を産生する。経路の第1番目の非可逆ステップを方向決定段階と呼ぶ。いったんこの酵素によって触媒される反応が起きると、"ボールは転がりはじめ"、他の反応が順番に起こって最終産物の産生にいたるからである。しかし、例えば、産物が環境から十分に得られるために細胞がその産物を産生する必要がない場合には、どうなるのだろう？　細胞が必要としないものを作り続けるのはエネルギーの無駄であろう。

---

*概念を関連づける　ある時間に細胞内に存在する特定の酵素の分子数は大部分その酵素タンパク質の合成によって調節される。タンパク質合成の調節についてはキーコンセプト13.1参照。

細胞がこの問題に対処する方法の1つは、最終産物に方向決

定段階を触媒する酵素を阻害させ、代謝経路をシャットダウンすることである（図14.18）。この調節はしばしばアロステリックに起こる。最終産物が高濃度に存在する場合は、その一部が方向決定段階酵素のアロステリック部位に結合し、それを不活化する。このように最終産物は経路の最初の酵素の非競合的阻害因子（この節の前の部分で説明した）として作用する。この機構をフィードバック阻害ないし最終産物阻害と呼ぶ。後の章で、そのような阻害の実例を多く見ることになる。

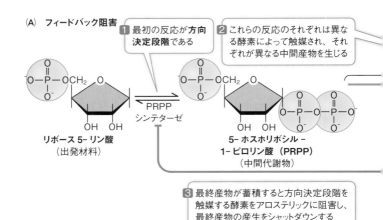

(A) フィードバック阻害

1 最初の反応が**方向決定段階**である

2 これらの反応のそれぞれは異なる酵素によって触媒され、それぞれが異なる中間産物を生じる

PRPP
シンテターゼ

リボース5-リン酸
（出発材料）

5-ホスホリボシル-
1-ピロリン酸（PRPP）
（中間代謝物）

3 最終産物が蓄積すると方向決定段階を触媒する酵素をアロステリックに阻害し、最終産物の産生をシャットダウンする

図14.18　代謝経路のフィードバック阻害
(A)代謝経路の最初の不可逆反応は方向決定段階と呼ばれる。方向決定段階はしばしば、経路の最終産物によってアロステリックに阻害可能な酵素により触媒される。ここに例示した特定の経路はヒト　↗

多くの酵素は可逆的リン酸化によって制御されている

　信号伝達に関わる多くの酵素は可逆的リン酸化によって制御されている（図7.14（A））。酵素は、プロテインキナーゼにより、特定のアミノ酸にATPからリン酸を受け取り活性化される場合がある。リン酸化により酵素の形が変わり、活性化される。このような活性化は可逆的である。というのはプロテインホスファターゼと呼ばれる別の酵素が、リン酸基の加水分解・除去を触媒し、酵素を再び不活性にできるからである。信号伝達に関わる酵素に加えて、細胞内の多くの他の酵素やタンパク質（イオンチャネルなど）も可逆的リン酸化により制御されている。細胞機能におけるタンパク質リン酸化の重要な役割を反映して、ヒトゲノムは500以上のプロテインキナーゼ遺伝子を

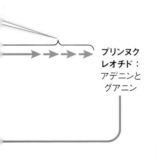

プリンヌクレオチド：
アデニンとグアニン

(B)　痛風

PRPPシンテターゼ酵素が、フィードバック阻害のためのプリン結合が遺伝的にできない場合、過剰のプリンが蓄積し、関節への尿酸結晶の析出にいたる（痛風）

　におけるリボース5−リン酸からのプリンヌクレオチド（ATP、GTP）の合成経路である。
（B)痛風はプリン過剰により関節に尿酸結晶が析出する病気であるが、プリン合成のフィードバック阻害に欠陥があると生じうる。

含んでいる。これは我々の全てのタンパク質をコードする遺伝子の2%に相当する。

酵素は環境の影響を受ける

　細胞は酵素のおかげで、実験室で化学者が用いる極端な温度やpHを用いることなく、化学反応を行い複雑な過程を遂行することができる。しかしながら、活性部位のアミノ酸側鎖の三次元構造や化学的性質のため、酵素（及びその基質）は温度やpHに対して非常に敏感である。**キーコンセプト3.2**でタンパク質に対するこれらの環境因子の一般的効果について記載した。ここで、温度やpHの酵素機能に及ぼす影響を見てみよう（もちろん酵素機能は酵素の構造と化学的性質に依存する）。

pHは酵素活性に影響を及ぼす　ほとんどの酵素触媒反応の速度はそれが起きる溶液のpHに依存する。細胞内の水は通常中性のpH 7であるが、酸、塩基、緩衝剤があると変わりうる。それぞれの酵素には最大活性を発揮する特定のpHが存在する。溶液をその理想的な（至適）pHよりも酸性にしたり塩基性にしたりすると酵素活性は低下する（図14.19）。例として、ヒトの消化系を考えてみよう。ヒトの胃の中はpH 1.5と強い酸性である。しかし腸管で高分子を加水分解する多くの酵素、例えばプロテアーゼは、中性域に至適pHがある。そこで食物が小腸に入るときには、緩衝剤（重炭酸塩）が小腸に分泌されて、pHを6.5まで上げる。これにより、加水分解酵素が活性を発揮し食物を消化する。

　pHが酵素機能に及ぼす効果において重要な要素は、基質あるいは酵素のカルボキシ基、アミノ基などの官能基のイオン化状態である。中性ないし塩基性溶液中では、カルボキシ基（—COOH）はH^+を放出してマイナスに荷電したカルボキシ

ラートイオン（—COO⁻）になる。しかしながら、中性ないし
酸性溶液中では、アミノ基（—NH₂）はH⁺を受け取ってプラ
スに荷電した—NH₃⁺基になる（**キーコンセプト2.4**の酸塩基
の項を参照）。であるから中性溶液中では、アミノ基は他の分
子上あるいは同一分子内の別の部分のカルボキシ基に電気的に
引き付けられる。両方の基ともにイオン化して反対の電荷を持
つからである。しかしながら、pHが変化するとこれらの基の
イオン化状態も変化する。例えば、pHが低い（ペプシン酵素
が活性を発揮する胃の内容物のように高H⁺濃度の場合）とき
には、過剰なH⁺は—COO⁻と反応して—COOHができる。も

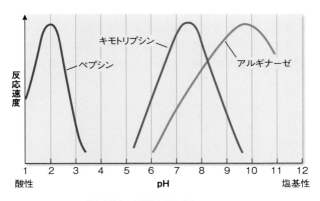

図14.19　pHは酵素活性に影響を及ぼす
それぞれの酵素はある特定のpHで最大活性を発揮する。活性曲線はそ
れぞれの酵素の一番活性が高いpHでピークを形成する。例えば、ペプ
シンは胃の酸性環境下で活性を発揮する一方で、キモトリプシンは小
腸で活性を発揮する。

Q：細胞内では、細胞質のpHは典型的には7.2であるが、リソソーム
　　内ではpHは4.8である。タンパク質の加水分解を触媒するあるプ
　　ロテアーゼはリソソーム内では活性を発揮するが、細胞質では不活
　　性である。このようなことが起こるのはどうしてか？

しこうなれば、この基は荷電していないのでタンパク質中の他の荷電した基とは相互作用せず、タンパク質の折りたたみ方に変化が起こる。このような変化が酵素の活性部位に起こると、酵素は基質を結合できなくなってしまう。

温度は酵素活性に影響を及ぼす　一般的に、温度を上げると化学反応の速度は上昇する。高温では、反応分子の大部分が活性化エネルギーを供給するのに十分な運動エネルギーを持っているからである。酵素触媒反応も例外ではない（図14.20）。しかしながらあまり温度が高すぎると、酵素は不活化される。高温では酵素分子は高速で振動・回転し、非共有結合の一部が壊れてしまうからである。熱によって三次元構造が変化すると、酵素は変性し活性を失う。酵素のなかには体温よりもほんの少し高い温度で変性してしまうものもあるが、沸騰水中や氷点下でも安定な酵素も存在する。しかしながら全ての酵素には至適

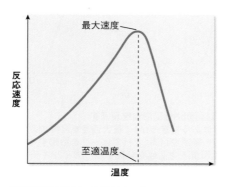

図14.20　温度は酵素活性に影響を及ぼす
それぞれの酵素には至適温度が存在する。高温では変性のために活性は低下する。至適温度以上で活性カーブが急に低下するのはこのためである。

温度が存在する。

　一般的に、高温に適応した酵素は高温でも変性しない。その三次元構造は大部分が、熱感受性の、弱い化学相互作用ではなく、共有結合やジスルフィド（S—S）結合で維持されているからである。ヒトの酵素のほとんどは、我々に感染する細菌の酵素よりも熱に対して安定である。そのため軽度の発熱では細菌の酵素は変性するがヒトの酵素は変性しない。

生命を研究する

Q A 抗炎症薬は酵素阻害剤としてどのように作用するのだろうか？

　薬局に行ったり、テレビのコマーシャルを見たりすると、疼痛を軽減する薬物が山ほどあることがすぐに分かる。アスピリンのように、それらの多くは炎症のプロスタグランジン経路を標的としている。ジョン・ヴェインの研究やその後の研究により、アスピリンはCOX酵素を不可逆的に不活化することが明らかになった。しかしながら、COXにはCOX-1とCOX-2という2つがあること、プロスタグランジンにも数種あることが分かった。COX-1は、胃の裏打ち細胞を無傷な状態に保ち、血液凝固に関与する（低用量アスピリン療法により心筋梗塞を予防するのはこのためである）、組織維持に働くプロスタグランジン産生を触媒する。COX-2は炎症と疼痛に関与するプロスタグランジン産生を触媒する。アスピリンはCOX-1とCOX-2の両者を阻害する。だから安易にアスピリンに頼ってはいけないという警告は理由があることなのである。アスピリンは痛みを軽減するが、胃潰瘍を生じさせたり、傷を受けたときに出血が止まりにくくなったりする。アスピリンのこうした

限界を知って、COX-2特異的阻害剤の開発が進められた。これらのほとんどは競合的阻害剤である。このことはこれらの薬剤をどのくらいの頻度で服用すべきかにどう影響を与えるだろうか？　これらの薬剤を手に取って、用法を読んでみよう。

今後の方向性

　酵素の基質との結合が原子レベルで明らかになり、生物学者はこのデータを使って、どの基質がどの酵素に結合するのかを予測しようとしている。結合において重要なのはΔGである。このパラメーターがマイナスであればあるほど、結合が起こる可能性は高い。イオン結合やファンデルワールス力などの因子が結合のΔGに寄与する。これらの因子は酵素タンパク質と非基質分子（他のタンパク質やRNAなどを含む）の結合にとっても重要である。実際、細胞中のタンパク質は一般的に単独では存在せず、他の何かと結合して存在することが明らかになりつつある。タンパク質が酵素の場合、その基質が最もふさわしい結合相手であろう。全ての分子間相互作用を理解すれば、細胞内で化学レベルで何が実際に起きているかを深く理解できるようになるだろう。

▶ 学んだことを応用してみよう

まとめ

14.2　ATPはADPとP_iに加水分解されるとき、細胞が利用可能なエネルギーを放出する。

14.2　ATPは共役反応を介して、発エルゴン反応由来のエネルギーを用いて吸エルゴン反応を駆動する。

14.3　触媒は反応をスピードアップするが、自然に起こらない反応を起こるようにすることはできない。

14.4　酵素は基質と結合した結果、誘導適合と呼ばれる形の変化を

　起こすことがある。
14.5　pHや温度のような環境因子が酵素活性に影響を及ぼす。

原著論文：McElroy, W. D. 1947. The energy source for bioluminescence in an isolated system. *Proceedings of the National Academy of Sciences USA* 33: 342–345.
McElroy, W. D. and B. L. Strehler. 1954. Bioluminescence. *Bacteriology Reviews* 18: 177–194.
Thompson, J. F. et al. 1997. Mutation of a protease-sensitive region in firefly luciferase alters light emission properties. *Journal of Biological Chemistry* 272: 18766–18771.

　多くの人が、暖かい夏の夜にホタルを見たり捕まえたりするのを楽しむ。しかしホタルにとっては迷惑な話である。ホタルの主たる目的はつがいの相手を見つけることである。オスのホタルとメスのホタルは互いに特殊な光の点滅パターンを使って相手を惹きつける。光はホタルの腹部に存在するカンテラのような発光器官から発せられる。
　光はエネルギーの一形態である。すなわちホタルは発光するためには何らかのエネルギーを変換しなければならない。研究者はこれがどのように行われるかを探るために生化学的アプローチをとった。ホタルの発光器官をすりつぶし、水で抽出すると、抽出物は短い間強く発光したが、光は弱くなって消えた。ATPを抽出物に添加すると、再び発光したが、やがて光は消えた。下のグラフは添加したATP量に対して発光時間をプロットしたものである。嫌気的条件下では、発光は見られなかった。

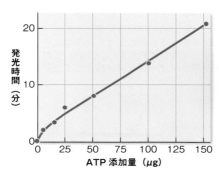

ペンシルバニア
ホタル

追加実験から研究者は、ルシフェリンと呼ばれる化合物が化学反応

を受けるときに発光が起こることを発見した。研究者はホタルの発光
器官の抽出物から酵素を精製した。この酵素はルシフェリンが発光す
る反応を触媒する。その後の研究で、一定量の酵素と混ぜ合わせたと
きに光の最大強度（100%）をもたらすルシフェリン、ATP、マグネ
シウムイオン（Mg^{2+}）の量が分かった。下の表はこれらの量を変化
させたときに光の相対強度がどのように変わるかを示している。

変数	光強度（%）
酵素なし	0
添加前に酵素を熱処理	0
マグネシウムイオンなし	4
1mM マグネシウムイオン	70
10mM マグネシウムイオン	100
pH 6.5	30
pH 7.6	100
pH 9.0	64

質問
1. 与えられた情報からすると、ホタルの発光器官が光を産生するた
   めにはどのような分子が必要だろうか？　またそれぞれの分子の
   役割は何だろうか？
2. ホタルが環境から取り入れたエネルギーが、どのようにして発光
   器官での光産生に利用できるようになるかを説明せよ。
3. 追加実験で、ルシフェリンが反応する過程で、酵素の活性部位で
   活性化された中間型が形成されることが明らかになった。この中
   間型はルシフェリンがアデノシン一リン酸（AMP）に共有結合し
   たものである。活性部位でこの中間型は酸素と反応し、ルシフェ
   リンが酸化され、発光する。下の模式図はこれらのステップを示
   している。どのようにして共役反応が発光のために必要なエネル
   ギーを供給するのかを示すステップを付け加えて模式図を書き直
   せ。

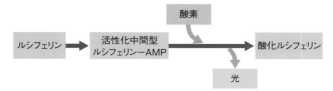

4. この酵素が環境因子の影響を受けることを示す証拠は何か？　この酵素がこれらの因子の影響を受ける理由について考えよ。

5. いくつかの研究からこの酵素はATPとルシフェリンを結合すると形が変わることが示された。この形の変化により、水分子が基質とともに活性部位に入り込むことができなくなる。酵素のどのような特性でこの現象が説明できるか？　またこの特性が、この特定の酵素が触媒反応で役割を果たすうえで、どのように役立っているか？

第15章
化学エネルギーを
獲得する経路

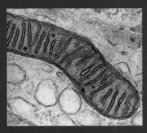

ミトコンドリアは細胞の発電所である。

キーコンセプト

15.1 細胞はグルコース酸化から化学エネルギーを獲得する
15.2 酸素があるとグルコースは完全に酸化される
15.3 酸化的リン酸化によってATPが産生される
15.4 酸素がなくてもグルコースからエネルギーの一部は獲得できる
15.5 代謝経路は互いに関係し制御されている

生命を研究する

体重の話

　アメリカ合衆国の小児の17％、成人の35％が今や肥満とされ、医師は"肥満流行"を宣言した。糖尿病、心疾患、癌を含む、肥満に関連する疾患の劇的増加により、医学界が危機感を持つにいたったのは容易に理解できる。

　栄養科学は全ての食物が全ての人に同様の影響を及ぼすわけではないことを示しているが、ほとんどの場合、肥満した人の重大な体重過剰は、食事量を減らすか運動量を増加させれば、予防もしくは軽減できる。これはエネルギーの問題である。もし我々が体を作り上げたり、脳機能や身体活動などを維持したりするのに必要とする以上のエネルギー産生分子を食べれば、不必要なエネルギーは脂肪として貯蔵することになる。脂肪として貯蔵することは進化的に有利である。脂肪中のC—C結合

やC—H結合に貯蔵されたエネルギーは食料が乏しいときには利用できる。しかし過剰な脂肪は悪い結果をもたらしうる。

　全ての脂肪組織は同じというわけではない。白色脂肪組織（しばしば単に白色脂肪と呼ばれる）は主にエネルギー貯蔵のために用いられる。褐色脂肪組織には、鉄を含む色素（シトクロム）を持つミトコンドリアが高密度で含まれている。褐色脂肪中のエネルギーに富む分子が異化されるとき、貯蔵エネルギーは化学エネルギーとしてではなく、熱として放出される。褐色脂肪中の細胞はUCP1と呼ばれるタンパク質を合成し、それをミトコンドリア内膜に挿入する。その結果ミトコンドリア内膜はプロトン（H^+）透過性を持つ。一般的に、ミトコンドリア内膜がプロトンに対して透過性を持たないことが、脂肪などの分子の異化を、それらに貯蔵されたエネルギーを化学的な形で放出させること（ATP合成につながる）と共役させるのに非常に重要なポイントである。もしミトコンドリア内膜がプロトンに対して透過性を持つようになれば、この共役は失われ、貯蔵されたエネルギーは熱として放出される。

　ヒトの乳児は背中と肩に相当量の褐色脂肪を持って生まれる。乳児は高い表面積・容積比を持っているので、大量の熱を失いがちである。乳児が体温を保つ方法の１つが、褐色脂肪組織で熱を産生することである。小児が育つにつれて、体の褐色脂肪組織量は減少する。成人はほとんど白色脂肪しか持たない。白色脂肪はUCP1量が少なく、脂肪が異化されても産生される熱は小さい。しかし近年生物学者は成人にも褐色脂肪があることを発見し、その重要性が注目を集めつつある。

🔑 15.1 細胞はグルコース酸化から 化学エネルギーを獲得する

エネルギーは燃料分子の共有結合中に貯蔵され、放出され変換されうる。**第14章**から、エネルギー変換には光、熱、化学的、機械的、電気的エネルギーが関与しうることを思い出してほしい。例えば、木を燃やすと大量のエネルギーが熱と光として放出される。細胞では燃料分子は化学エネルギーを放出し、ATPの合成に利用され、ATPは吸エルゴン反応を駆動させるために用いられる。光合成生物は光のエネルギーを利用して自分自身の燃料分子を合成する。これは**第16章**で記載する。光合成をしない生物では、最も一般的な化学燃料はグルコースという単糖である。他の糖質、脂質やタンパク質など他の分子も生物にエネルギーを供給しうるが、エネルギーを放出するためにはグルコースかグルコース代謝の多様な経路の中間体に変換されなければならない。

学習の要点

・化学の基本法則が細胞内の代謝経路を支配する。

・エネルギーは酸化還元反応を介して電子がある分子から別の分子へと移動するとともに転移される。

・電子担体分子は、生物学的酸化還元反応の過程で、電子を受け取ったり与えたりする補酵素として機能する。

細胞はどのようにして
グルコースからエネルギーを獲得するのだろうか？

　細胞は酸化という化学反応によりグルコースから*エネルギーを獲得する（これは一連の代謝経路により遂行される）。この章を読む際には、5つの原則が代謝経路を支配していることを心に留めてほしい。

1. 複雑な化学的変換は一連の個別の反応から構成される代謝経路で行われる。
2. 代謝経路を構成する反応は特異的な酵素によって触媒される。
3. 代謝経路は細菌からヒトまで全ての生物で同一である。
4. 真核生物では多くの代謝経路は区画化されており、特定の反応は特定の小器官内、場合によっては小器官内の特定領域で起こる。
5. それぞれの代謝経路の主要酵素は阻害されたり活性化されたりして、代謝速度が変化する。

---

*概念を関連づける　生体系及び非生体系におけるエネルギー変換の原則については**キーコンセプト14.1**で説明している。

　キーコンセプト2.3で見たように、燃焼という身近な現象は細胞内でエネルギーを放出する化学反応に大変よく似ている。グルコースを炎で燃やしたり、典型的な細胞内で燃やしたりすると、酸素ガス（O_2）と反応して二酸化炭素と水ができ、エネルギーが熱の形で放出される。この燃焼反応を表す式は以下のようになる。

$$C_6H_{12}O_6 + 6O_2 \rightarrow 6CO_2 + 6H_2O + 自由エネルギー$$
$$(\Delta G = -686 \text{ kcal/mol})$$

　これはグルコースが電子を失い（酸化され）、酸素が電子を獲得する（還元される）酸化還元反応である（これについては後で述べる）。標準自由エネルギー変化（ΔG）が大きくマイナスであることは、反応全体が大きな発エルゴン反応で、ADPと無機リン酸からのATP産生という吸エルゴン反応を駆動できることを意味する。

$$ADP + P_i + 自由エネルギー \rightarrow ATP$$

　実験室で加熱するときにはグルコースの酸化は一瞬にして起こる。しかし、細胞内では、グルコースの異化は多段階の経路で起こる。それぞれの段階（反応）は酵素によって触媒され、区画化されている。燃焼と違って、グルコース異化は厳密に調節され、生命に適した温度で行われる。

　3つの異化経路がグルコースの化学結合からエネルギーを獲得する。解糖系、細胞呼吸、発酵である（図15.1）。これら3つの代謝経路は多くの個別の化学反応から構成されている。

1. **解糖系**がグルコース異化を開始する。一連の化学結合の再編成により、グルコースは3炭素産物である**ピルビン酸**2分子に変換される。このとき少量のエネルギーが使用可能な形で獲得される。解糖系は酸素を利用しないので**嫌気的**過程である。

2. **細胞呼吸**は環境中のO_2を利用する**好気的**過程である。ピルビン酸酸化、クエン酸回路、電子伝達系（呼吸鎖）を含む一連の異化経路を通して、ピルビン酸分子は3分子のCO_2にまで完全に変換される。その過程で、ピルビン酸の共有

結合に保存されている多量のエネルギーが捕捉されATP合成に用いられる。

3. **発酵**はO_2を利用しない（嫌気的過程である）。多くの微生物を例外として、発酵によりピルビン酸は乳酸かエチルアルコール（エタノール）に変換される。これらはいまだ比較的エネルギーに富む分子である。グルコースの分解は不完全なので、解糖系が発酵と共役するときに放出されるエ

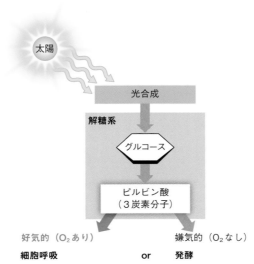

図15.1　生命のためのエネルギー

多くの原核生物と全ての真核生物は光合成によって作られた食物からエネルギーを得る。生物はしばしば食物をグルコースに変換し、グルコースは代謝されてそのエネルギーはATPに捕捉される。

ネルギーは細胞呼吸と共役するときに放出されるエネルギーに比べてはるかに小さい。

レドックス反応(酸化−還元反応)によって電子とエネルギーが伝達される

キーコンセプト14.2で記載したように、ADPとリン酸からのATP産生は吸エルゴン反応である（図14.6）。これはATP産生に発エルゴン反応を共役させることによって達成される。発エルゴン反応で放出されたエネルギーを用いてATP合成を駆動するのである。発エルゴン反応では電子伝達も起こる。ある物質が他の物質に１つ以上の電子を伝達する反応を**酸化−還元反応**ないし**レドックス反応**と呼ぶ。

・**還元**はある原子、イオン、分子による１つ以上の電子の獲得である。
・**酸化**は１つ以上の電子の喪失である。

酸化と還元は*常に一緒に*起こる。ある化合物が酸化されると、その化合物が失った電子は他の化合物に伝達され、その化合物を還元する。レドックス反応では、還元される反応物を酸化剤と呼び、酸化される反応物を還元剤と呼ぶ。

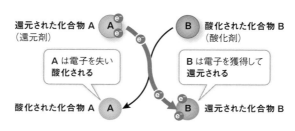

グルコース代謝においては、

・グルコースは還元剤（電子供与体）である。
・酸素は酸化剤（電子受容体）である。

酸化と還元はいつも電子の受け渡しという観点から定義されるが、これらは水素原子の獲得・喪失という観点から考える方がしばしば簡単である。電子伝達はしばしば水素イオン（H原子はH^+とe^-を含んでいる）の伝達を伴う。であるからある分子が水素原子を失うときには、それは酸化されるのである。

分子の還元状態が高ければ高いほど、その共有結合に貯蔵されるエネルギーは大きい（図15.2）。レドックス反応で、一部のエネルギーは還元剤から還元された産物に移行する。残りのエネルギーは還元剤にとどまるかエントロピーとして失われる。以下で見るように、解糖系と細胞呼吸の重要な反応のいくつかは非常に発エルゴン的なレドックス反応である。

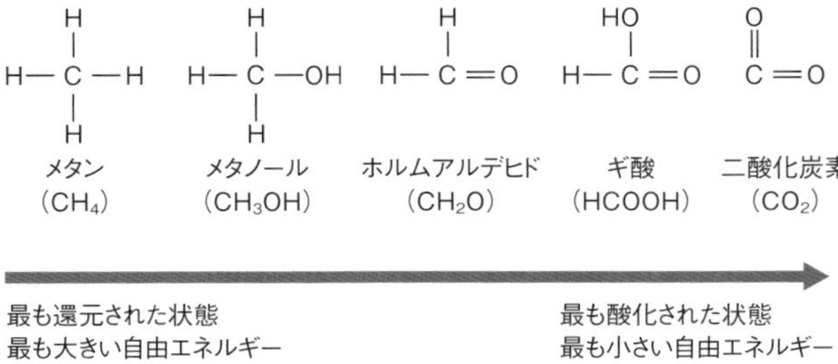

最も還元された状態
最も大きい自由エネルギー

最も酸化された状態
最も小さい自由エネルギー

図15.2　酸化、還元、エネルギー
分子中の炭素原子は、酸化されればされるほど、それに貯蔵される自由エネルギーは小さいものとなる。

補酵素NAD⁺は
レドックス反応における重要な電子担体である

*補酵素ニコチンアミドアデニンジヌクレオチド（NAD⁺）
はレドックス反応における電子担体として機能する。下の図の
青い線に沿った電子の流れに注目してほしい。

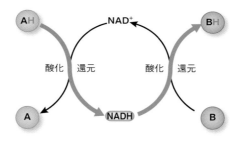

---

*概念を関連づける　**キーコンセプト14.4**で酵素触媒反応を助ける低分
子である補酵素の役割を記載した。ADPは発エルゴン反応で放出され
たエネルギーを捕捉し、それを用いてATPを合成するときには補酵素
の役割を果たす。

　NADは2つの化学的に異なる形で存在する。酸化型
（NAD⁺）と還元型（NADH）である（**焦点：キーコンセプト
図解　図15.3**）。両者共にレドックス反応に関与する。還元
反応の

$$NAD^+ + H^+ + 2e^- \rightarrow \quad NADH$$

は、実際はプロトン（水素イオン、H⁺）と2個の電子（一緒
に起こる酸化反応によって放出される）の転移である。
　電子は補酵素には留まらない。酸素は非常に電気陰性度が高
く、容易にNADHから電子を受容する。酸素によるNADHの

酸化（これは数ステップで起きる）

$$NADH + H^+ + \frac{1}{2} O_2 \rightarrow NAD^+ + H_2O$$

は発エルゴン的な反応で、pH 7の標準自由エネルギー変化（$\Delta G^{o'}$）は -52.4 kcal/mol（-219 kJ/mol）である。酸化剤はここで "O" ではなく "$\frac{1}{2} O_2$" と表記されていることに注意してほしい。この表記は酸化剤として働くのが分子状酸素O_2であることを強調している。

　1分子のATPがおよそ7.3 kcal/mol（30.5 kJ/mol）の自由エネルギーの束（パッケージ）と考えることができるように、NADHはより大きな自由エネルギーのパッケージ（52.4 kcal/

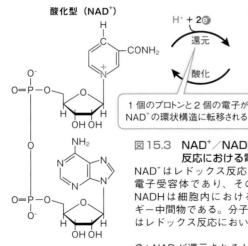

焦点：キーコンセプト図解

酸化型（NAD^+）　　　　　　　　還元型（NADH）

$H^+ + 2e^-$
還元
酸化

1個のプロトンと2個の電子がNAD^+の環状構造に転移される

図15.3　NAD^+／NADHはレドックス反応における電子担体である
NAD^+はレドックス反応において重要な電子受容体であり、その還元型であるNADHは細胞内における重要なエネルギー中間物である。分子（左）の大部分はレドックス反応において変化しない。

Q：NADが還元されるとき赤色の "H" はどこから来るのか？

mol、上記参照）と考えることができる。NAD⁺は細胞内の一般的な電子担体であるが、唯一の電子担体ではない。フラビンアデニンジヌクレオチド（FAD）もグルコース代謝において電子を伝達する。

概観：グルコースからのエネルギー獲得

原核細胞も真核細胞も次の代謝経路を様々に組み合わせてグルコースからエネルギーを獲得することができる。

・好気的条件下でO_2が電子の最終受容体として利用可能な場合は、4つの経路が働く（図15.4（A））。まず解糖系が働き、次に細胞呼吸の3つの経路が続く。すなわちピルビン酸酸化、クエン酸回路（クレブス回路、トリカルボン酸回路とも呼ばれる）、電子伝達系／ATP合成（酸化的リン酸化とも呼ばれる）である。

・嫌気的条件下では、真核細胞と多くの原核細胞において、ピルビン酸酸化、クエン酸回路、酸化的リン酸化は機能せず、解糖系によって生じたピルビン酸は発酵によって代謝される（図15.4（B））。しかしながら、一部の原核生物は酸素がない状態でも酸化的リン酸化が関与する経路でエネルギーを獲得することができる（嫌気的呼吸、キーコンセプト15.3）。

図15.4に示す5つの代謝経路は、細胞内の異なる部位で起こる（表15.1）。

グルコースからエネルギーを獲得する代謝経路を概観したので、好気的グルコース異化に関与する3つの経路、解糖系、ピルビン酸酸化、クエン酸回路を詳細に見てみよう。

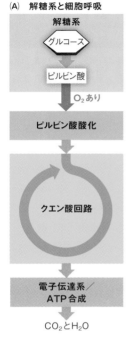

(A) 解糖系と細胞呼吸

(B) 解糖系と発酵

図15.4 エネルギー産生代謝経路

エネルギー産生反応は5つの代謝経路に分類される。解糖系、ピルビン酸酸化、クエン酸回路、呼吸鎖／ATP合成、発酵の5つである。

(A)下の3つの経路はO_2があるときにしか機能せず、まとめて細胞呼吸と呼ばれる。

(B)O_2がないと、解糖系に引き続いて発酵が起こる。

表15.1 真核生物と原核生物における主要なエネルギー代謝経路の細胞内局在

真核生物	原核生物
細胞質中	細胞質中
解糖系	解糖系
発酵	発酵
	クエン酸回路
ミトコンドリア内	細胞膜上
マトリックス	ピルビン酸酸化
クエン酸回路	呼吸鎖
ピルビン酸酸化	
内膜	
呼吸鎖	

🔑 15.2 酸素があると　　　　グルコースは完全に酸化される

　グルコース代謝の好気的経路では、グルコースはCO_2とH_2Oまで完全に酸化される。初めに解糖反応で6炭素からなるグルコース分子は2個の3炭素分子ピルビン酸に変換される（図15.5）。ピルビン酸は、ピルビン酸酸化に始まり引き続いて起こるクエン酸回路という一連の反応で、CO_2に変換される。CO_2産生に加えて、これらの酸化反応は電子担体（ほとんどはNAD^+）の還元と共役している。

学習の要点

・解糖系で、グルコースは部分的に酸化されピルビン酸になる。

・ピルビン酸酸化でアセチル補酵素A（アセチルCoA）が産生されることにより、グルコースの炭素原子がクエン酸回路に入り、さらなる酸化が可能となる。

・アセチル補酵素Aがクエン酸回路で完全に酸化される過程で、大量のエネルギーが電子担体とGTPに捕捉される。

　初めに解糖系を詳細に見ることでグルコース異化についての考察を始めよう。

解糖系でグルコースは部分的に酸化される

　解糖系は細胞質で起こり、10個の酵素触媒反応が関与する。解糖系によりグルコース分子中の炭素原子と水素原子間の共有結合の一部が酸化され、貯蔵されているエネルギーの一部が放出される。産物は2分子のピルビン酸、2分子のATP、2分子のNADHである。解糖系は2段階に分けることができる。ATPを消費する初めのエネルギー投資段階と、ATPとNADHを産生するエネルギー獲得段階である（図15.5）。

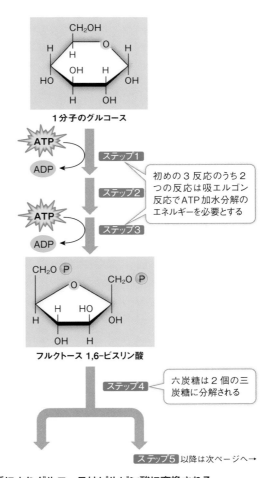

1分子のグルコース

ステップ1

ステップ2

ステップ3

初めの3反応のうち2つの反応は吸エルゴン反応でATP加水分解のエネルギーを必要とする

フルクトース 1,6-ビスリン酸

ステップ4

六炭糖は2個の三炭糖に分解される

ステップ5 以降は次ページへ→

図15.5　解糖系によりグルコースはピルビン酸に変換される
グルコースは10個の酵素触媒反応によってピルビン酸に変換される。この経路で2個のATPが消費され（**1**と**3**）、2個のNAD⁺が還元されて2個のNADHになり（**6**）、4個のATPが産生される（**7**と**10**）。

図15.5　前ページ末からの続き

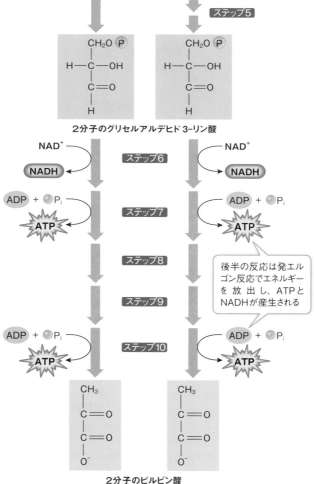

2分子のグリセルアルデヒド 3-リン酸

後半の反応は発エルゴン反応でエネルギーを放出し、ATPとNADHが産生される

2分子のピルビン酸

詳細に立ち入る前に解糖系についての理解を助けるために、この経路の2つの連続する反応（図15.5の**6**と**7**）に焦点を当ててみよう。

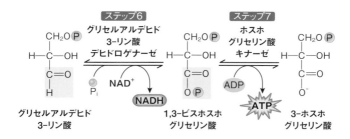

6と**7**は、解糖系及び多くの他の代謝経路で繰り返し起こる2つのタイプの反応の例である。

1. *酸化還元反応*：最初の反応は発エルゴン反応であり、グリセルアルデヒド3-リン酸の酸化で、50 kcal/mol以上のエネルギーが放出される（一番下の炭素原子に注目してほしい。HがOに置換されている）。このエネルギーはNAD^+のNADHへの還元によって捕捉される。
2. *基質レベルのリン酸化*：2番目の反応も発エルゴン反応であり、放出されるエネルギーは1番目の反応に比べて小さいが、基質からリン酸基をADPに直接転移させてATPを合成するには十分である。

　解糖系の最終産物であるピルビン酸はグルコースよりはいくぶん酸化されている。O_2の存在下では、さらなる酸化が起こりうる。原核生物ではこれらのさらなる反応は細胞質で起こるが、真核生物ではミトコンドリアマトリックスで起こる。

　要約すると、

- 解糖系の初期段階では1個のグルコース分子あたり2個のATP分子の加水分解のエネルギーが消費される。
- 残りの段階でグルコース1個あたり4個のATP分子が合成され、正味2分子のATPが産生される。
- 解糖系で2分子のNADHが産生される。

　O_2が存在する場合、解糖系に引き続き細胞呼吸の3段階が起こる。ピルビン酸酸化、クエン酸回路、呼吸鎖／ATP合成である。

ピルビン酸酸化が解糖系とクエン酸回路を結び付ける

　真核生物では、ピルビン酸はミトコンドリアマトリックスに輸送され（図5.11）、ここでグルコースの好気的異化の次のステップが始まる。このステップではピルビン酸は酸化されて2炭素の酢酸分子とCO_2になる。酢酸は補酵素A（CoA）と結合して**アセチル補酵素A（アセチルCoA）**になる。CoAは様々な生化学反応でアセチル基（$H_3C—C=O$）の担体として用いられる。

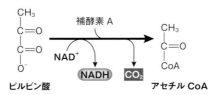

ピルビン酸　　　　　　　　　　　　　　　　**アセチルCoA**

　ピルビン酸は解糖系とその後の酸化反応をつなぐ化合物である（図15.4）。

　アセチルCoA産生はピルビン酸デヒドロゲナーゼ複合体によって触媒される多段階反応である。ピルビン酸デヒドロゲ

ナーゼ複合体は60個のタンパク質及び5個の異なる補酵素からなる複合体である。反応は全体として発エルゴン的であり、1分子のNAD$^+$が還元されてNADHになる。しかしながら、アセチルCoAの主要な役割は、そのアセチル基を4炭素化合物のオキサロ酢酸に与えて、6炭素分子のクエン酸を合成することにある。これが生命の最も重要なエネルギー獲得経路であるクエン酸回路を開始する。

クエン酸回路はグルコースのCO$_2$への酸化を完了する

　アセチルCoAはクエン酸回路の出発点である。この8つの反応からなる経路は2炭素のアセチル基を完全に酸化して2分子の二酸化炭素にする。これらの反応で放出される自由エネルギーはGDP（グアノシン二リン酸）と電子担体のNAD$^+$とFADによって捕捉される（**図15.6**）（**キーコンセプト7.2**からGDPはADPと同様にヌクレオシド二リン酸であることを思い出してほしい）。これは出発材料のオキサロ酢酸が最終ステップで再生され、アセチルCoAから次のアセチル基を受け取ることができるので、回路（サイクル）である。グルコース分子が解糖系に入る度にクエン酸回路は2回まわる（ピルビン酸分子がミトコンドリアに入る度に1回まわる）。

　クエン酸回路で起こる反応の一例として、回路の最終反応（**図15.6**の**8**）に焦点を当てよう。

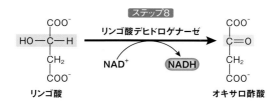

この酸化反応（青で強調した炭素原子に注目してほしい）は

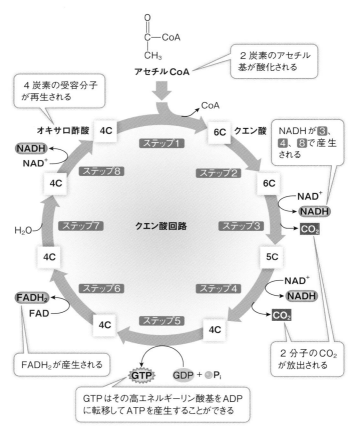

図15.6　クエン酸回路

クエン酸回路は 8 反応からなる。最終反応で出発材料でアセチル CoA 受容体であるオキサロ酢酸が再生される。エネルギーが放出され、それは NAD^+ や FAD を還元したり、GTP を合成したりすることにより捕捉される。"6C" や "5C" などは回路のそれぞれの中間体の炭素原子数を示す。

発エルゴン反応であり、放出されたエネルギーはNAD^+によって捕捉され$NADH$が産生される。同様の4つの反応で（**6**で産生される$FADH_2$は$NADH$と同様の還元型補酵素である）、クエン酸回路はアセチルCoAの酸化により大量の化学エネルギーを獲得する。

　要約すると、

・クエン酸回路への入力は酢酸（アセチルCoAの形で）、水、GDP、酸化型電子担体（NAD^+とFAD）である。
・クエン酸回路からの出力は二酸化炭素、還元型電子担体（$NADH$と$FADH_2$）と少量のGTPである。GTPの末端のリン酸基のエネルギーはATPに転移される。

$$GTP + ADP \rightarrow ATP + GDP$$

　このようにクエン酸回路は2個の炭素をCO_2として放出し、4個の還元型電子担体分子を産生する。

　まとめると、グルコース1分子が酸化される度に、解糖系で2分子のピルビン酸が産生され、これらのピルビン酸は酸化された後にクエン酸回路を2回転させる。であるから、1個のグルコース分子の酸化により以下のものが産生される。

・6個のCO_2
・10個の$NADH$（2個が解糖系で、2個がピルビン酸酸化で、6個がクエン酸回路で）
・2個の$FADH_2$
・4個のATP

ピルビン酸酸化とクエン酸回路は
出発材料の濃度によって調節されている

　これまで3炭素分子であるピルビン酸が、どのようにしてピルビン酸デヒドロゲナーゼとクエン酸回路によって完全に酸化されCO_2になるのか、を見てきた。あらためて回路がスタートするためには、出発材料、すなわちアセチルCoAと酸化型の電子担体が全て補充されていなければならない。電子担体は、回路が回る間や解糖系の **6** で還元されるので（図15.5）、再酸化されなければならない。

$$NADH \rightarrow NAD^+ + H^+ + 2\,e^-$$
$$FADH_2 \rightarrow FAD + 2\,H^+ + 2\,e^-$$

　これらの電子担体の酸化反応は他の分子が還元される反応と共役している。O_2が存在する場合は、O_2が最終的にこれらの電子を受容し、還元されてH_2Oになる。

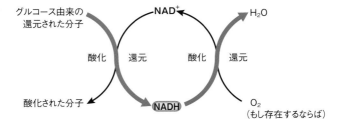

　ピルビン酸酸化とクエン酸回路は、還元された電子担体の再酸化で電子を受け取るためのO_2が利用可能でないと、進行し続けることはできない。しかしながら、次の節で学ぶようにこれらの電子は直接O_2に受け渡されるわけではない。

🔑 15.3 酸化的リン酸化によって ATPが産生される

　酸化的リン酸化とはO_2の存在下に電子担体の再酸化によって行われるATP合成の過程である。この節ではミトコンドリアで起こる酸化的リン酸化について記載するが、同様の過程は原核生物でも起こる（表15.1）。

学習の要点

・化学浸透によりプロトン濃度勾配の位置エネルギーがATPの化学エネルギーに変換される。

・実験結果は膜内外のプロトン濃度勾配とATP合成の間の関係を証明した。

酸化的リン酸化はどういうものか？

　酸化的リン酸化は2つの要素に分けることができる。

1. *電子伝達系*。NADHと$FADH_2$からの電子は**呼吸鎖**という一連の膜結合性電子担体間を受け渡される。この呼吸鎖を通した電子の流れによって、ミトコンドリアマトリックスからミトコンドリア内膜を越えるプロトンの能動輸送が起こり、プロトン濃度勾配が形成される。

2. *化学浸透*。プロトンは**ATPシンターゼ**と呼ばれるチャネルタンパク質を通ってミトコンドリアマトリックスへ拡散で戻る。ATPシンターゼがこの拡散とATP合成を共役させている。章の冒頭で述べたように、ミトコンドリア内膜は通常プロトンに対して非透過性であり、プロトンが濃度勾配に従う唯一の方法はこのチャネルを通ることである。

これらの経路を詳細に見る前に、重要な問題を考えてみよう。呼吸鎖はどうしてこんなに複雑なのだろうか？　どうして細胞は以下のような単純なワンステップを用いないのだろうか？

$$2NADH + 2H^+ + O_2 \rightarrow 2NAD^+ + 2H_2O$$

　その答えは、この反応があまりにも大きすぎるエネルギーを放出するため、それを効率的に捕捉してATPを合成できないからである。NADHのNAD$^+$への酸化は非常に発エルゴン的な反応で、ワンステップでそれを行うのは、あたかも細胞内でダイナマイトに点火するようなものだからである。その爆発的なエネルギーを効率的に捕捉し、それを生理的な目的で用いることができるような生化学的方法は存在しない（言葉を換えると、ワンステップでその爆発的なエネルギー量を消費するほど大きな吸エルゴン反応は細胞内に存在しないということである）。グルコースの酸化によるエネルギーの放出を制御するために、細胞は進化により長い呼吸鎖を完成させた。呼吸鎖では、一度に少量のエネルギーが放出される反応が直列に組み合わされている。

呼吸鎖は電子とプロトンを受け渡しエネルギーを放出する

　呼吸鎖はミトコンドリア内膜に存在する。ミトコンドリア内膜は高度に折りたたまれているので、呼吸鎖に関与するタンパク質のためのスペースは表面積の小さな膜に比べて大きい。呼吸鎖には、大きな膜内在性タンパク質、小さな膜周辺タンパク質、小さな脂質分子を含む相互作用する成分が存在する。図15.7に電子が担体間を受け渡される間に放出される自由エネルギーをプロットする。

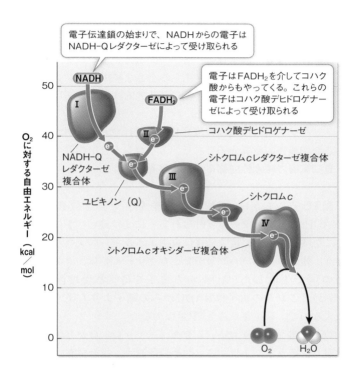

図15.7 呼吸鎖におけるNADHとFADH₂の酸化
NADHとFADH₂からの電子は、呼吸鎖という電子担体と酵素を含むミトコンドリア内膜の一連のタンパク質複合体間を受け渡される。電子担体は還元されるときに自由エネルギーを獲得し、酸化されるときに自由エネルギーを放出する。この図は呼吸鎖に沿った標準自由エネルギー変化を示す。

Q：シトクロム*c*からO₂への電子伝達の△*G*はどのくらいの大きさか？

・4つの大きなタンパク質複合体（Ⅰ、Ⅱ、Ⅲ、Ⅳ）は電子担体と関連酵素を含んでいる。真核生物ではそれらはミトコンドリア内膜（図5.11）の膜タンパク質であり、そのうち3つは膜貫通性（膜を貫く）タンパク質である。

・シトクロムcは膜間腔に存在する小さな膜周辺タンパク質である。シトクロムcはミトコンドリア内膜の外表面に弱く結合している。

・ユビキノン（しばしば補酵素Q10と呼ばれる；略号Q）は小さな非極性の脂質分子であり、ミトコンドリア内膜のリン脂質二重層の疎水性内部を自由に移動する。

　図15.7のように、NADHは電子をタンパク質複合体Ⅰ（NADH-Qレダクターゼと呼ばれる）に受け渡し、Ⅰは電子をQに受け渡す。この電子伝達は自由エネルギーの大きな低下を伴う。複合体Ⅱ（コハク酸デヒドロゲナーゼ）は、クエン酸回路の❻で生成したFADH$_2$から電子をQへと受け渡す（図15.6）。これらの電子はNADHからの電子よりも後で呼吸鎖に入るので、産生されるATP量は少ない。

　複合体Ⅲ（シトクロムcレダクターゼ）は、Qから電子を受け取り、それをシトクロムcへと受け渡す。複合体Ⅳ（シトクロムcオキシダーゼ）は、シトクロムcから電子を受け取り、それを酸素へと受け渡す。最終的に酸素のH$_2$Oへの還元が起こる。

$$O_2 + 4H^+ + 4e^- \rightarrow 2H_2O$$

この反応で4個のプロトン（H$^+$）も消費されることに注目してほしい。このとき、ミトコンドリアマトリックスのプロトン濃度が減少することにより、ミトコンドリア内膜内外のプロ

トン濃度勾配が形成される。

ATPは化学浸透によって合成される

　電子伝達の間、プロトンもまたミトコンドリア内膜を越えて活発に輸送される。3つの膜貫通型複合体（Ⅰ、Ⅲ、Ⅳ）で電子伝達が行われるときに、プロトンがマトリックスから膜間腔へと輸送される（図15.8）。荷電したH^+は脂質二重層を拡散で通過することができないので、電子伝達での膜を越えるH^+の輸送により、H^+濃度がマトリックスより膜間腔の方が高い濃度勾配が形成される。それに加えて、H^+には電荷があるので、膜間腔にはより多くのプラスの電荷が存在することになる。これらの濃度と電荷の2つの勾配により**プロトン駆動力**という細胞内のエネルギー代謝で重要な因子が生成する。ミトコンドリア内膜内外のH^+勾配が位置エネルギーの源である。

　このエネルギーを細胞が利用できるのはどうしてだろうか？その答えは、別のタンパク質ATPシンターゼを介し、H^+がその濃度勾配に従ってマトリックスに戻るからである。その過程で、位置エネルギーは捕捉され、ATP合成に用いられる。プロトン駆動力とATP合成の共役は、化学浸透機構もしくは**化学浸透**と呼ばれ、全ての呼吸する細胞に存在する。

　要約すると、グルコースや他の燃料分子にもともと含まれていたエネルギーは、最終的には細胞内エネルギー通貨のATPに捕捉される。NADHから酸素へと1対の電子が呼吸鎖に沿って受け渡される度に、およそ2.5個のATPが産生される。$FADH_2$の酸化ではおよそ1.5個のATPしか産生されない。$FADH_2$からの電子はNADHよりも下流で電子伝達系に入るからである（図15.8）。

　ATP合成は可逆反応であり、ATPシンターゼはATPを加水分解してADPとP_iにするATPアーゼとしても働きうる。

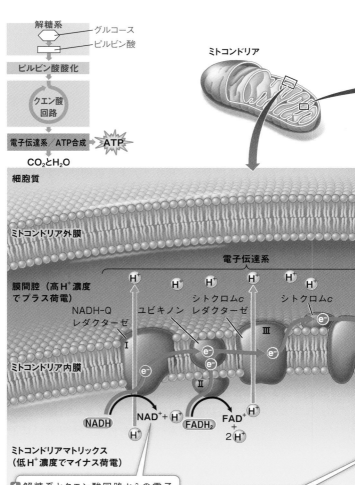

解糖系 — グルコース
ピルビン酸

ピルビン酸酸化

クエン酸回路

電子伝達系／ATP合成 **ATP**

CO_2とH_2O

ミトコンドリア

細胞質

ミトコンドリア外膜

電子伝達系

膜間腔（高H^+濃度でプラス荷電）

H^+　H^+　H^+　H^+　H^+　H^+

NADH-Q
レダクターゼ
I

ユビキノン

シトクロムc
レダクターゼ
III

シトクロムc

e^-

ミトコンドリア内膜

e^-　e^-　e^-

e^-

II

NADH　NAD^+ + H^+　$FADH_2$　FAD^+ + $2H^+$

H^+

H^+

ミトコンドリアマトリックス
（低H^+濃度でマイナス荷電）

1 解糖系とクエン酸回路からの電子（NADHとFADH₂が運搬）がミトコンドリア内膜の電子担体に受け渡される。このとき、プロトン（H^+）がマトリックスから膜間腔へと汲み出される

2 プロトン汲み出しにより、膜間腔とマトリックスの間でH^+の不均衡及び電位差が生じる。この不均衡がプロトン駆動力である

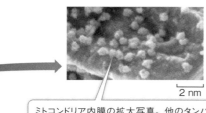

2 nm

ミトコンドリア内膜の拡大写真。他のタンパク質と組み合わされたATPシンターゼF_1ユニットがミトコンドリアマトリックスに突き出して、ATP合成を触媒している

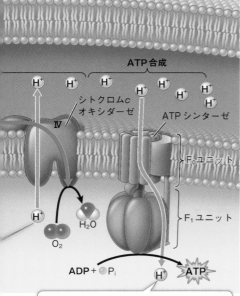

ATP合成

H^+　H^+　H^+　H^+　H^+

シトクロムcオキシダーゼ

H^+　H^+

IV

ATPシンターゼ

F_0ユニット

H^+

H_2O

F_1ユニット

O_2

ADP + P_i　H^+　**ATP**

③ プロトン駆動力がプロトンをATPシンターゼのH^+チャネル（F_0ユニット）を通してマトリックスに押し戻す。このプロトンの運動がF_1ユニットにおけるATP合成と共役している

図15.8

呼吸鎖とATPシンターゼが化学浸透機構によりATPを合成する

電子が呼吸鎖の膜貫通型タンパク質複合体間を受け渡される間に、プロトンがミトコンドリアマトリックスから膜間腔へと輸送される。プロトンがATPシンターゼを通ってマトリックスに戻るときに、ATPが合成される。

107

$$ATP \rightleftarrows ADP + P_i + 自由エネルギー$$

　もし反応が右に進めば、自由エネルギーが放出されミトコンドリアマトリックスからのH^+汲み出しに用いられる。これはふつう進む方向ではない。もし反応が左に進めば、このタンパク質はH^+のマトリックスへの拡散の自由エネルギーを使ってATPを合成する。どうしてこのタンパク質はATP合成に傾くのだろうか？　この問いには2つの答えがある。

1. ATPは作られると同時に細胞内の他の部位で利用されるためにミトコンドリアマトリックスを去るので、マトリックス中のATP濃度は低く保たれ、その結果反応は左に進むことになる。
2. H^+の濃度勾配は電子伝達とプロトン汲み出しにより維持される。

　毎日ヒトはおよそ10^{25}個のATP分子をADPに加水分解している。その重量は9 kgで、全体重の相当部分に及ぶ！　このADPの大部分はグルコース酸化から得た自由エネルギーを用いて"リサイクル"され、ATPに戻される。

実験は化学浸透を証明する

　化学浸透は非常に重要なので、多くの実験の対象となってきた。2つの証拠を見てみよう。1番目は、H^+勾配がATP合成を駆動できることの直接的証明であり、2番目は電子伝達とATP合成が体の中でも脱共役しうることである。

化学浸透の直接証明　ミトコンドリア内膜内外のプロトン（H^+）勾配がATP合成を駆動しうることを示した重要な実験

は、初めに葉緑体を用いて行われた。葉緑体は日光のエネルギーを化学エネルギーに変換する植物の小器官である（光合成、**第16章**）（**図15.9**）。その後すぐに同一の機構がミトコンドリアでも働いていることが示された。

電子伝達のATP合成からの脱共役　これまで見てきたように、電子伝達（これによってプロトン勾配が作られる）と化学浸透の共役は自由エネルギーをATPの形で捕捉するのに非常に重要である。褐色脂肪細胞のミトコンドリアに存在するUCP1（この章の冒頭で紹介した）はこの共役の重要性を示している。この共役を壊すことによって、UCP1は電子伝達の間に放出されるエネルギーをATPに化学エネルギーとして捕捉する代わりに熱として放出させる。

　褐色脂肪のUCP1と体重の関係が、正常マウスとは異なり年を取っても脂肪が付かない（ヒトも加齢に伴って体重が増加する）遺伝的系統のマウスを用いて、実験により調査された。「生命を研究する：ミトコンドリア、遺伝学、肥満」が明らかにしているように、痩せているマウスは正常マウスに比べてUCP1を多く作り、より多くの脂肪を燃やすらしい。この観察はヒトでも体重増加をコントロールする方法を示唆してくれるだろうか？　1930年代に行われた肥満に関する研究では、ジニトロフェノールという化合物が、UCP1（その当時はいまだ発見されていなかった）と同様に、酸化とリン酸化を脱共役することが示された。医師は肥満したヒトにこの脱共役剤を投与すれば脂肪を酸化（燃焼）させるのではないかと考えた。ジニトロフェノールはたしかに脂肪を燃焼させたが、この薬剤は脂肪細胞だけでなく体中の全てのミトコンドリアに作用したので、重篤な副作用が起こった。体中のATP産生が危険なほどに低下し、死者が出るほどだった。このため体重減少のために

113ページへ→

図15.9　実験が化学浸透機構を実証する

原著論文：Jagendorf, A. T. and E. Uribe. 1966. ATP formation caused by acid-base transition of spinach chloroplasts. *Proceedings of the National Academy of Sciences USA* 55: 170-177.

　化学浸透仮説はその当時の伝統的な化学的考え方からは大胆にかけ離れていた。それは膜に囲まれた完全なコンパートメント（区画）を必要とした。プロトン勾配はATP合成を駆動できるだろうか？　この疑問に答える最初の実験では、葉緑体が用いられた。葉緑体はATP合成にミトコンドリアと同様の機構を用いる植物の小器官である。

仮説▶　ATPシンターゼを含む膜内外のH^+勾配は、ATP合成を駆動するのに十分である。

方法

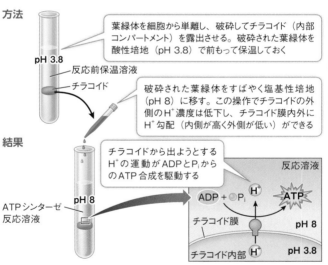

葉緑体を細胞から単離し、破砕してチラコイド（内部コンパートメント）を露出させる。破砕された葉緑体を酸性培地（pH 3.8）で前もって保温しておく

pH 3.8

反応前保温溶液

チラコイド

破砕された葉緑体をすばやく塩基性培地（pH 8）に移す。この操作でチラコイドの外側のH^+濃度は低下し、チラコイド膜内外にH^+勾配（内側が高く外側が低い）ができる

結果

チラコイドから出ようとするH^+の運動がADPとP_iからのATP合成を駆動する

反応溶液

pH 8

ATPシンターゼ反応溶液

$ADP + P_i$　H^+　**ATP**

チラコイド膜　pH 8

チラコイド内部　H^+　pH 3.8

結論▶　ATPシンターゼを含む膜内外のH^+勾配は、小器官がATPを合成するのに十分である。

▶ **生命を研究する**　　**ミトコンドリア、遺伝学、肥満**

実験

原著論文：Ma, X., L. Lin, G. Qin, X. Lu, M. Fiorotto, V. Dixit and Y. Sun. 2011. Ablations of ghrelin and ghrelin receptor exhibit differential metabolic phenotypes and thermogenic capacity during aging. *PLoS One* 6: e16391.

　ヒトは（マウスも）年を取るにつれ、脂肪を蓄積しがちである。食欲の制御に関わるグレリンというホルモンに対する受容体を遺伝的に合成することができないマウスの系統を研究している過程で、ベイラー医科大学のサン博士らのチームは、これらのマウスと正常マウスを老化の過程で比較した。驚いたことに、遺伝子改変マウスは正常マウスほど体重が増加しなかった。研究者たちは、これらのマウスの遺伝子変異によって、酸化的リン酸化の脱共役と体脂肪の燃焼が起こることを発見した。彼らはミトコンドリアのUCP1レベルが遺伝子改変マウスと正常マウスで異なるかどうか調べた。

仮説▶　より多くUCP1を合成するマウスは体脂肪をより多く燃やす。

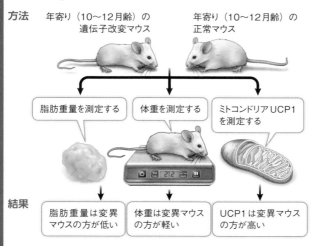

方法　　　年寄り（10〜12月齢）の　　　　　　年寄り（10〜12月齢）の
　　　　　　　遺伝子改変マウス　　　　　　　　　正常マウス

| 脂肪重量を測定する | 体重を測定する | ミトコンドリア UCP1 を測定する |

結果

| 脂肪重量は変異マウスの方が低い | 体重は変異マウスの方が軽い | UCP1は変異マウスの方が高い |

結論▶　UCP1産生増加は低脂肪・低体重と相関する。

データで考える

　正常マウスの体重増加が、生化学的異常（UCP1レベルの異常など）ではなく、動かなくなったせいか食べ過ぎのせい（体重増加のよく知られた二大原因である）ではないかと考え、サン博士らは両系統の若いマウス（3～4月齢）と年寄りマウス（10～12月齢）を調べた。彼らは体重と体の組成（脂肪と除脂肪組織）を調べた。結果を図Aに示す。

質問▶
1. 変異マウスと正常マウスは加齢に伴って体重が増加したか？
2. 研究者たちは、図Aに示した体重変化が、食行動の変化もしくは運動量の変化によるのではないかと考えた。そこで彼らは特殊な飼育装置を使って、マウスが一日あたりどのぐらいの量の食物を食べるか、一定時間にどのぐらい運動するのかを測定した。結果を図Bに示す。2つの系統のマウスの体重の違いに関して、摂食量と活動度が果たす役割についてどのような結論を下すか？

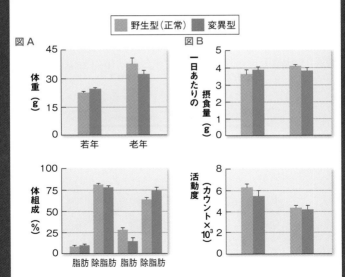

3. 褐色脂肪細胞のミトコンドリア内膜に存在するUCP1はミトコンドリアにおける電子伝達（酸化）とATP産生（リン酸化）を脱共

役する。そのため、酸化によって放出されたエネルギーは、化学エネルギーとして捕捉されATP合成に用いられることなく、熱として放出される。サン博士らは2系統のマウスの褐色脂肪のミトコンドリア中のUCP1レベルを測定した。結果を図Cに示す。2系統のマウスの体重差におけるUCP1の役割についてどのような結論を下すか？

図C

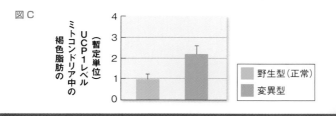

脱共役剤を用いるという考えは捨て去られた。

ATPシンターゼはどのように働くのか：分子モーター　H^+勾配がATP合成に必要であることは分かったが、ATPシンターゼは実際どのようにしてADPとP_iからATPを合成するのだろうか？　これは生物学の根本的問題である。ほとんどの細胞のエネルギー獲得過程の基盤だからである。図15.10(A)のATPシンターゼの構造と機構は、細菌からヒトまで多様な生物によって共有されている。ATPシンターゼは2つのサブユニットから構成されている分子モーターである。H^+チャネルで膜貫通領域であるF_0ユニットと、ATP合成の活性部位を含むF_1ユニットである。F_1は6個のサブユニット（2つのポリペプチド鎖からなるものが3組）が、膜に埋め込まれたF_0サブユニットと相互作用する中心軸のようなポリペプチドを囲んでオレンジの房のように配置されている。電子伝達がミトコンドリア内膜内外のH^+勾配を作る。この勾配は位置エネルギーを持っ

(A)　ATPシンターゼの構造

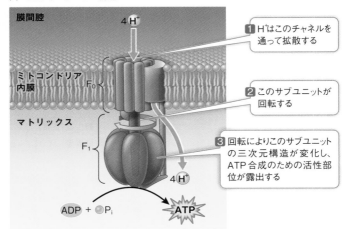

膜間腔

4 H⁺

1 H⁺はこのチャネルを通って拡散する

ミトコンドリア内膜

F_O

2 このサブユニットが回転する

マトリックス

F_1

3 回転によりこのサブユニットの三次元構造が変化し、ATP合成のための活性部位が露出する

4 H⁺

ADP + Pᵢ

ATP

(B)　ATPシンターゼが回転モーターであることの証明

1 活性部位がATPを加水分解する

蛍光標識したミクロフィラメント

2 このサブユニットが回転する

3 蛍光標識したミクロフィラメントが回転し、顕微鏡でその回転を観察できる

ATP + 2 H_2O

ADP + Pᵢ

ガラススライド

図15.10　ATPはどのように作られるか
(A)ミトコンドリアのATPシンターゼは回転モーターである。
(B)巧妙な実験が回転モーターを可視化した。

ており、H^+がチャネルを通って拡散するときに、位置エネルギーは運動エネルギーに変換され、中心軸のポリペプチドが回転する。この運動エネルギーがF_1の触媒サブユニットに転移されて、ATPが合成される。この分子モーターは毎秒100分子ものATPを合成する。

　巧妙な実験がこの回転モーター機構を実証した（図15.10（B））。東京工業大学の吉田賢右博士らのグループはATPシンターゼのF_1部分を単離し、ガラススライドに貼り付けた。蛍光標識したミクロフィラメントを中心軸ペプチドに付着させ、スライドをATPを含む溶液中で保温した。この場合、分子モーターをATP合成の方向に駆動するプロトン勾配は存在しない。その代わり、ATPがADPとP_iに加水分解され、このエネルギーによりモーターが回転する。標識したミクロフィラメントの回転が顕微鏡で観察された。標識したフィラメントは明らかにプロペラのように回転していた。

微生物のなかには非O_2電子受容体を用いるものもいる

　電子伝達の最後の反応を記述する、より一般的な方法は下記の通りである。

$$X_{酸化型} + e^- \rightarrow X_{還元型}$$

　細菌と古細菌の驚異的な繁栄の一端は、O_2が乏しいか全くないような環境でも生存できるような生化学経路を進化させたことによる。次の節で見るように、ほとんどの動植物にとって、グルコースの嫌気的（無O_2）異化は好気的異化に比べ一般的に、はるかに少量のエネルギーしか産生しない。しかしながら、多くの細菌と古細菌は置かれた環境により、*代替的電子受容体を用いるようになった。これにより、O_2がなくても電子伝達鎖を完結させATPを合成することができるのであ

表15.2　嫌気性微生物の呼吸鎖で用いられる電子受容体

最終的電子受容体	産生物	微生物
SO_4^{2-}	H_2S	デスルフォビブリオ・デスルフリカンス
Fe^{3+}	Fe^{2+}	ゲオバクター・メタリレドゥセンス
NO_3^-	NO_2^-	大腸菌
CO_2	CH_4	メタノサルキナ・バルケリ
CO_2	CH_3COO^-	クロストリジウム・アセチクム
フマル酸	コハク酸	ウォリネラ・スシノゲネス

る。表15.2にこれらの経路（**嫌気的呼吸**と呼ばれる）の一部
をまとめる。これらの微生物のあるものは電子受容体としてイ
オンを用い、あるものは低分子を用いることに注目してほし
い。

---

*概念を関連づける　微生物の代謝経路の多様性により、彼らが多くの
環境条件に適応して生存することが可能となっている。

　酸化的リン酸化は大量のエネルギーをATPとして捕捉す
る。しかしO_2がない場合は起こらない。そこで次に、グル
コースの嫌気的条件での代謝を考えてみよう。

🔑 15.4 酸素がなくてもグルコースから エネルギーの一部は獲得できる

　真核生物では、O_2がなくても（嫌気的条件）、解糖系と発酵
により少量のATPを産生することができる。解糖系と同様
に、発酵経路も細胞質で起こる。多くの異なる種類の発酵が存

在するが、全てNAD$^+$を再生し、解糖系のNAD$^+$要求反応が持続するように働く。2つのよく知られた発酵経路は、真核生物を含む多様な生物に存在する。

・乳酸発酵では、最終産物は乳酸である
・アルコール発酵では、最終産物はエチルアルコール（エタノール）である

学習の要点
・乳酸発酵とアルコール発酵は、酸化された電子担体を再生することにより、酸素がなくてもグルコースを酸化することができる経路である。

乳酸発酵では、ピルビン酸が電子受容体として働き、乳酸が産物となる（図15.11 (A)）。この過程は多くの微生物と高等植物や脊椎動物を含む複雑な生物で起こる。乳酸発酵の有名な例は、脊椎動物の筋組織で起きる。通常、脊椎動物は筋収縮のエネルギーを好気的に得る。循環系が筋肉にO_2を供給するのである。小さな脊椎動物では、循環系からのO_2供給はほとんどいつも十分である。例えば、鳥は休息なしに長距離を飛ぶことができる。しかし、ヒトのような大きな脊椎動物では、激しい運動時のようにO_2需要が大きいときには、循環系は十分なO_2を供給することができなくなる。この時点で、筋肉はグリコーゲン（貯蔵多糖、図3.18）を分解し、乳酸発酵を行う。

長時間激しい運動が続いた後では、乳酸蓄積が問題となる。というのは、細胞内のH^+濃度が上昇し、pHが低下するからである。これは細胞の活動に影響を及ぼすが、休息すれば元に戻る。発酵反応を触媒する酵素の乳酸デヒドロゲナーゼは、反応の両方向を触媒する。すなわち、O_2が利用可能なときは乳酸

120ページへ→

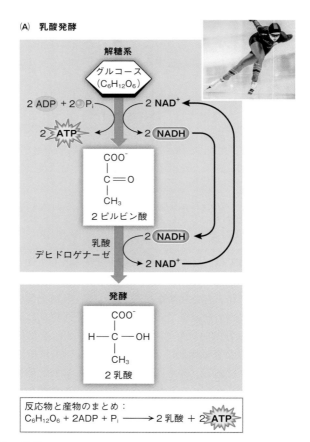

(A) 乳酸発酵

解糖系

グルコース
($C_6H_{12}O_6$)

2 ADP + 2 P_i 2 NAD$^+$

2 ATP   2 NADH

COO$^-$
|
C＝O
|
CH$_3$
2 ピルビン酸

乳酸
デヒドロゲナーゼ   2 NADH

2 NAD$^+$

発酵

COO$^-$
|
H — C — OH
|
CH$_3$
2 乳酸

反応物と産物のまとめ：
$C_6H_{12}O_6$ + 2ADP + P_i ⟶ 2 乳酸 + 2 **ATP**

図15.11 発酵

解糖系ではグルコースからピルビン酸、ATP、NADHが作られる。

(A)乳酸発酵ではNADHを還元剤として用いてピルビン酸を還元して乳
酸にする。このときNAD$^+$が再生されて解糖系が持続する。

(B)アルコール発酵では解糖系由来のピルビン酸はアセトアルデヒドに
変換され、CO_2が放出される。解糖系由来のNADHはアセトアルデ
ヒドのエタノールへの還元に用いられ、NAD$^+$が再生されて解糖系が
持続する。

(B) アルコール発酵

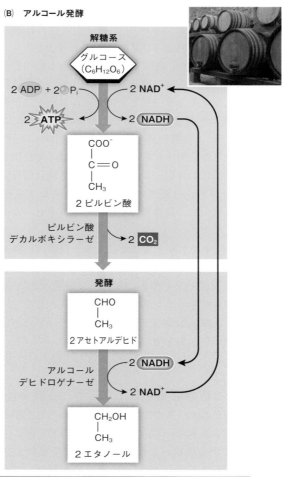

解糖系

グルコース
($C_6H_{12}O_6$)

2 ADP + 2 P_i　　2 NAD$^+$

2 **ATP**　　2 NADH

$$\begin{array}{c} COO^- \\ | \\ C=O \\ | \\ CH_3 \end{array}$$

2 ピルビン酸

ピルビン酸
デカルボキシラーゼ　→ 2 CO_2

発酵

$$\begin{array}{c} CHO \\ | \\ CH_3 \end{array}$$

2 アセトアルデヒド

アルコール
デヒドロゲナーゼ

2 NADH

2 NAD$^+$

$$\begin{array}{c} CH_2OH \\ | \\ CH_3 \end{array}$$

2 エタノール

反応物と産物のまとめ：
$C_6H_{12}O_6$ + 2ADP + P_i → 2 エタノール + 2CO_2 + 2 **ATP**

を酸化してピルビン酸に戻し、ピルビン酸は異化されてCO_2となり、放出されたエネルギーでATPが合成される。乳酸濃度が低下すると、筋肉は再び活動できるようになる。

アルコール発酵は、嫌気的条件下で、ある種の酵母（真核細胞の微生物）とある種の植物細胞で起こる。この過程は、ピルビン酸デカルボキシラーゼとアルコールデヒドロゲナーゼという2つの酵素を要求し、ピルビン酸をエタノールに代謝する（図15.11（B））。乳酸発酵と同様に、アルコール発酵も基本的に可逆的である。何千年もの間、人類は酵母細胞による嫌気的発酵を利用してアルコール飲料を作ってきた。酵母細胞は植物由来の糖（ブドウ由来のグルコースもしくは大麦由来のマルトース）を用いて、最終産物であるワインやビールのエタノールを作ってきた。

NAD^+をリサイクルすることにより、発酵は解糖系の持続を可能にし、基質レベルのリン酸化によるATP産生を可能にする。グルコース分子1個あたり正味2分子のATP産生は、細胞呼吸で得られるエネルギー収率に比べるとはるかに低い。この理由から、嫌気的環境で生息する生物のほとんどは、成長が比較的遅い小さな微生物である。

細胞呼吸は
発酵よりはるかに多くのエネルギーを産み出す

1分子のグルコースが酸化されることによる解糖系と発酵での正味の総エネルギー収益は2分子のATPである。1分子のグルコースから解糖系と細胞呼吸によって獲得しうる最大のATP収益ははるかに大きく、およそ32分子である（図15.12）。（どこでこれら全てのATPが産生されるのかは図15.5、15.6、15.8及び105〜108ページ参照。）

好気的条件下で働く代謝経路で産生されるATPのほうがは

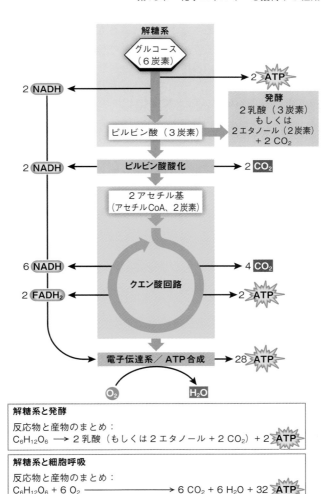

図15.12　細胞呼吸は発酵よりも多くのエネルギーを産生する
電子担体はピルビン酸酸化及びクエン酸回路で還元され、呼吸鎖で酸化される。呼吸鎖の反応では化学浸透によりATPが産生される。

るかに多いのはなぜだろうか？　解糖系も発酵も、グルコースを部分的にしか酸化しない。細胞呼吸の最終産物のCO_2に比べて、発酵の最終産物（乳酸とエタノール）にはまだまだたくさんのエネルギーが残っている。細胞呼吸では、電子担体（ほとんどがNADH）はピルビン酸酸化とクエン酸回路で還元される。還元された電子担体は呼吸鎖で酸化され、その際に化学浸透によりATPが合成される（1NADHあたり2.5分子のATPと 1FADH$_2$あたり1.5分子のATP）。好気的環境では、好気的代謝が可能な細胞や生物は発酵しかできない細胞や生物に比べて、化学エネルギーを獲得する能力の点で優位に立っている。多細胞生物の進化において重要な2つの出来事は、大気中のO_2濃度の上昇とそのO_2を利用する代謝経路の発達である。

ATP収益はミトコンドリア内膜が
NADHに対して不透過であることから減少する

　1分子のグルコースがCO_2へ酸化されることによりおよそ32分子のATPが産生される。しかしながら、多くの真核生物でミトコンドリア内膜はNADHに対して不透過であり、解糖系で産生されたNADHをミトコンドリアマトリックスに送り込む（"シャトル"する）ためにはNADH 1分子につきATP 1分子を"通行料"として支払わなければならない。であるからこれらの生物では正味のATP収益は30である。

　NADHシャトル系は、解糖系で得られた電子をミトコンドリア内膜を通過することができる基質に付加する。筋肉や肝臓では（そして冒頭の話の褐色脂肪も）、重要なシャトル系にはグリセロール3-リン酸が関与する。細胞質で以下の反応が起こる。

NADH（解糖系由来）＋ ジヒドロキシアセトンリン酸（DHAP）→
NAD$^+$ ＋ グリセロール3-リン酸

グリセロール3-リン酸はミトコンドリア内膜の外表面に移される。その表面で、

FAD ＋ グリセロール3-リン酸 → FADH$_2$ ＋ DHAP

という反応が起こり、電子はFADH$_2$からユビキノン（Q）を介して電子伝達鎖に流れる（図15.8）。DHAPは細胞質に戻ることができ、そこでこの過程を繰り返す。還元当量（電子）はNADHからFADH$_2$に受け渡されることに注目してほしい。図15.8から分かるように、FADH$_2$からのATP収益はNADHからのATP収益に比べて低い。このため全体としてのATP収益は低くなる。

ここまで細胞がどのようにしてエネルギーを獲得するのかを見てきたので、次にこのエネルギーがどのようにして細胞内の他の代謝経路を動いていくのかを見ることにしよう。

🔑15.5 代謝経路は互いに関係し制御されている

解糖系及び細胞呼吸の経路は独立して働いているのではない。それどころか、これらの経路に出入りする分子は、アミノ酸、ヌクレオチド、脂肪酸、その他の生命の構成成分の合成と分解のための代謝経路を行き来している（図14.14）。炭素骨格（すなわち有機分子の炭素から構成されるバックボーン）は異化経路に入り、分解されてエネルギーを放出するか、同化経

路に入り、細胞の主要な構成成分の高分子合成に用いられる。これらの関係を図15.13にまとめる。この節では、どのようにして代謝経路が中間代謝分子を共有することにより相互に関係するのかを探り、代謝経路が重要酵素の阻害因子によってどのように制御されているかを見る。

学習の要点
・細胞内の高分子の合成と分解は、共通の代謝経路によってつながっている。
・代謝経路は、細胞の効率的で適切な機能を確実なものとするために制御されている。

異化と同化はつながっている

　ハンバーガーや野菜バーガーは炭素骨格の三大要素を含んでいる。すなわち糖質（ほとんどが多糖であるデンプン）、脂質（ほとんどがグリセロールに3個の脂肪酸が結合したトリグリセリド）、タンパク質（アミノ酸の重合体）である。図15.13を見ると、これら3つのタイプの高分子がどのように加水分解され、異化経路あるいは同化経路で用いられるかが分かるだろう。

異化相互変換　多糖、脂質、タンパク質は全て分解されてエネルギーを供給することができる。

・多糖は加水分解されてグルコースになる。グルコースは解糖系と細胞呼吸経路に入り、エネルギーはATPに捕捉される。
・脂質はその構成成分であるグリセロールと脂肪酸に分解される。グリセロールは解糖系の中間体であるジヒドロキシアセトンリン酸（DHAP）に変換される。脂肪酸は高度に還元さ

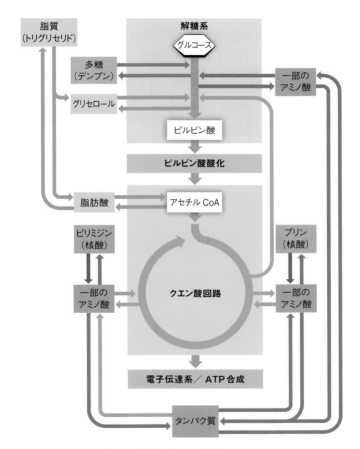

図15.13　細胞の主要な代謝経路間の関係
代謝経路のネットワークにおいて解糖系とクエン酸回路が中心的位置を占めることに注目してほしい。多くの代謝経路が本質的に逆方向にも働くことができることにも注目してほしい。

Q：DNAはエネルギー源となりうるだろうか？　説明せよ。DNAが通常エネルギー源として用いられないのはなぜか？

れた分子であり、ミトコンドリア内で一連の酸化酵素により
アセチルCoAに変換される（この過程をβ酸化と呼ぶ）。例
えば、16炭素（C_{16}）の脂肪酸のβ酸化は数ステップで起こ
る。

$$C_{16} 脂肪酸 + CoA \rightarrow C_{16} アシル CoA$$
$$C_{16} アシル CoA + CoA \rightarrow C_{14} アシル CoA + アセチル CoA$$
$$これが6回繰り返される \rightarrow 8 アセチル CoA$$

このアセチルCoAはクエン酸回路に入り、異化されて
CO_2になる。

・タンパク質は加水分解されてアミノ酸になる。20種の異な
るアミノ酸はその構造によって決められた異なるポイントで
解糖系やクエン酸回路に入る。例えば、グルタミン酸という
アミノ酸はクエン酸回路の中間代謝物のα-ケトグルタル酸
に変換される（図15.6の5炭素分子）。

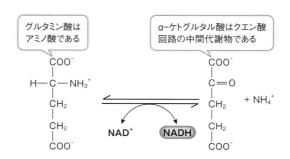

同化相互変換　多くの異化経路は本質的に逆方向にも働くこと
ができる。その場合多少修飾されることもある。解糖系及びク
エン酸回路の中間体は、酸化されてCO_2になる代わりに、還元

されてグルコース合成の材料にもなることができる。この経路を**糖新生**と呼ぶ。同様に、アセチルCoAからは脂肪酸が合成される。最もよく見られる脂肪酸は偶数個、すなわち14、16、18個の炭素を持っている。これらの分子は、一度に2炭素のアセチルCoA "ユニット" が付加されて、最終的に適当な長さの炭素鎖が完成する。アセチルCoAは多様な色素、植物の生長物質やゴム、ステロイドホルモンなどいろいろな分子の構成要素になる。

クエン酸回路の中間体のなかには、核酸の重要な構成要素を合成する経路の反応物になるものもある。例えば、α-ケトグルタル酸はプリン合成の出発材料であり、オキサロ酢酸はピリミジン合成の出発材料である。α-ケトグルタル酸はクロロフィル（光合成で使われる、**第16章**）及びアミノ酸のグルタミン酸（タンパク質合成で使われる）合成の出発材料でもある。

異化と同化は統合されている

ハンバーガーの中のタンパク質由来の炭素原子のたどる運命はいろいろで、DNAになったり、脂肪になったり、CO_2になったりもする。生物はどのようにしてどの代謝経路を実行するか、またどの細胞でそれを実行するかを "決定する" のだろうか？　これほどたくさんの相互変換の可能性があるとすれば、多様な生化学的分子の細胞内濃度は大きく変動するだろうと考えたくなる。驚くべきことに、これらの物質のいわゆる代謝プール（細胞内の全ての生化学的分子の総量）中の濃度はほとんど一定なのである。生物は多様な細胞中の*酵素を制御して、異化と同化の定常状態を維持するのである。例えば、運動中に血糖値がどのように維持されるかを見てみよう（図15.14）。

＊概念を関連づける　代謝経路の制御はしばしば既に存在する酵素の調節に依存する。酵素の制御機構については**キーコンセプト14.4**参照。

　歩行したりジョギングしたりするとき、最もエネルギーを必要とする筋肉は、実際に運動する脚の筋肉と血液を循環させる心筋である。エネルギーは解糖系、クエン酸回路、酸化的リン酸化によるグルコースの異化によって得られる。脚の筋肉に貯蔵されているグリコーゲンが加水分解（訳註：：実際にはほとんどがいったん加リン酸分解された後に加水分解される）されてグルコース単量体になる。それに加えて、肝臓でもグリコーゲンが

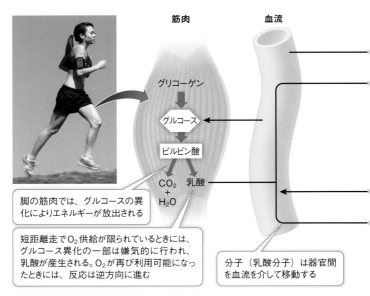

筋肉　　　　　　　血流

グリコーゲン
↓
グルコース ←
↓
ピルビン酸
↓
CO_2 ＋ H_2O　　乳酸

脚の筋肉では、グルコースの異化によりエネルギーが放出される

短距離走でO_2供給が限られているときには、グルコース異化の一部は嫌気的に行われ、乳酸が産生される。O_2が再び利用可能になったときには、反応は逆方向に進む

分子（乳酸分子）は器官間を血流を介して移動する

図15.14　運動中の異化と同化の相互作用
歩いたり走ったりするときに、脚の筋肉細胞と心筋はグルコース　↗

加水分解されて、グルコースが血中に放出される。このグルコースは筋肉に取り込まれて消費されるので、肝臓ではアミノ酸とピルビン酸からの同化によりさらにグルコースが合成される。このピルビン酸の一部は脚の筋肉で発酵により産生された乳酸に由来する。この乳酸が脚の筋肉から血中に放出され、血流を介して肝臓に到達するのである（訳註：乳酸を介した骨格筋と肝臓のグルコースのやりとりをコリ回路と呼ぶ）。

　この異化と同化の絶妙な統御は、生化学経路の調節点なしには達成することができない。例えば、何かが、肝臓にグルコースを異化したり貯蔵したりせずに合成せよと"命じなければならない"。このシステムはどのように統御されているのだろう

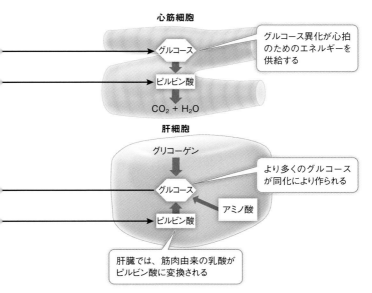

を異化してエネルギーを得る。一方、肝細胞はこれらの筋肉による需要を満たすために、同化によりグルコースを合成する。

か？

代謝経路は制御されたシステムである

　互いにつながっている生化学経路の制御は、どのように生化学経路が相互作用するかを理解しようとするシステム生物学の対象である（**キーコンセプト14.5**）。これは都市における交通パターンを予測しようとする試みに少し似ている。主要道路が事故により遮断された場合、ドライバーは別のルートを選択し、その結果として交通量は変化する。

　いくつかのメカニズムが、生化学経路の個々の反応の速度を調節するために用いられる。

・*活性酵素量を変化させる*：細胞は酵素をコードする遺伝子発現を増加させることができる。
・*共有結合修飾により酵素活性を変化させる*：プロテインキナーゼによりリン酸基を付加することで、酵素活性を変化させることができる。
・*フィードバック阻害*：経路の産物の結合による酵素のアロステリック変化で、経路全体をシャットダウンすることができる。
・*基質の利用可能性*：ある特定の酵素の基質が他の経路で使い尽くされてしまった場合、その酵素は機能することができず、その経路はシャットダウンする。

　ハンバーガーのバンズに含まれるデンプンがどうなるかを考えてみよう。消化管で、デンプンは加水分解されて、グルコースになる。グルコースは血流に入り、体全体に配分される。しかしながらこのことが起こる前に、調節のためのチェックが行われる。体の需要を満たすのに十分な血中グルコースが既に存

在している場合には、余分なグルコースは肝臓及び筋肉でグリコーゲンに変換されて貯蔵される。もし食事によって十分なグルコースが供給されない場合は、グリコーゲンが分解されるか、他の分子が糖新生によってグルコースに変換される。以上のような制御の結果、血中のグルコース濃度（血糖値）は驚くほど一定に保たれる。体はどのようにしてこのようなことを達成できるのだろうか？

　解糖系とクエン酸回路は、関与する酵素のアロステリック調節（キーコンセプト14.5）を受ける。代謝経路では、最終産物が高濃度に存在すると、上流の反応を触媒する酵素は阻害される（図14.18）。さらに、ある経路の産物が過剰に存在すると、それが他の経路の酵素を活性化し、その反応をスピードアップし、原材料を最初の産物の合成から別の経路へと振り替える（図15.15）。これらのネガティブフィードバック調節機構とポジティブフィードバック調節機構はエネルギー獲得経路の多くの箇所で用いられている。概要を図15.16に示す。

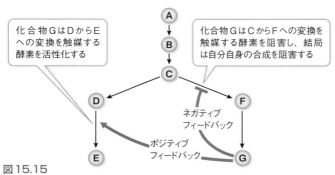

図15.15
ネガティブフィードバックとポジティブフィードバックによる調節
アロステリックなフィードバックによる調節は代謝経路において重要な役割を果たす。ある産物の蓄積は、その合成をシャットダウンしたり、同一の原材料を必要とする他の経路を活性化したりする。

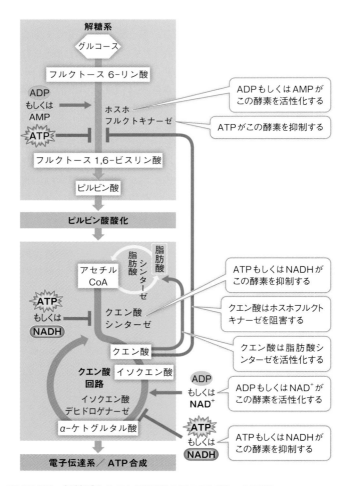

図15.16　解糖系とクエン酸回路のアロステリック調節
アロステリックな制御が重要な初期段階で解糖系とクエン酸回路を調節し、その効率を上昇させ、中間代謝物が過剰に蓄積するのを防いでいる。

- 解糖系の主要調節ポイントは解糖酵素ホスホフルクトキナーゼである（図15.5の❸を触媒）。この酵素はATPやクエン酸によってアロステリックに抑制され、ADPないしAMPによってアロステリックに活性化される。嫌気的条件下では、発酵が比較的少量のATPを産生し、ホスホフルクトキナーゼは全活性を発揮する。しかし、好気的条件下で細胞呼吸によって発酵の16倍のATPが産生され始めると、豊富に存在するATPがこの酵素をアロステリックに阻害し、解糖系の速度は低下する。

- クエン酸回路の主要調節ポイントは酵素イソクエン酸デヒドロゲナーゼである（図15.6の❸）。この酵素は基質（ADP、NAD$^+$とイソクエン酸）濃度の上昇で活性化され、クエン酸回路の産物であるATPとNADHによって阻害される。もし過剰なATPもしくはNADHが蓄積すると、反応は遅くなり、クエン酸回路はシャットダウンする。

- もう1つの調節ポイントにはアセチルCoAが関与する。過剰なATPが産生され、クエン酸回路がシャットダウンした場合、蓄積したクエン酸は脂肪酸シンターゼを活性化し、アセチルCoAが貯蔵用の脂肪酸合成に振り向けられるように働く。これが食べ過ぎの人が脂肪を蓄積する理由の1つである。これらの脂肪酸は後で代謝されてさらに多くのアセチルCoAを産生するようになる。

Q A ミトコンドリアはどのように肥満と関連しているか？

この章の冒頭の話から、褐色脂肪は鉄含有色素を持つ脂肪組織で、ミトコンドリアを高濃度に含むことを思い出してほしい。褐色脂肪細胞のミトコンドリア内膜に存在するUCP1はミトコンドリアの電子伝達（酸化）とATP産生（リン酸化）を脱共役する。その結果、酸化によって放出されたエネルギーは、ATP産生で化学エネルギーとして捕捉される代わりに、熱として放出される。

冬眠動物は、特に目覚めるときに、エネルギーに富む分子の褐色脂肪における異化によって放散される熱を利用する。冬眠動物では、褐色脂肪とUCP1が冬に増加する。成人でも褐色脂肪の季節変化があり、涼しい時期に増えることが分かっている。食事とか運動など他の因子が等しい場合、UCP1の存在下に脂肪酸異化は上昇する（「生命を研究する：ミトコンドリア、遺伝学、肥満」参照）。

遺伝学的研究も脂肪分解におけるUCP1の役割を確認している。例えば、正常なUCP1よりも脱共役活性が低い変異UCP1を遺伝的に持っている人がいる。これらの人は、加齢に伴い、正常なUCP1を持っている人に比べて、体脂肪を蓄積しやすい。

今後の方向性

乳幼児だけでなく成人もミトコンドリアに富む褐色脂肪を持っているという近年の発見は、これらの細胞を活性化して肥満を治療する可能性への興味をかき立てた。褐色脂肪細胞は、頸部とか肩のようによく知られた場所のみならず、体全体に白色

脂肪と混ざって存在し、PET（陽電子放出断層撮影）スキャンによって見ることができる。アメリカの国立衛生研究所のアーロン・サイペスによって率いられた研究チームは、思いがけず、過活動膀胱の治療に用いられる薬物が褐色脂肪細胞における脂肪分解も活性化することを見出した。その薬物ミラベグロンは、膀胱細胞の受容体を標的とするが、この受容体は褐色脂肪細胞にも発現しているのである。膀胱疾患を持っていない人がこの薬剤を投与されると、褐色脂肪細胞が活性化された。グルコース取り込みが増加し、ミトコンドリアにおける脱共役のために熱が産生され、ミトコンドリアによる脂肪酸分解が8倍増加した。この発見は肥満につながる疾患に対する有望な治療法になるかもしれない。

▶ 学んだことを応用してみよう

まとめ

15.5　細胞内の高分子の合成と分解は共通の代謝経路を介してつながっている。

15.5　代謝経路は、細胞の効率的で適切な機能を確実なものとするために制御されている。

原著論文：Cahill, Jr., G. F. 2006. Fuel metabolism in starvation. *Annual Review of Nutrition* 26: 1-22.

Exton, J. H. and C. R. Park. 1967. Control of gluconeogenesis in liver: I. General features of gluconeogenesis in the perfused livers of rats. *Journal of Biological Chemistry* 242: 2622-2636.

　急速に痩せようと必死な人は、しばしばクラッシュ・ダイエットに走りがちである。クラッシュ・ダイエットとはエネルギーに富む食物を極端に制限するダイエットである。しかしながら、このダイエットはどのくらい有効だろうか？　食物飢餓状態で体に何が起こるだろうか？　科学者は哺乳類で飢餓を研究し、食物の欠乏を体がどのように埋め合わせるのか突き止めようとした。彼らの知見は、極度のダイエ

ットの人体への影響をよりよく理解する助けとなるだろう。

彼らの研究から、哺乳類の体はホメオスタシスを保つために恒常的なグルコース補給を必要とすることが明らかになった。グルコースは食事から補給され、過剰な場合は、体はそれをグリコーゲンとして貯蔵する。図Aに食物摂取が止まった後の、人体の細胞によって酸化されるグルコースの量とその源（由来）の変化を示す。

図A

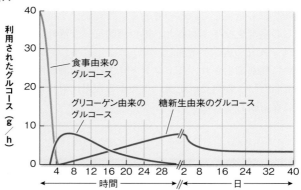

食事摂取が止まった後の経過時間

これらのデータから、いったん貯蔵グリコーゲンが使い果たされると、体は他の分子をグルコース源として使うことが分かる。これらの分子は何だろうか？　それを見つけるために、研究者たちは肝臓の生化学を研究した。肝臓はグルコースが産生される（糖新生）主要な臓器だからである。彼らは健康なラットから肝臓を外科的に摘出し、それを灌流を用いて生理的な条件下に保った。灌流は臓器の血管系にポンプで溶液を送り込み、生体内で起きている正常な血流を再現する技法である。ラット肝臓灌流モデルを使って、研究者たちは、単離した肝臓にいろいろな代謝化合物をポンプで送り込んだときの肝細胞内でのグルコース産生を調べた。彼らは肝臓から出てくる灌流液中のグルコース濃度（mM）を測定した。結果を図Bと表に示す（図Bのデータは飢餓ラットの肝臓から得られた）。

図B

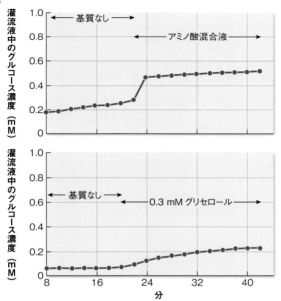

実験 ナンバー	条件	添加物	糖新生によるグルコース産生速度 （マイクロモル／g肝臓／時間）
1	飢餓ラット	タンパク質	55.0
2	飢餓ラット	脂肪酸＋タンパク質	58.9
3	満腹ラット	なし	105.4
4	満腹ラット	脂肪酸	99.0

質問
1. 図Aのデータによると、いったん食事摂取が止まると、人体は臓器にグルコースを供給するために何をするのか？
2. ほとんどの人はダイエットするときには脂肪を落としたいと願う。これらの人々は食物摂取制限をするときに体脂肪が燃料として使われることを望む。トリグリセリドが体に貯蔵される脂肪の一形態であること、トリグリセリドはグリセロール分子に3個の脂肪酸分子が結合したものであることを思い出そう。また、タン

パク質がアミノ酸から構成されていることにも留意してほしい。全ての哺乳類がラットと同様の反応を示すと仮定した場合、ラットの灌流実験のデータは（図B）、哺乳類の体が飢餓状態にあるときに、グルコースを作るために使われる分子の正体についてどんなことを示唆しているか？

3. 質問2への解答を考え、全ての哺乳類がラットと同様に反応すると仮定した場合、体重減少のために極端なカロリー制限ダイエットをしている人の筋肉には何が起こるだろうか？　体重減少のために極端なカロリー制限ダイエットを勧めるべきだろうか？　クラッシュ・ダイエットによって体重を減らそうとしている人は、これらの結果を認識しているだろうか？

4. アラニンは糖新生経路の重要な中間代謝物として知られているアミノ酸である。アラニンとピルビン酸の構造を比較せよ。糖新生経路の一部としてピルビン酸の産生を追跡することができるようにするためには、アラニン分子のどの元素を放射標識すればいいだろうか？

第16章
光合成：日光からの
エネルギー

緑色植物による光合成は世界を養っている。

生命を研究する

FACE実験

　2014年7月に、地球全体の光合成を測定するために人工衛星が宇宙空間に打ち上げられた。軌道周回炭素観測衛星には、二酸化炭素の濃度のみならず緑色植物色素クロロフィルをマッピングできる装置が積み込まれている。どうしてこのような観測をするのだろうか？　しかもなぜ今？

　ご存知かもしれないが、緑色植物は光合成にクロロフィル色素を利用する。光合成の一般式は下記の通りである。

$$CO_2 + H_2O \xrightarrow{\text{日光}} 糖質 + O_2$$

　軌道周回衛星は緑色植物の存在を反映するクロロフィルとCO_2の時間変化を測定している。地球の大気と生物群集は変化しているからである。大気のCO_2濃度は過去200年にわたっ

て、1800年の280 ppmから2016年の400 ppmへと上昇してきた。そしてこの上昇はしばらく続くであろう。二酸化炭素は大気中の熱をトラップする"温室効果ガス"であり、CO_2濃度の上昇は地球の気候変化をもたらしている。CO_2増加に関して植物生物学者が向き合う疑問は以下の2つである。CO_2増加は光合成の速度上昇につながるだろうか？　もしそうならば、植物生長の増加をもたらすだろうか？

　これらの疑問に答えるために、科学者は畑で植物を高濃度のCO_2に暴露する方法を考案した。開放系大気CO_2増加（FACE, Free Air CO_2 Enrichment）実験では、リング状パイプを用いて、畑もしくは森林の植物を取り巻く大気中にCO_2を放出する。風速と風向きをコンピューターでモニターし、どのパイプがCO_2を放出するかを常にコントロールする。この実験から光合成の速度は、CO_2濃度が上昇すると上昇することが確かめられた。また地球全体で大気中のCO_2が増加すると、光合成量も増加することが示唆された。

　この光合成量の増加は植物生長の増加をもたらすだろうか？植物も全ての生物と同様に、エネルギー源として糖質を利用することを心に留めてほしい。生物は細胞呼吸を以下の一般式に従って行う。

$$糖質 + O_2 \rightarrow CO_2 + H_2O + エネルギー$$

　植物生物学者が直面している課題は、光合成と呼吸の間の収支を決定することであり、これが植物生長速度にどのように影響を及ぼすかを知ることである。

　FACE実験は、植物の生長と作物収量は高CO_2濃度で増加することを示唆している。このことは光合成の増加は呼吸の増加よりも大きいことを示唆している。

光合成の化学はいかなるものか？　それは大気中のCO_2の増加によりどのような影響を受けるだろうか？

16.1 光合成は光を使って糖質を作る

　異化（複雑な分子の単純な分子への分解）は同化（単純な分子から複雑な分子の合成）の逆反応である。**第15章**でエネルギーを放出する異化経路についていくつか記載した。ほとんど全ての生物（深海の熱水噴出口近くに暮らす生物を例外として）の化学結合に貯蔵されているエネルギーは結局は太陽由来である。**光合成**は日光のエネルギーが捕捉され、二酸化炭素（CO_2）がより複雑な炭素含有化合物に変換される際に利用される嫌気的過程である。

学習の要点

・酸素を産生する光合成において、二酸化炭素を糖質に還元する際に必要なプロトンと電子を水分子が供給する。

・光合成は2つの連続する反応で起こる。光反応（明反応）と、それに引き続いて起こる光非依存性反応（暗反応）である。

光合成には光とガス交換が関与する

　植物、藻類、藍色細菌（シアノバクテリア）は好気的環境で生存し、酸素を産生する光合成、すなわちCO_2と水（H_2O）の糖質（6炭糖$C_6H_{12}O_6$と表す）と酸素ガス（O_2）への変換を行う（図16.1）。

$$6CO_2 + 6H_2O \rightarrow C_6H_{12}O_6 + 6O_2 \tag{16.1}$$

ある種の細菌は嫌気的環境で生存し、一種の光合成を行う
が、このタイプの光合成では、O_2を産生することなく、日光
のエネルギーを用いてCO_2をより複雑な分子へと変換する。こ
のタイプの光合成については後ほど詳しく記載するが、差し当
たっては酸素を産生する光合成について見てみよう。

　16.1式は吸エルゴン反応を表している。章冒頭の話で記載し
たようなFACEを用いた実験などから、CO_2の役割は十分に分
かっている。しかしこの式は本質的には正しいとしても、関与

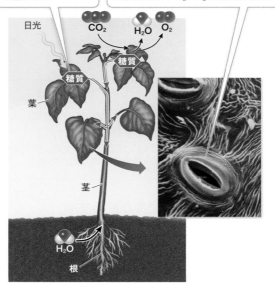

光合成の有機産物である糖質は植物体中を輸送される

気孔と呼ばれる葉の表面の孔を通してCO_2は植物に入り、O_2とH_2Oは植物から出る

図16.1　光合成の構成要素
典型的な陸生の植物は、太陽光、土壌からの水、大気からの二酸化炭素を用いて光合成により有機化合物を合成する。

する過程を真に理解するためには、あまりにも一般的すぎる。そこで、いくつかの疑問が生じる。光合成の正確な化学反応はどのようなものだろうか？　これらの反応において光の果たす役割は何だろうか？　どのように炭素原子が結合して糖質が作られるのだろうか？　どのような糖質が作られるのだろうか？酸素ガスはCO_2とH_2Oのどちらに由来するのだろうか？

同位元素を用いた実験は酸素を産生する光合成においてO₂がH₂Oに由来することを示す

　1941年にカリフォルニア大学バークレー校のサミュエル・ルーベンとマーティン・カーメンらは、同位元素の^{18}Oと^{16}Oを用いた実験を行い、光合成で産生されるO_2の由来を同定した（「生命を研究する：光合成の化学はいかなるものか？　それは大気中のCO_2の増加によりどのような影響を受けるだろうか？」）。彼らの実験結果は、光合成の過程で産生される酸素ガスは全て水に由来することを示した。このことを反映して改訂した式は下記の通りになる。

$$6CO_2 + 12H_2O \rightarrow C_6H_{12}O_6 + 6O_2 + 6H_2O \qquad (16.2)$$

　水はこの式の両辺に現れる。水は反応物（左辺の12分子）として用いられるとともに、産物（右辺の新しい6分子）として放出もされるからである。この改訂した式では、産生される全ての酸素ガスに必要な全ての水分子が説明される。

　水が光合成で産生されるO_2の源であるという認識は、酸化・還元という観点からの光合成の理解につながった。**第15章**で学んだように、酸化-還元（レドックス）反応は共役している。ある分子が反応で酸化されると、別の分子が還元される。この例では、H_2O中の還元状態の酸素原子は酸化されてO_2になる。

146ページへ→

光合成の化学はいかなるものか？
それは大気中のCO_2の増加により
どのような影響を受けるだろうか？

実験

原著論文：Ruben, S., M. Randall, M. D. Kamen and J. L. Hyde. 1941. Heavy oxygen (O^{18}) as a tracer in the study of photosynthesis. *Journal of the American Chemical Society* 63(3): 877–879.

　光合成の化学反応を理解することが、大気中CO_2濃度の上昇の効果を理解する鍵となる。特にO_2の由来は知られていなかった。反応物のCO_2とH_2OがO_2の由来の候補であった。2つの別々の実験で、サミュエル・ルーベンとマーティン・カーメンらはこれらの分子（片方の実験ではH_2Oを、もう片方の実験ではCO_2）の酸素原子を同位元素^{18}Oで標識した。それから緑色植物によって産生されるO_2を調べて、どちらの分子から酸素が産生されるかを特定した。

仮説▶ 光合成によって放出される酸素はCO_2由来ではなく水由来である。

方法

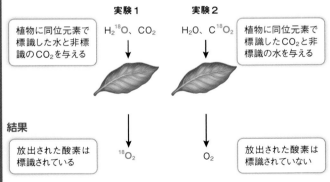

	実験1	実験2	
植物に同位元素で標識した水と非標識のCO_2を与える	$H_2{}^{18}O$、CO_2	H_2O、$C^{18}O_2$	植物に同位元素で標識したCO_2と非標識の水を与える

結果

放出された酸素は標識されている　　$^{18}O_2$　　O_2　　放出された酸素は標識されていない

結論▶ 光合成で産生されるO_2中の酸素原子は水由来である。

データで考える

　1930年代に、その当時スタンフォード大学の大学院生だったコーネリアス・ヴァン・ニールが、光合成で放出される酸素は二酸化炭素由来ではなく、反応で消費される水分子由来であることを初めて提唱した。この仮説は、嫌気性の紅色硫黄細菌は光合成で酸素を放出しないという発見に基づいて作られた。この細菌は光合成の過程で、酸素の代わりに硫化水素（H_2S）をイオウ元素に変換する（16.5式）。この仮説は後に酸素の"重い"同位元素である^{18}Oを用いて植物での酸素の流れを追跡する実験（前述）で実証された。

　第二次世界大戦中に放射性同位元素の研究拡大の一環として、アメリカ合衆国政府はカリフォルニア大学バークレー校に放射線実験施設を設立した。この実験施設において、光合成の光反応と光非依存性反応を説明する重要な実験が行われた。この一連の実験では、クロレラという藻類細胞が水とCO_2に曝された。CO_2は炭酸カリウム（K_2CO_3）と重炭酸カリウム（$KHCO_3$）が水に溶けたときに形成されるものに由来する。**実験1**では水はCO_2に比べて$^{18}O/^{16}O$比が高く、**実験2**ではCO_2が水に比べて$^{18}O/^{16}O$比が高かった。質量分析装置を用いて産生される反応物とO_2の同位元素含量を測定し、データを$^{18}O/^{16}O$比として表した。そのデータを表に示す。

質問▶
1. **実験1**で、O_2の同位元素比はH_2Oのものと同一であっただろうか？　それともCO_2のものと同一であっただろうか？　**実験2**ではどうだったか？
2. これらのデータからどういう結論を導くか？

	O_2採取開始前の時間（分）	O_2採取終了時の時間（分）	$^{18}O/^{16}O$（化合物中の^{18}Oの割合）		
			H_2O	$HCO_3^- + CO_3^{2-}$（CO_2源）	O_2
実験1：	0		0.85	0.20	
0.09 M KHCO$_3$ + 0.09 M	45	110	0.85	0.41	0.84
K$_2$CO$_3$（H$_2$O中に^{18}O）	110	223	0.85	0.55	0.85
	225	350	0.85	0.61	0.86
実験2：	0		0.20		
0.14 M KHCO$_3$ + 0.06 M	40	110	0.20	0.50	0.20
K$_2$CO$_3$（CO$_2$中に^{18}O）	110	185	0.20	0.40	0.20

$$12H_2O \rightarrow 24H^+ + 24e^- + 6O_2 \qquad (16.3)$$

一方で、CO_2中の酸化状態の炭素原子は還元されて糖質になり、このとき同時に水が産生される。

$$6CO_2 + 24H^+ + 24e^- \rightarrow C_6H_{12}O_6 + 6H_2O \qquad (16.4)$$

16.3式と16.4式を足し合わせると（化学の学生はこれらの式を半電池反応と認識するだろう）、上に示した全体の反応式16.2になる。

今見たように、水は酸素を産生する光合成においてプロトンと電子の供与体である。前に、O_2を産生しないタイプの光合成もあることを述べた。これらの場合には、他の分子が電子供与体として用いられ、CO_2を糖質へと還元する。例えば、紅色硫黄細菌は電子供与体として硫化水素（H_2S）を用いる。

$$12H_2S + 6CO_2 + 光 \rightarrow C_6H_{12}O_6 + 6H_2O + 12S \qquad (16.5)$$

緑色硫黄細菌は電子供与体として硫化物イオン、水素、もしくは二価鉄イオンを用い、他のグループの細菌はヒ素由来の化合物を電子供与体として用いる。この章の残りでは、酸素を産生する光合成に焦点を当てる。こちらの光合成が、今日の地球上の生命によって使われる有機炭素の大部分を産生し、大気中のO_2を補充してくれているからである。

光合成は2つの経路から構成される

16.2式は、光合成の全過程を要約しているが、1つ1つのステップを記述していない。水は電子供与体の役割を果たすが、酸化反応と還元反応の間にはH^+と電子の中間担体が存在する。その中間担体は補酵素ニコチンアミドアデニンジヌクレオチドリン酸（$NADP^+$）である。

　解糖系や細胞内でエネルギーを獲得する他の代謝経路のように、光合成も多くの反応から構成されている。光合成の反応は通常2つの主要経路に分けられる。

1. **光反応（明反応）**は、光エネルギーをATPと還元された電子担体NADPHの形の化学エネルギーに変換する。
　　NADPHは補酵素NADHと似ているが（**キーコンセプト15.1**）、アデノシンの糖にリン酸基が付いている。一般的に、NADPHは光合成や他の同化反応において還元剤として働く。

2. **光非依存性反応（暗反応、炭素固定反応）**は光を直接には利用せず、ATP、NADPH（明反応によって産生された）、CO_2を利用して糖質を産生する。

　光非依存性反応（暗反応）は直接光エネルギーを必要としないのでこう命名された。この反応は炭素固定反応とも呼ばれる。この反応によって無機の炭素が有機化合物へと同化あるいは“固定”されるからである。しかしながら、ほとんどの植物で、明反応も暗反応もともに*暗闇では停止*する。ATP合成と$NADP^+$還元には光が必要だからである。であるから、正確を期すために光非依存性反応という言葉を用いる。両方の経路の反応はともに葉緑体（クロロプラスト）内で進行するが、互いに区画化され葉緑体の異なる部位で進行する（**焦点：キーコンセプト図解　図16.2**）。
　以下で詳述するこれら2つの反応の説明を読めば、これらの反応が**第14章**と**第15章**で記載した生化学の原則、すなわちエネルギー変換、酸化–還元、生化学経路の段階的性質に準拠していることが分かるだろう。光反応と光非依存性反応については別々に記載する。次の節ではまず、光の物理的性質とそのエ

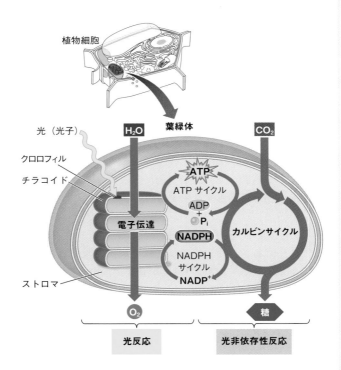

図16.2　光合成の概観図
光合成は2つの経路から構成される：光反応と光非依存性反応である。光反応は葉緑体のチラコイド中で、光非依存性反応は葉緑体のストロマ中で起きる。葉緑体の構造については図5.12参照。

Q：細胞内ではCO_2の還元はどこで起こり、その際の還元剤は何か？

ネルギーを捕捉する特異的な光合成分子について論じていこう。

🔑16.2 光合成は光エネルギーを 化学エネルギーに変換する

　光はエネルギーの一形態であり、熱や化学エネルギーなど他のエネルギー形態に変換しうる。ここでは（ADPとP_iからの）ATP産生と（$NADP^+$とH^+からの）NADPH産生を駆動するエネルギー源としての光に焦点を当てよう。

学習の要点

・植物には光エネルギーを吸収し、励起された電子という形態の化学エネルギーに変換する色素分子がある。

・電子伝達系と2つの協調した光化学系が励起した電子の化学エネルギーを捕捉し、NADPHとATPを産生する。

光合成において光エネルギーは色素により吸収される

　ここでは光を光化学と光生物学の観点から論ずるのがいいだろう。

光化学　光は一種の**電磁波的放射**である。電磁波的放射は二重の性質を持っている。光は波として伝搬する性質を持つが、粒子のような振る舞いもする。光の粒子は**光子**と呼ばれる質量を持たないエネルギーのパケット（塊）と考えることができる。電磁波的放射が持つエネルギー量はその**波長**に逆比例する。波長が短ければ短いほど、エネルギーは大きい。電磁スペクトルの可視領域（図16.3）は波長とエネルギーレベルの広範な領

域を包含している。植物と他の光合成生物では、受容分子が光子を吸収し、生物的過程に利用するために捕捉する。これらの受容分子はある特定の波長の光（特定のエネルギー量を持つ光子）しか吸収しない。

　光子がある分子と出会うと以下の3つのうち1つが起こる。

1. 光子はその分子によって跳ね返される。光子は散乱ないし反射する。
2. 光子はその分子を通り抜ける。光子は透過する。
3. 光子はその分子によって吸収され、エネルギーをその分子に与える。

　最初の2つの場合、その分子には何の変化ももたらされない。しかしながら3番目の吸収の場合には、光子は消失し、エネルギーはその分子によって吸収される。光子のエネルギーは

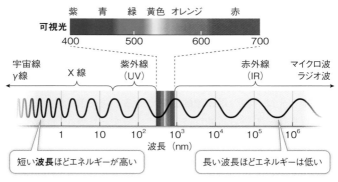

図16.3　電磁スペクトル
上部にヒトが光として見ることができる電磁スペクトルの領域を詳細に示す。

消失するわけではない。なぜなら、熱力学第一法則によれば、エネルギーは産生も破壊もされないからである。分子が光子のエネルギーを獲得すると、その分子は基底状態（低エネルギー）から励起状態（高エネルギー）に変換される。

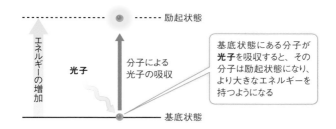

分子の基底状態と励起状態の自由エネルギー差は、おおよそ吸収された光子のエネルギーに等しい（熱力学第二法則に従って、少量はエントロピーとして失われる）。エネルギーの増加により、分子内の電子の1つが原子核からより離れた*殻に押し上げられ、この電子と核との結合はゆるくなり、その分子は不安定で化学的により反応性に富むものとなる。

*概念を関連づける　キーコンセプト2.1で論じたように、原子のまわりを周回している電子は、核のまわりの一連の電子殻（エネルギーレベル）として分布している。電子が核から離れれば離れるほど、そのエネルギーレベルは高くなる。

光生物学　ある特定の分子によって吸収される特異的な波長はその分子種に特徴的なものである。可視スペクトルの波長を吸収する分子を**色素**と呼ぶ。

白色光（全ての可視光を含む光）の光線が色素に当たると、ある波長の光が吸収される。残りの波長の光（散乱するか透過する）が色素を我々が見る色にする。例えば、**クロロフィル**色素は青い光と赤い光の両者を吸収する。我々が見るのは残っている光であり、それは主として緑色である。ある精製された色素によって吸収される光の波長をプロットすると、その色素の**吸収スペクトル**を得ることができる。

　吸収スペクトルに対して、**作用スペクトル**は、ある生物が行う光合成速度をその生物が曝される光の波長に対してプロットして得られるものである。光合成の作用スペクトルは次のように求めることができる。

1. 生物を密閉した容器中に置く。
2. 生物を一定時間ある特定の波長の光に曝す。
3. 放出される O_2 量により光合成速度を測定する。
4. 他の波長で「2.」及び「3.」を繰り返す。

　図16.4にアナカリス（オオカナダモ）という一般的な水生植物の色素の吸収スペクトルとその植物による光合成の作用スペクトルを示す。2つのスペクトルを比較すると、アナカリスの色素のなかでどれが光合成のための光捕捉に貢献しているかを知ることができる。

　酸素産生光合成の光反応を駆動するのに用いられる主要な色素はクロロフィル a である（図16.4からアナカリスで光合成活性が最も高い波長は、クロロフィル a が最も光を吸収する波長と同一であることが分かる）。クロロフィル a はヘモグロビンのヘム基と類似した複雑な環状構造を持ち、中心にマグネシウムイオンが存在する（図16.5）。長い炭化水素の"尾部"が、この分子をチラコイド膜を貫いて存在する**光化学系**と呼ば

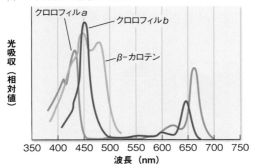

（A）　アナカリスの吸収スペクトル

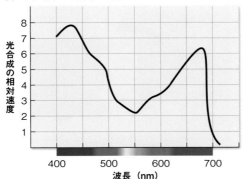

（B）　アナカリスの作用スペクトル

図16.4　吸収スペクトルと作用スペクトル
（A）一般的な水生植物アナカリスから精製した色素の吸収スペクトル。
（B）アナカリスの光合成の作用スペクトル。

Q：フィコビリンは黄色い光を吸収する色素である。この色素は吸収し
　　たエネルギーをクロロフィルに移すことができる。熱力学的に、こ
　　れはどうして起こるのか？

れる大きな多タンパク質複合体中のタンパク質につなぎ止めている。クロロフィル*a*及び多様な補助色素（クロロフィル*b*、クロロフィル*c*、カロテノイド、フィコビリンなど、下記参照）はアンテナシステムとも呼ばれる**光収穫複合体**を形成して

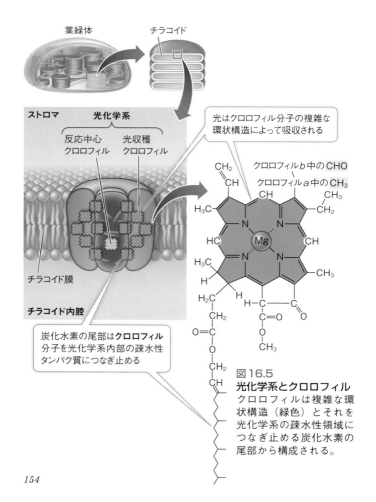

葉緑体　チラコイド

ストロマ　**光化学系**
反応中心　光収穫
クロロフィル　クロロフィル

光はクロロフィル分子の複雑な環状構造によって吸収される

チラコイド膜

チラコイド内腔

炭化水素の尾部は**クロロフィル**分子を光化学系内部の疎水性タンパク質につなぎ止める

クロロフィル*b*中のCHO
クロロフィル*a*中のCH₃

図16.5
光化学系とクロロフィル
クロロフィルは複雑な環状構造（緑色）とそれを光化学系の疎水性領域につなぎ止める炭化水素の尾部から構成される。

いる。光化学系中では複数の光収穫複合体が単一の**反応中心**を取り囲んでいる。

　光エネルギーは光収穫複合体によって捕捉され、反応中心に移される。反応中心でクロロフィルa分子がレドックス反応に関与して光エネルギーが化学エネルギーに変換される。

　クロロフィルは可視スペクトルの両端に近い青と赤の波長を吸収する（図16.3）。多様な補助色素がスペクトルの他の領域の光を吸収し、光合成に用いることができる波長の範囲を拡げてくれる。このことは図16.4（**B**）の作用スペクトルを見れば理解できる。アナカリスは、クロロフィルaは吸収しないが他の色素が吸収する波長（例えば500ナノメートル［nm］）の光で光合成を行うことができる。異なる光合成生物は異なる組み合わせの補助色素を持っている。高等植物と緑藻類は、クロロフィルb（クロロフィルaと構造及び吸収スペクトルが非常に類似している）及び青と青緑色の波長の光子を吸収するβ–カロテンなどのカロテノイドを持っている。紅藻類とシアノバクテリアに存在するフィコビリンは黄緑色、黄色、オレンジ色など多様な波長を吸収する。

光の吸収により光化学的変化が起きる

　色素分子が光を吸収すると、その分子は励起状態に入る。これは不安定な状況で、その分子は吸収したエネルギーのほとんどを放出して迅速に基底状態に戻る。この過程はピコ秒（1秒の1兆分の1）単位の速さである。光化学系中のアンテナシステム（図16.6（**A**））では、色素分子（例えばクロロフィルb）から放出されたエネルギーは他の隣接する色素分子によって吸収される。エネルギー（電子としてではなく共鳴と呼ばれる化学エネルギーの形態で）は分子から分子へと受け渡され、最終的に光化学系の反応中心のクロロフィルa分子に到達する（図

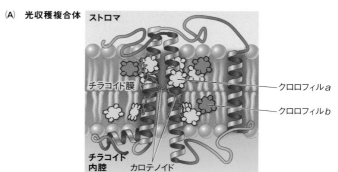

(A) 光収穫複合体

ストロマ

チラコイド膜

クロロフィル*a*

クロロフィル*b*

チラコイド内腔

カロテノイド

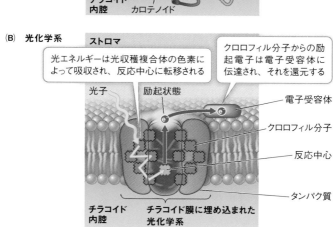

(B) 光化学系

ストロマ

光エネルギーは光収穫複合体の色素によって吸収され、反応中心に転移される

クロロフィル分子からの励起電子は電子受容体に伝達され、それを還元する

光子

励起状態

電子受容体

クロロフィル分子

反応中心

タンパク質

チラコイド内腔

チラコイド膜に埋め込まれた光化学系

図16.6　エネルギー転移と電子伝達

(A)単一の光収穫複合体の分子構造は、チラコイド膜を貫通する３つのヘリックス部分を持つポリペプチド（紫色）であることが分かる。色素分子（カロテノイド、クロロフィル*a*、クロロフィル*b*）はこのポリペプチドに結合している。

(B)光化学系全体のこの単純化したモデルでは、クロロフィル分子で光収穫複合体を表している。光子由来のエネルギーは１つの色素分子から別の色素分子に転移され、最終的に反応中心のクロロフィル*a*分子に到達する。クロロフィル*a*分子は励起電子を電子受容体に伝達する。

16.6（**B**））。

　反応中心の基底状態のクロロフィルa分子（Chlと表す）は隣接するクロロフィルからエネルギーを吸収し励起されるが（Chl*）、基底状態に戻る際、このクロロフィルは他の色素分子にエネルギーを渡さない。これはきわめて特異な事象である。*反応中心は吸収した光エネルギーを化学エネルギーに変換する*（図16.7）。反応中心のクロロフィル分子は十分にエネルギーを吸収して、励起電子を化学的受容体に受け渡す。

$$Chl^* + 受容体 \rightarrow Chl^+ + 受容体^- \qquad (16.6)$$

　これがクロロフィルによる光吸収の最初の結果である。*反応中心のクロロフィル（Chl*）がレドックス反応で励起電子を失いChl$^+$になる*。この電子伝達の結果、クロロフィルは酸化され、受容体分子は還元される。

還元反応によりATPとNADPHが産生される

　Chl*によって還元される電子受容体はチラコイド膜の電子担体鎖の最初のものである。電子は、エネルギー的に"下り坂"の一連の酸化‐還元反応で、ある担体から次の担体へと伝達される。最終的な電子受容体はNADP$^+$で、還元される。

$$NADP^+ + H^+ + 2\ e^- \rightarrow NADPH \qquad (16.7)$$

　ミトコンドリアの場合と同様に、チラコイド膜においてATPが光リン酸化の過程で化学浸透的に合成される。光リン酸化については後述する。過程全体には循環経路と非循環経路という2つの*電子伝達反応が関与する。光からのエネルギーを利用してATPとNADPHを産生する**非循環電子伝達経路**を図16.7に示す。

　図16.7で分かるように、2つの協調した光化学系（それぞれが自身の反応中心を持つ）が協働してATPとNADPHを産生する。

1. **光化学系 I**（"P_{700}" クロロフィルを反応中心に持つ）は 700 nmの波長の光を最もよく吸収し、励起電子を（中継分

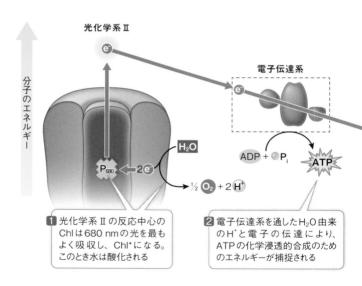

光化学系 Ⅱ

電子伝達系

分子のエネルギー

H_2O

ADP + P_i

ATP

P_{680} ← 2e⁻

½ O_2 + 2H^+

① 光化学系Ⅱの反応中心のChlは680 nmの光を最もよく吸収し、Chl*になる。このとき水は酸化される

② 電子伝達系を通したH₂O由来のH⁺と電子の伝達により、ATPの化学浸透的合成のためのエネルギーが捕捉される

図16.7　非循環電子伝達経路は2つの光化学系を用いる
光化学系Ⅰと光化学系Ⅱの反応中心のクロロフィル分子による光エネルギーの吸収により、クロロフィル分子から一連のレドックス反応への電子伝達が可能になる。

子を介して）NADP$^+$に伝達してNADPHに還元する。

2. **光化学系Ⅱ**（"P$_{680}$"クロロフィルを反応中心に持つ）は680 nmの波長の光を最もよく吸収し、水分子を酸化し、励起電子を一連の担体に受け渡しATPを産生する。

これらの光化学系の詳細を見てみよう。まず光化学系Ⅱから始める。

光化学系Ⅱ　反応中心の励起クロロフィル（Chl*）が励起電子を化学的受容体分子に与えて還元した後で、クロロフィルは電

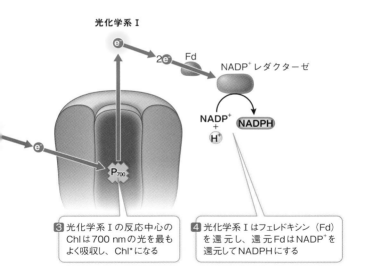

光化学系Ⅰ

2e$^-$　Fd

NADP$^+$レダクターゼ

NADP$^+$
+
H$^+$

NADPH

P$_{700}$

❸ 光化学系Ⅰの反応中心のChlは700 nmの光を最もよく吸収し、Chl*になる

❹ 光化学系Ⅰはフェレドキシン（Fd）を還元し、還元FdはNADP$^+$を還元してNADPHにする

Q：除草剤は電子受容体として働き、フェレドキシン（Fd）によって還元されうる。これは植物にどのような影響を与えるだろうか？

子を欠いて非常に不安定になる。クロロフィルは他の分子から電子を奪って失われた電子を補おうとする。化学的に言うと、強い酸化剤となる。補う電子は水から来る。このときH—O—H結合は切断される。

$$H_2O \rightarrow \frac{1}{2}O_2 + 2H^+ + 2e^- \tag{16.8}$$

$$2e^- + 2Chl^+ \rightarrow 2Chl \tag{16.9}$$

まとめると、

$$2Chl^+ + H_2O \rightarrow 2Chl + 2H^+ + \frac{1}{2}O_2 \tag{16.10}$$

光合成におけるO_2源はH_2Oであることを思い出してほしい（「生命を研究する：光合成の化学はいかなるものか？　それは大気中のCO_2の増加によりどのような影響を受けるだろうか？」に示したように）。

電子伝達系の電子受容体に戻ろう。励起電子は、一連の膜結合性の担体間を受け渡されて、低エネルギー準位の最終受容体に到達する。ミトコンドリアの場合と同様に、プロトン勾配を生成し、ATPシンターゼによって利用されATPが合成される（下記参照）。

光化学系 I　光化学系 I では、反応中心のChl*由来の励起電子は受容体を還元する。酸化されたクロロフィル（Chl^+）は電子を獲得するが、この場合、電子は電子伝達系の最後の受容体に由来する。これが2つの光化学系を化学的に結び付ける。これらの光化学系は空間的にも連結しており、チラコイド膜中で互いに隣接しているのである。光化学系 I 由来の励起電子は、いくつかの分子間を伝達されて最終的には$NADP^+$を還元して$NADPH$とする。

光エネルギーを捕捉して糖質を産生する次の過程は、一連の

炭素固定反応である。これらの反応ではNADPHよりもATPを必要とする。もしも光反応において、これまで記載してきた非循環電子伝達経路しか機能していないとすると、炭素固定のために必要な量のATPは得られないであろう。**循環電子伝達経路**がこのATP不足を補ってくれる。この経路は光化学系Iと電子伝達系を用いてATPを産生するがNADPHは産生しない。この経路は、励起クロロフィルから伝達された電子が、同じクロロフィルに戻される点で、循環経路である（図16.8）。

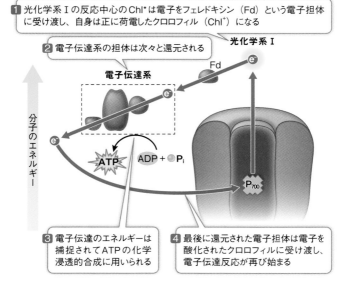

1 光化学系Iの反応中心のChl*は電子をフェレドキシン（Fd）という電子担体に受け渡し、自身は正に荷電したクロロフィル（Chl⁺）になる

光化学系I

2 電子伝達系の担体は次々と還元される

電子伝達系

Fd

e⁻

分子のエネルギー

e⁻

ATP ADP + **P**ᵢ

e⁻

P₇₀₀

3 電子伝達のエネルギーは捕捉されてATPの化学浸透的合成に用いられる

4 最後に還元された電子担体は電子を酸化されたクロロフィルに受け渡し、電子伝達反応が再び始まる

図16.8 **循環電子伝達経路は光エネルギーをATPとして捕捉する**

化学浸透が光リン酸化で産生されるATPの源である

第15章でミトコンドリアでのATP合成の化学浸透機構について考察した。同様の**光リン酸化**と呼ばれる機構が葉緑体内でも働いている。葉緑体では、電子伝達はチラコイド膜を越えた

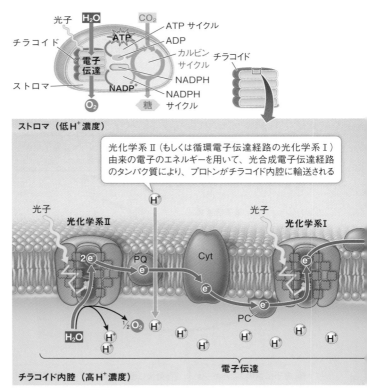

図16.9 光リン酸化

チラコイド膜では、電子はプラストキノン（PQ）、シトクロム（Cyt）、プラストシアニン（PC）を含む一連の電子担体を介して、光化学系Ⅱから光化学系Ⅰへと伝達される。電子は光化学系Ⅰから ↗

プロトン（H$^+$）の輸送と共役しており、このプロトン輸送によりチラコイド膜内外のプロトン勾配が形成される（図16.9）。

　チラコイド膜の電子担体はプロトンがストロマからチラコイド内腔へと移動するように配置されている。このためチラコイド内腔はストロマと比べて酸性（プロトンが高濃度）になり、チラコイド膜内外に電気化学的勾配が生じる。チラコイドの脂質二重層はH$^+$に対して不透過だからである。水の酸化によりチラコイド内腔では多くのH$^+$が産生され、ストロマではNADP$^+$の還元によりH$^+$が除去される。これら2つの反応も

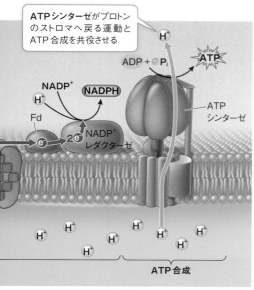

フェレドキシン（Fd）へ、次にNADP$^+$レダクターゼへと伝達される。この過程で膜内外のプロトン勾配が形成され、それがATP合成を駆動する。この図を図15.8（同様の過程がミトコンドリアで起こっている）と比較してほしい。

H^+勾配形成に寄与する。チラコイド内腔でH^+濃度が高いため、H^+はチラコイド内腔からチラコイド膜のタンパク質性チャネルを通ってストロマへと拡散する。これらのチャネルはATPシンターゼという酵素であり、ミトコンドリアの場合（図15.8）と同様に、プロトンの拡散をATP合成と共役させる。実際、葉緑体のATPシンターゼのアミノ酸配列はヒトのミトコンドリアのATPシンターゼのものとおよそ60％の相同性がある。植物と動物の最も近年の共通の祖先が10億年前のものであるとすると、これは驚くべき相同性である。これは生命の進化的同一性の証拠といえよう。

これら2つの酵素の作用機構も同様である。差異があるのは、その方向だけである。葉緑体ではプロトンはATPシンターゼを通ってチラコイド内腔からストロマ（ここでATPは合成される）へと流出するが、ミトコンドリアではプロトンはATPシンターゼを通って膜間腔からミトコンドリアマトリックスへと流入する。

葉緑体のストロマで、光エネルギーがどのようにしてATPとNADPH合成を駆動するのかを見てきた。今度は、光合成の光非依存性反応を見てみよう。光非依存性反応では、エネルギーに富むATPとNADPHを使ってCO_2を還元し、糖質を合成する。

🔑16.3 光合成で捕捉された化学エネルギーは糖質を合成するために使われる

CO_2固定反応を触媒する酵素のほとんどは葉緑体のストロマにあり、そこがCO_2固定反応が行われる場である。これらの酵

素はATPとNADPHのエネルギーを利用して、CO_2を還元し糖質を合成する。それゆえ、いくつかの例外を除いて、CO_2固定反応はATPとNADPHが産生される明るいときのみに進行する。

学習の要点
・カルビンサイクルは、葉緑体のストロマにおける、二酸化炭素から糖質を合成する化学反応である。
・光は光合成炭素固定反応に影響を与える。

糖質合成の諸段階はどのようにして解明されたのか？

　CO_2の炭素が糖質になる反応の筋道を明らかにするために、科学者たちはCO_2を標識する方法を見出し、光合成の過程で標識されたCO_2から合成された化合物を単離・同定することが可能になった。1950年代にメルビン・カルビンとアンドリュー・ベンソンらは、放射性同位元素で標識されたCO_2を用いた。すなわち、CO_2の炭素原子の一部は通常の^{12}Cではなくその放射性同位元素の^{14}Cであった。彼らはCO_2固定の化学経路を追跡することができた（図16.10）。経路で最初に出現した分子は3-ホスホグリセリン酸（3PG）と呼ばれる三炭糖リン酸であった（^{14}Cを赤で示す）。

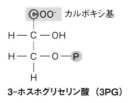

3-ホスホグリセリン酸（3PG）

図16.10(A)　CO₂の経路を追跡する

原著論文：カルビンらは"光合成における炭素の経路"と題する一連の26の論文で彼らの実験を記載した。おそらくそのなかで一番重要な論文は標識したCO₂をトレーサーとして使う方法を示したものであろう。

Benson, A. A., J. A. Bassham, M. Calvin, T. C. Goodale, V. A. Haas and W. Stepka. 1950. The path of carbon in photosynthesis. V. Paper chromatography and radioautography of the products. *Journal of the American Chemical Society* 72: 1710-1718.

　光合成の過程でCO_2はどのようにして糖質に取り込まれるのだろうか？　CO_2の炭素を用いて最初に形成される安定な共有結合は何なのだろうか？　メルビン・カルビンらは$^{14}CO_2$への短時間暴露を用いてCO_2から産生される最初の産物を同定した。

仮説▶　CO_2固定の最初の産物は3炭素分子である。

方法

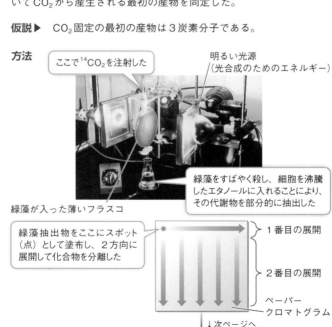

ここで$^{14}CO_2$を注射した

明るい光源
（光合成のためのエネルギー）

緑藻をすばやく殺し、細胞を沸騰したエタノールに入れることにより、その代謝物を部分的に抽出した

緑藻が入った薄いフラスコ

緑藻抽出物をここにスポット（点）として塗布し、2方向に展開して化合物を分離した

1番目の展開

2番目の展開

ペーパークロマトグラム

↓次ページへ

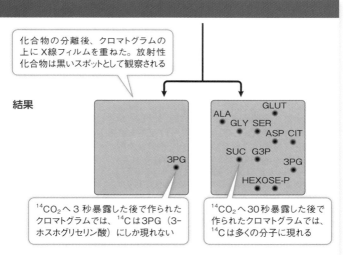

化合物の分離後、クロマトグラムの上にX線フィルムを重ねた。放射性化合物は黒いスポットとして観察される

結果

GLUT
ALA
GLY SER
ASP CIT
SUC G3P
3PG
HEXOSE-P

3PG

$^{14}CO_2$へ3秒暴露した後で作られたクロマトグラムでは、^{14}Cは3PG（3-ホスホグリセリン酸）にしか現れない

$^{14}CO_2$へ30秒暴露した後で作られたクロマトグラムでは、^{14}Cは多くの分子に現れる

結論▶ CO_2固定の最初の産物は3PGである。その後で、CO_2由来の炭素は多くの分子に用いられる。

$^{14}CO_2$に暴露する時間を次第に長くして、カルビンらは^{14}Cが単糖、アミノ酸を含む一連の化合物中を移動する経路を追跡することができた。結局、^{14}Cはサイクル経路を移動することが判明した。このサイクルで、CO_2は初めに5炭素の受容体分子と共有結合する。生じた6炭素の中間代謝物は迅速に2つの3炭素分子に分解する。サイクルが繰り返されるごとに糖質が形成され、初めのCO_2受容体が再生される。この経路は発見者カルビンの名前から**カルビンサイクル**と名付けられた。

カルビンサイクルの最初の反応で、1炭素のCO_2が5炭素の受容体分子リブロース1,5-ビスリン酸（RuBP）に付加される。この産物は中間体の6炭素化合物で、迅速に分解されて2

図16.10(B) CO_2の経路を追跡する

原著論文：Benson, A. A. et al. 1950.

　炭素固定を可能にする反応経路を解明するために、メルビン・カルビンらは緑藻のクロレラの懸濁液を$^{14}CO_2$に暴露した（図16.10(A)）。3秒間の光合成の後では、$^{14}CO_2$由来の^{14}Cは3-ホスホグリセリン酸にしか認められなかった。しかし30秒後には多くの化合物が放射活性を持つようになった。カルビンらは、曝露時間を変えながら細胞を$^{14}CO_2$に曝し、これらの結果を拡張し、カルビンサイクルの個々の反応の正確な順番と中間産物を決定することができた。

　CO_2固定の最初の反応は暗所で起こりうる。これを示すために、カルビンはクロレラ細胞を明るい光の下で$^{14}CO_2$に20分間暴露し、細胞を回収した。それから実験を繰り返したが、20分間の光条件の後で、暗所に置く時間を30秒、2分、5分というように変えた。それから細胞を回収し、クロマトグラムを作成して標識された化合物を同定した。この際、放射活性検出器を用いてそれぞれの化合物中の^{14}C量を定量した。データを表に示す。

化合物	放射活性の相対量			
	20分の光	20分の光と30秒の暗所	20分の光と2分の暗所	20分の光と5分の暗所
3PG	5,500	10,100	10,000	5,200
RuBP	4,900	680	1,850	1,800
ショ糖	13,000	13,500	15,000	14,750

質問▶
1. 3PGの放射活性を時間に対してプロットせよ。データは何を示すか？
2. 暗所で30秒後に放射活性で標識されたRuBPの量が減少したのはなぜか？

分子の3PGが産生される（図16.11）。中間代謝物の分解はあまりに速いので、カルビンは初めはその中に放射活性炭素を検出することができなかった。中間代謝物産生を触媒する酵素、

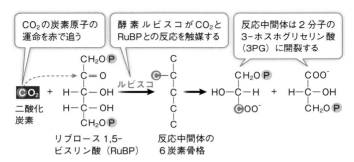

図16.11　RuBPは二酸化炭素受容体である
CO_2は５炭素化合物RuBPに付加される。その結果生成する６炭素化合物は速やかに２分子の3PGに開裂する。

リブロースビスリン酸カルボキシラーゼ／オキシゲナーゼ（ルビスコ）は地球上で最も豊富に存在するタンパク質である！全ての植物の葉の全タンパク質の50％を占める。

カルビンサイクルは３つの過程から構成される

　カルビンサイクルは、光反応で作られたATPとNADPHを用いてストロマ中でCO_2を還元し、糖質を合成する。全ての生化学経路と同様に、それぞれの反応は特異的な酵素によって触媒される。サイクルは３つの過程で構成される（図16.12）。

1. CO_2*固定*。既に見たように、この反応はルビスコによって触媒され、その安定な産物は3PGである。
2. *3PGの還元によるグリセルアルデヒド3−リン酸（G3P）生成*。この一連の反応はリン酸化（光反応で合成されたATPを利用）と還元（光反応で合成されたNADPHを利用）を伴う。
3. CO_2*受容体RuBPの再生*。G3Pの大部分はRuMP（リブロー

172ページへ→

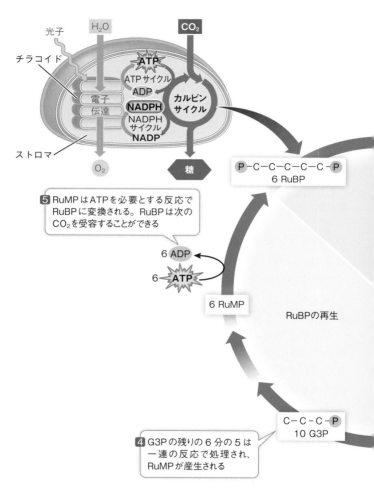

図16.12　カルビンサイクル
カルビンサイクルは光反応で産生されたATPとNADPH及びCO_2を用いて糖質を合成する。六炭糖のグルコースを1分子合成するためには、サイクルが6回転する必要がある。

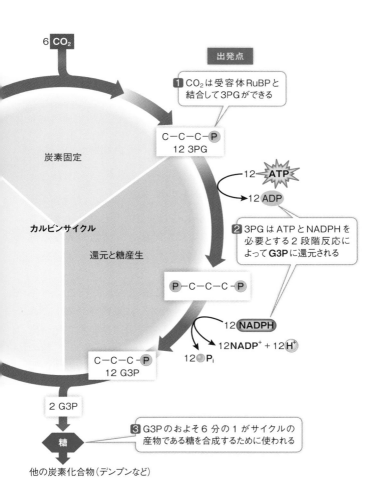

6 **CO₂**

出発点

1 CO₂は受容体RuBPと
結合して3PGができる

C－C－C－**P**
12 3PG

炭素固定

12 **ATP**

12 ADP

カルビンサイクル

2 3PG は ATP と NADPH を
必要とする2 段階反応に
よって **G3P** に還元される

還元と糖産生

P－C－C－C－**P**

12 **NADPH**

12NADP⁺ + 12**H**⁺

C－C－C－**P**
12 G3P

12 **P**ᵢ

2 G3P

3 G3Pのおよそ6 分の1 がサイクルの
産物である糖を合成するために使われる

糖

他の炭素化合物（デンプンなど）

スーリン酸）になり、ATPが使われてこの化合物はRuBP
に変換される。サイクルが "1回転" する度に、1分子の
CO_2が固定され、CO_2受容体が再生される。

このサイクルの産物は**グリセルアルデヒド3-リン酸**
（**G3P**）という三炭糖リン酸であり、トリオースリン酸とも呼
ばれる。

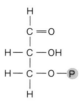

グリセルアルデヒド3-リン酸（G3P）

典型的な葉では、G3Pの6分の5はRuBPへとリサイクルさ
れる。残りの6分の1のG3Pには、時刻と、植物の異なる部
分の需要に応じて2つの運命がある。

1. G3Pの一部は葉緑体から細胞質に輸送され、そこでヘキ
   ソース（グルコースとフルクトース）に変換される。これ
   らの分子は解糖系とミトコンドリア呼吸で使われて光合成
   細胞の活動にエネルギーを供給するか（**第15章**）、二糖の
   スクロース（ショ糖）に変換されて、葉から植物の他の器
   官に輸送される。
2. G3Pの一部は葉緑体内でのグルコース産生に利用される。
   一日が経過するなかで、グルコース分子は蓄積し、互いに
   結合されて多糖のデンプンが形成される。この貯蔵多糖が
   夜間に引き出されて、光合成組織が植物の残りの部分に、
   光合成が起こらないときでもスクロースを供給し続けるこ

とができる。それに加えて、デンプンは根、地下茎、種子のように非光合成器官でも豊富に存在し、植物生長を含む細胞活動のエネルギー供給のためにグルコースを提供する。

植物は光合成で産生された糖質を用いて、アミノ酸、脂質、核酸の構成要素など、他の分子を作る。事実上、植物の全ての有機分子は光合成由来の糖質から作られる。

カルビンサイクルの産物は地球上の生物圏全体にとって非常に重要である。地球上の生物の大多数にとって、カルビンサイクルによって合成されたC—C結合及びC—H結合が生命のためのエネルギーのほとんど全てを供給する。光合成生物は、**独立栄養生物**とも呼ばれ、このエネルギーのほとんどを解糖系と細胞呼吸で放出させ、それを自身の生長、発生、生殖に用いる。しかし、植物は他の生物のエネルギー源でもある。多くの植物材料は動物などの光合成を行えない**従属栄養生物**によって消費される。従属栄養生物は、原材料とエネルギー源の双方に関して独立栄養生物に依存する。従属栄養生物の細胞では、解糖系と細胞呼吸によって食物から自由エネルギーが放出される。

光はカルビンサイクルを促進する

これまで見てきたように、カルビンサイクルはNADPHとATPを利用する。これらは光エネルギーを用いて産生される。他の2つの過程が、光反応とこのCO_2固定経路とを結び付ける。これらの結び付きは共に間接的なものだが重要である。

1. *光によって誘導されるストロマのpH変化は、カルビンサイクルのいくつかの酵素を活性化する。* ストロマからチラコイドへのプロトン汲み入れはストロマのpHを7から8

へと増加させる（プロトン濃度は10分の1に低下する）。この変化によりルビスコが活性化される。

2. 光によって誘導される電子伝達によりジスルフィド結合が還元され、4つのカルビンサイクル酵素が活性化される（図16.13）。光化学系Ⅰでフェレドキシンが還元されると（図16.7）、フェレドキシンは電子の一部をチオレドキシンという小さな可溶性タンパク質に受け渡す。このタンパク質は電子をCO_2固定経路の4つの酵素に受け渡す。これらの酵素のジスルフィド架橋のイオウの還元により、S—H基が形成され架橋は壊される。その結果、三次元構造が変化してこれら4つの酵素は活性化され、カルビンサイクルが回る速度が上昇する。

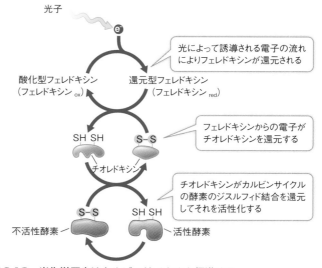

図16.13　光化学反応はカルビンサイクルを促進する
ジスルフィド架橋を還元（破壊）することによって、光反応からの電子はCO_2固定経路の酵素を活性化する。

全ての緑色植物がカルビンサイクルを持っているが、ある種の植物では光非依存性反応の変異（あるいは付加的段階）が進化した。それらの植物は、これらの変異あるいは付加的段階により、ある種の環境条件でも生存できるように順応した。これらの環境的制限とそれを回避するために進化した代謝経路のバイパスを見てみよう。

🔑 16.4 植物は光合成を環境条件に順応させた

　ルビスコは、光合成の過程でCO_2を固定するのに加えて、O_2と反応することもできる。この反応は光呼吸という過程につながり、ある種の植物でCO_2固定全体の速度低下をもたらす。この問題を考えた後で、ルビスコの限界を代償するための生化学経路と植物の解剖学的特徴を見てみよう。

学習の要点

・C_4植物は暑く乾燥した条件下で光呼吸を避けるように進化したが、C_3植物はそのような進化を遂げなかった。
・CAM植物は、一日の異なる時間でカルビンサイクルから炭素固定を分離するという点で、C_4植物とは異なっている。

ある種の植物はどのようにしてCO_2固定の限界を克服するのであろうか？

　その正式名称が示すように、ルビスコ（リブロースビスリン酸カルボキシラーゼ／オキシゲナーゼ）は**カルボキシラーゼ**であるだけでなく**オキシゲナーゼ**でもある。すなわちルビスコは

受容体分子RuBPにCO_2の代わりにO_2を付加することもできるのである。

・ルビスコはRuBPにCO_2を付加するときはカルボキシラーゼである。
・ルビスコはRuBPにO_2を付加するときはオキシゲナーゼである。

　我々が呼吸する典型的な空気のO_2とCO_2濃度を考えてほしい。地球の大気のCO_2濃度はおよそ400 ppmすなわち0.04％である。大気中のO_2濃度はおよそ20％である。ルビスコに対してCO_2とO_2間で"平等な競争"があるとすれば、O_2の濃度が高いのでこちらが優先されると思うかもしれない。しかし実際はそうではない。ルビスコのCO_2に対する親和性はO_2に対する親和性に比べてはるかに強い。であるから、葉の中の通常の空気中では、CO_2濃度がO_2濃度に比べてはるかに低くても、CO_2固定が優先される。O_2がCO_2と競合するのは、葉の中のO_2濃度が外と比べてさらに高くなったときである。このときルビスコはRuBPをCO_2とではなくO_2と結合させる。このオキシゲナーゼ活性は糖質へ変換されるCO_2の全体量を減らし、植物生長の制限因子となりうる。

・葉の中の相対的低O_2高CO_2濃度はカルボキシラーゼ活性に有利である。
・葉の中の相対的高O_2低CO_2濃度はオキシゲナーゼ活性に有利である。

　どういう条件下で、葉の中の空気のO_2濃度が高くCO_2濃度が低くて、オキシゲナーゼ活性にとって有利になるのだろう

か？　暑く乾燥した日には、**気孔**と呼ばれる葉の表面にある小さな孔が閉じて、葉から水分が蒸発するのを防ぐ（図16.1）。しかし気孔が閉じると、葉へのガスの出入りも妨げられる。気孔が閉じた場合、葉の中のCO_2は光合成反応で使われるのでその濃度は低下し、葉の中のO_2は光合成反応で水を原料として産生されるのでその濃度は上昇する（「生命を研究する：光合成の化学はいかなるものか？　それは大気中のCO_2の増加によりどのような影響を受けるだろうか？」参照）。CO_2のO_2に対する比が低下するので、ルビスコのオキシゲナーゼ活性にとって有利になる。

オキシゲナーゼ活性が高くなり、カルボキシラーゼ活性が低くなった場合の結果は重大である。O_2がRuBPに付加されると、産物の1つは2炭素化合物のホスホグリコール酸である。

RuBP + O_2
→ ホスホグリコール酸 + 3-ホスホグリセリン酸（3PG）

$$(16.11)$$

ルビスコのオキシゲナーゼ活性によって産生された3PGはカルビンサイクルに入るが、ホスホグリコール酸は入らない。植物はホスホグリコール酸の炭素を部分的に回収する代謝経路を進化させた。ホスホグリコール酸はグリコール酸に加水分解され、グリコール酸はペルオキシソームに拡散する（図16.14）。そこでグリコール酸は一連の反応によりグリシンというアミノ酸になる。

$$グリコール酸 + O_2 → グリシン \qquad (16.12)$$

グリシンはミトコンドリアに拡散し、そこで2分子のグリシンは一連の反応によりセリンというアミノ酸に変換され、CO_2が放出される。

(A) 光呼吸の小器官

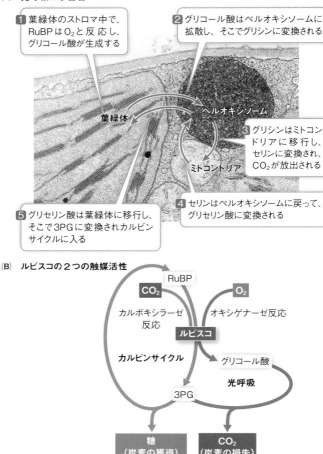

1 葉緑体のストロマ中で、RuBPはO_2と反応し、グリコール酸が生成する

2 グリコール酸はペルオキシソームに拡散し、そこでグリシンに変換される

3 グリシンはミトコンドリアに移行し、セリンに変換され、CO_2が放出される

4 セリンはペルオキシソームに戻って、グリセリン酸に変換される

5 グリセリン酸は葉緑体に移行し、そこで3PGに変換されカルビンサイクルに入る

葉緑体

ペルオキシソーム

ミトコンドリア

(B) ルビスコの2つの触媒活性

RuBP

CO_2 O_2

カルボキシラーゼ反応   オキシゲナーゼ反応

ルビスコ

カルビンサイクル   グリコール酸

光呼吸

3PG

糖（炭素の獲得） CO_2（炭素の損失）

図16.14　光呼吸経路
(A)光呼吸の反応は葉緑体、ペルオキシソーム、そしてミトコンドリアの中で起こる。
(B)全体として光呼吸はO_2を消費してCO_2を放出する。

$$2 \text{グリシン} \rightarrow \text{セリン} + CO_2 \qquad (16.13)$$

　セリンはペルオキシソームに移行して、グリセリン酸に変換される。グリセリン酸は葉緑体に移行してリン酸化され、3PGになり、3PGはカルビンサイクルに入る。16.13式で使われるグリシン2分子を産生するためには、16.11式のホスホグリコール酸が2分子必要であることに注意してほしい。であるから全体としては下記の式となる。

$$2 \text{ ホスホグリコール酸 （4炭素）} + O_2 \rightarrow 3PG \text{ （3炭素）} + CO_2$$
$$(16.14)$$

　この経路はホスホグリコール酸の炭素の75％をカルビンサイクルのために回収してくれる。言葉を換えると、RuBPの（CO_2とではなく）O_2との反応は、*カルビンサイクルによって固定される正味の炭素を25％減少させる*。この経路は**光呼吸**と呼ばれる。O_2を消費しCO_2を放出するとともに、光の存在下でのみ起こるからである（カルビンサイクルに関して触れたのと同じ酵素活性化プロセスによって媒介される）。

C_3植物は光呼吸を行うがC_4植物は行わない

　植物はCO_2の固定法に関して違いがあり、C_3植物とC_4植物に分類することができる。CO_2固定の最初の産物がC_3植物では3炭素分子であり、C_4植物では4炭素分子である。バラ、コムギ、イネなどの**C_3植物**では、最初の産物は、カルビンサイクルで記載したように、3炭素分子の3PGである。これらの植物では、葉の主体をなす葉肉細胞は、ルビスコを含む葉緑体が充満している（図16.15(A)）。暑い日には、これらの葉は気孔を閉じて水分を保存しようとする。その結果、ルビスコはカルボキシラーゼとしてのみならずオキシゲナーゼとして働

き、光呼吸が起こる。

　トウモロコシ、サトウキビ、その他の熱帯性の植物などの**C₄植物**はCO₂固定の最初の産物として4炭素分子の**オキサロ酢酸**を作る（図16.15（B））。暑い日にはこれらの植物も水分を保存するために部分的に気孔を閉じるが、光合成の速度は低下しない。何が違うのだろうか？

　C₄植物はルビスコ酵素周囲のCO₂濃度を増加させると同時にルビスコを大気中のO₂から隔離するような機構を進化させた。このためこれらの植物では、オキシゲナーゼ反応に比べてカルボキシラーゼ反応が有利になっており、カルビンサイクルは回るが、光呼吸は起こらない。この機構には、まず葉肉細胞でCO₂固定が起こり、固定された炭素（4炭素分子として）が**維管束鞘細胞**へ輸送され、そこで固定されたCO₂が放出されてカルビンサイクルで利用されるということが関わっている（図16.16）。維管束鞘細胞は葉の内部に局在しており、そこには葉の表面近くの細胞に比べて大気中のO₂は到達しにくい。

(A)　**C₃植物の葉の細胞配列**

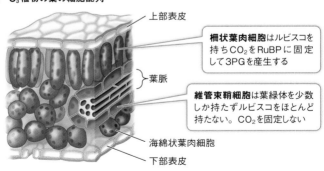

図16.15　**C₃植物とC₄植物の葉の解剖学**
(A)C₃植物と(B)C₄植物の葉では、二酸化炭素固定は異なる小器官と　→

このC$_4$炭素固定過程の最初の酵素は**PEPカルボキシラーゼ**と呼ばれ、葉の表面の葉肉細胞の細胞質に存在する。この酵素はCO$_2$と3炭素の受容体化合物**ホスホエノールピルビン酸**（**PEP**）を結合させ、4炭素の固定産物オキサロ酢酸を産生する。PEPカルボキシラーゼはルビスコに比べて2つの利点を持っている。

1. オキシゲナーゼ活性を持たない。
2. CO$_2$濃度が非常に低くてもCO$_2$を固定することができる。

このため、気孔が部分的に閉じるような暑い日で、O$_2$のCO$_2$に対する比が上昇しても、PEPカルボキシラーゼはCO$_2$を固定し続ける。

オキサロ酢酸はリンゴ酸に変換され、リンゴ酸は葉肉細胞から維管束鞘細胞へと拡散する（図16.15（**B**））（C$_4$植物のなかにはオキサロ酢酸を、リンゴ酸の代わりにアスパラギン酸に変

(B)　C$_4$植物の葉の細胞配列

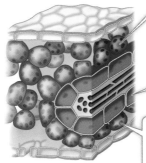

葉肉細胞はPEPカルボキシラーゼという酵素を持つ。この酵素はCO$_2$とPEPの反応を触媒し、4炭素分子オキサロ酢酸を産生する。オキサロ酢酸はリンゴ酸に変換される

維管束鞘細胞は特殊な葉緑体を持ち、この葉緑体はルビスコ周囲のCO$_2$濃度を上昇させる

葉肉細胞と維管束鞘細胞は非常に近くに存在するので、葉肉細胞で生じたCO$_2$が維管束鞘細胞に移行して、そこでのCO$_2$濃度が上昇する

異なる細胞で起こる。青く着色した細胞がルビスコを持っている。

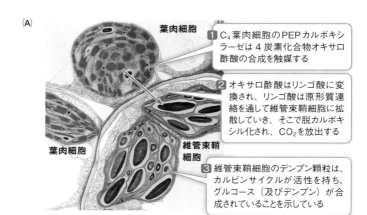

(A)

葉肉細胞

1 C_4 葉肉細胞のPEPカルボキシラーゼは 4 炭素化合物オキサロ酢酸の合成を触媒する

2 オキサロ酢酸はリンゴ酸に変換され、リンゴ酸は原形質連絡を通して維管束鞘細胞に拡散していき、そこで脱カルボキシル化され、CO_2 を放出する

葉肉細胞

維管束鞘細胞

3 維管束鞘細胞のデンプン顆粒は、カルビンサイクルが活性を持ち、グルコース（及びデンプン）が合成されていることを示している

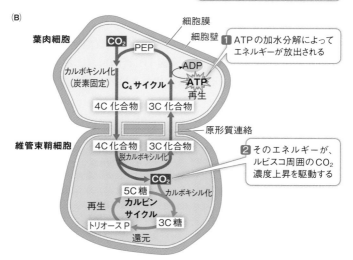

(B)

細胞膜
細胞壁

葉肉細胞

CO_2

PEP

カルボキシル化
（炭素固定）

C_4 サイクル

ADP

ATP
再生

1 ATPの加水分解によってエネルギーが放出される

4C 化合物　3C 化合物

原形質連絡

維管束鞘細胞

4C 化合物　3C 化合物

脱カルボキシル化

CO_2

2 そのエネルギーが、ルビスコ周囲の CO_2 濃度上昇を駆動する

5C 糖

カルボキシル化

再生

カルビンサイクル

トリオース P　　3C 糖

還元

図16.16　C_4 炭素固定の解剖学と生化学

(A) 二酸化炭素ははじめに葉肉細胞の中で固定されるが、維管束鞘細胞の中でカルビンサイクルに入る。

(B) 2 つのタイプの細胞は CO_2 同化のための互いにつながった生化学経路を共有している。

換するものもあるが、ここではリンゴ酸経路のみを説明する）。維管束鞘細胞は、ルビスコ周囲にCO_2を濃縮するようにデザインされた特殊な葉緑体を含んでいる。そこで、4炭素のリンゴ酸は炭素を1つ失い（脱カルボキシル化）、CO_2とピルビン酸が産生される。ピルビン酸は葉肉細胞に戻り、そこでATPを消費して3炭素受容体化合物のPEPが再生される。このように、葉肉細胞でのATPの"消費"によって維管束鞘細胞中のルビスコ周囲のCO_2濃度が上昇するおかげで、ルビスコはカルボキシラーゼとして働き、カルビンサイクルが開始される。

　比較的涼しいか曇りの条件下では、C_3植物はルビスコ周囲のCO_2濃度を高めるためにエネルギーを消費しないという点で、C_4植物に比べて利点がある。しかしながら、この利点は、暖かい季節や気候などの光呼吸に有利な条件下では、利点とは言えなくなる。これらの条件下では、C_4植物の方に利点がある。特にC_4光合成に必要な余分のATPを供給するための、十分な光がある場合には、C_4植物の方に利点がある。例えば、C_3植物のケンタッキーブルーグラスは4月、5月には芝生上で繁茂する。しかし夏真っ盛りには、元気がなくなり、C_4植物のバミューダグラス（メヒシバ）が芝生を占拠する。穀物にとって同じことが地球レベルで起こる。ダイズ、イネ、コムギ、オオムギなどのC_3植物は温暖な気候のところでヒトの食物生産のために育てられてきた。一方、トウモロコシ、サトウキビなどのC_4植物は熱帯原産である。

CO_2固定経路の進化　C_3植物はC_4植物よりも古くから存在する。C_3光合成はおよそ25億年前に始まったと考えられるが、C_4植物はおよそ1200万年前に出現したようである。C_4経路が出現した理由の1つとして、大気中のCO_2濃度の低下が考えら

れる。恐竜が地球を支配していた1億年前には、大気のCO_2濃度は現在の4倍高かった。その後CO_2濃度が低下するにつれて、C_4植物の方がC_3植物に比べて、高温で光が強い環境下では有利だったのだろう。

この章の冒頭で記載したように、ここ200年間は大気のCO_2濃度が上昇してきている。現在のところ、CO_2濃度はルビスコによるCO_2固定の最大活性には十分ではなく、光呼吸が起こりC_3植物の生長は制限されている。暑い環境下ではC_4植物の方が有利である。もしも大気中のCO_2濃度がさらに上昇していけば、逆のことが起こり、C_3植物がC_4植物に比べて相対的に有利になるだろう。イネやコムギなどの穀物の生長速度が上昇するだろう。ただし、これが直ちに食糧増産につながるとは限らない。ヒトが原因のCO_2増加の他の効果（地球の温暖化など）も、地球のエコシステムを変えうるからである。

CAM植物もPEPカルボキシラーゼを使う

C_4植物以外の植物もPEPカルボキシラーゼを使ってCO_2を固定し蓄積する。このような植物には、いくつかのベンケイソウ科の水分貯蔵植物（多肉植物）、多くのサボテン、パイナッ

表16.1　C_3、C_4、CAM植物の光合成の比較

	C_3植物	
カルビンサイクルを利用するか？	する	
主要なCO_2受容体	RuBP	
主要なCO_2固定酵素	ルビスコ	
CO_2固定の最初の産物	3PG（3炭素）	
主要な固定酵素のCO_2に対する親和性	中程度	
葉の光合成細胞	葉肉細胞	
光呼吸	盛ん	

プル、他の数種類の顕花植物が含まれる。これらの植物のCO_2代謝は、このタイプの代謝が見つかった多肉植物の名前を取って、**ベンケイソウ型有機酸代謝**もしくは**CAM**と呼ばれる。CAMはCO_2が最初に4炭素化合物へ固定されるという点でC_4植物の代謝によく似ている。しかしながら、CAM植物では初めのCO_2固定とカルビンサイクルは空間的にではなく時間的に隔てられている。

・涼しくて水分喪失が少ない夜は、気孔が開く。CO_2は葉肉細胞で固定され4炭素化合物のオキサロ酢酸が合成される。オキサロ酢酸はリンゴ酸に変換され、液胞中に貯蔵される。
・昼には、水分喪失を少なくするために気孔が閉じ、蓄積したリンゴ酸は液胞から葉緑体に輸送され、そこでリンゴ酸の脱カルボキシル化で生じたCO_2がカルビンサイクルに用いられ、光反応が必要なATPとNADPHを供給する。

　表16.1にC_3、C_4、CAM植物の光合成の比較をまとめた。光合成が糖質を産生する機構が分かったので、光合成の経路が他の代謝経路とどのようにつながっているかを見てみよう。

C_4植物		CAM植物	
する		する	
PEP		PEP	
PEP カルボキシラーゼ		PEP カルボキシラーゼ	
オキサロ酢酸（4炭素）		オキサロ酢酸（4炭素）	
高い		高い	
葉肉細胞と維管束鞘細胞		大きな液胞を持つ葉肉細胞	
わずか		わずか	

🔑 16.5 光合成は植物代謝における 不可欠の一部である

　緑色植物は独立栄養生物であり、必要な分子は全て、CO_2、H_2O、リン酸、硫酸、アンモニウムイオン（NH_4^+）及び少量のミネラル栄養素などの単純な出発材料から合成することができる。植物は光合成によって産生された糖質を用いて能動輸送や同化作用などの過程にエネルギーを供給する。植物では細胞呼吸も発酵も起こるが、細胞呼吸の方がはるかに一般的である。植物の細胞呼吸は光合成とは違って、明るいときにも暗いときにも起こる。

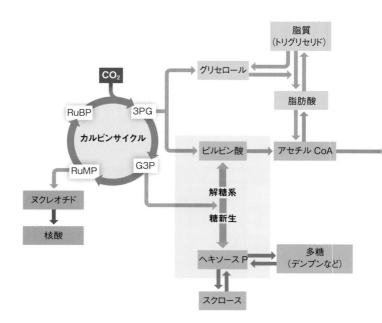

学習の要点
・光合成は細胞呼吸、糖新生、他の代謝経路とつながっている。
・光合成は地球上のほとんどの生物が必要とするエネルギーの供給を
　担っている。

光合成は他の代謝経路と相互作用する

　光合成と細胞呼吸はカルビンサイクルを介して密接につなが
っている（図16.17）。カルビンサイクルの産物であるG3Pの
配分が特に重要な役割を担っている。

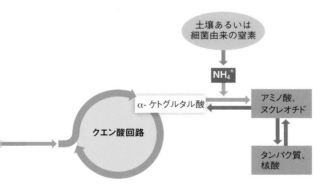

図16.17　植物細胞の代謝相互作用
カルビンサイクルの産物は細胞呼吸（解糖系とクエン酸回路）の反応
に用いられる。

・カルビンサイクル由来のG3Pの一部は解糖系に入り、細胞質でピルビン酸に変換される。このピルビン酸は、細胞呼吸で用いられてエネルギーを供給したり、その炭素骨格が同化作用で脂質、タンパク質、他の糖質の合成に用いられたりする（図15.13）。

・G3Pの一部は解糖系の逆の経路（糖新生、**キーコンセプト15.5**）に入る。この場合には、ヘキソースリン酸（ヘキソースP）とスクロースが合成され、植物の非光合成組織（根など）に輸送される。

　エネルギーは、日光から、光合成における還元された炭素を経て、細胞呼吸のATPへと流れる。エネルギーは、多糖、脂質、タンパク質などの高分子の結合の中にも貯蔵される。植物が生長するためには、エネルギー貯蔵（体構造としての）はエネルギー放出を上回らなければならない。すなわち、光合成による炭素固定は細胞呼吸を上回らなければならない。この原則が生態学的な**食物連鎖**の基礎をなす。

　光合成は我々が生きるために必要なエネルギーのほとんどを供給する。光合成の未来が不確かであること（CO_2濃度変化や気候変動などにより）を考えると、光合成の効率を上げる方法を探しておいた方がよさそうである。図16.18に太陽エネルギーが植物に利用され、また失われる様々な経路を示す。本質的には、地球に達する日光の5％しか植物の生長に利用されない。光合成のこの効率の低さは、基本的な化学と物理学（光エネルギーのあるものは光合成の色素によっては吸収されないなど）及び生物学（植物の解剖学と葉への日の当たり方、ルビスコのオキシゲナーゼ反応、代謝経路の非効率性など）による。化学と物理学を変えることは困難だが、生物学者は植物の知識

を利用して、光合成の基本的生物学を改良することができる。これが資源のより有効な利用と食料生産の改善につながると考えられる。

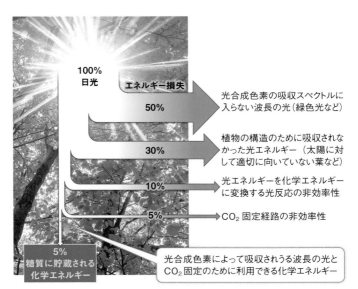

図16.18　光合成の間のエネルギー喪失
光合成経路はせいぜい太陽のエネルギー出力の5%程度しか糖質の化学エネルギーとして保存していない。

 生命を研究する

QA 光合成の化学はいかなるものか？　それは大気中のCO_2の増加によりどのような影響を受けるだろうか？

　大気中のCO_2の増加により、作物は複数の方面で影響を受け

うる。CO_2濃度が高いと、光合成は増加する。これは特にC_3植物に当てはまる。C_3植物はC_4植物に比べてCO_2濃度の影響を受けやすいからである。光合成量が増加すると植物の生長も増加するので、コムギやイネなどのC_3作物の生長は増加するだろう。しかしながら、この生長が植物の茎や葉などの部分に起こるのか、我々が食べる部分（穀物）に起こるのかは分からない。事態をさらに複雑にするのが、このような植物の生長が、CO_2濃度上昇が気候に及ぼす影響によって妨害される可能性があることである。例えば、温度上昇は光合成速度上昇をもたらし、植物の生長期を延長するかもしれないが、降雨パターンを変えるかもしれない。地球上のある地域では降雨量が減少し、これが植物の生長を制限することになるかもしれない。

今後の方向性

　人口が増加する一方で農業に適した土地は限られているので、作物の生産性を向上させるよう迫られている。作物の生産性が全体として有意に向上することは、地球全体に影響を及ぼすかもしれない。大気中のCO_2濃度が上昇することはC_4植物には大きな影響をもたらさないだろう。しかし、C_4経路は全ての正味炭素固定の25%に過ぎない。トウモロコシ、モロコシ、サトウキビなどの重要な植物はC_4経路を持っているが、イネなどの主要な穀物は持っていない。C_4経路の発生の遺伝子調節を理解するための集中的な研究プログラムが進行中である。その対象は、関与する酵素のみならず特徴的な葉の構造がどのようにして発生するかも含んでいる。この研究により、C_4経路の利用を拡大させ、CO_2濃度が高い世界で、より多くの植物種の生産性を向上させられるかもしれない。

▶ 学んだことを応用してみよう

まとめ
16.3 光は光合成による炭素固定に影響を与える。

原著論文：Loach, K. 1967. Shade tolerance in tree seedlings: I. Leaf photosynthesis and respiration in plants raised under artificial shade. *New Phytologist* 66: 607-621.

　植物のなかには日陰で育つものもあれば、日光の下で繁殖するものもある。この現象は疑問を提起する。というのは、全ての植物は同様の基本的光合成過程を利用しているからである。日陰で育つ植物が、日陰で育たない植物と異なり、光量が少なくてもよく育つことができるのはなぜだろうか？植物は不利な照明条件に対応するよう順応できるのだろうか？

　研究者はこれらの疑問に対して、2種の樹木の苗木の研究を行った。1つは日陰で育つブナであり、もう1つは日陰では育たないアメリカヤマナラシである。研究者は両植物種の新たに芽生えた苗木をフレームの下に植え、そのフレームをブラインドクロスで覆って、日光の量を通常の昼光の3％もしくは44％に制限した。

　5週間後に、研究者はそれぞれの樹木から1枚の葉をフレームの外に出し（樹木には付いたまま）、短時間調べられるようにした。研究者はそれぞれの葉を数分間様々な強度の

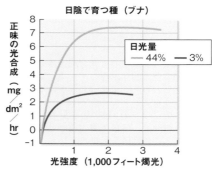

日陰で育つ種（ブナ）

縦軸：正味の光合成（mg / dm² / hr）
横軸：光強度（1,000フィート燭光）

日光量 — 44% — 3%

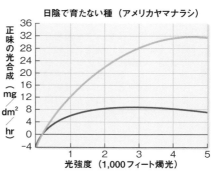

日陰で育たない種（アメリカヤマナラシ）

縦軸：正味の光合成（mg / dm² / hr）
横軸：光強度（1,000フィート燭光）

光に曝し、葉の細胞の光合成速度を測定した。それから葉を取り除いてクロロフィルの重量、葉のクロロフィル密度、葉の表面積を解析した。葉の表面積は、葉の大きさが異なる2種の植物間で比較できるように、葉の組織の1グラムあたりの表面積で表した。結果をグラフと表に示す。グラフのx軸上について、通常の昼光はおよそ4500フィート燭光（訳註：1フィート燭光は1ルーメンの光束で1平方フィートの面を一様に照らす照度）であることに注意してほしい。

種	日陰への耐性	栽培光強度（%日光）	全クロロフィル		比葉表面積（dm²/g）
			(mg/g葉の乾重量)	(mg/dm²葉)	
ブナ	非常に耐性	44	3.26	1.53	2.13
		3	7.02	2.82	2.49
アメリカヤマナラシ	非常に非耐性	44	6.34	3.62	1.75
		3	8.23	4.38	1.88

質問

1. 光強度の関数として光合成速度を表したグラフで、どのカーブも同様の基本的な形をしている。葉に当てる光の強度を増すと、それぞれのカーブによって表される光合成速度が上昇するのはなぜだろうか？

2. 2つのグラフのy軸の値を見て、2つの植物種の最大光合成速度を比較せよ。日陰で育つ植物と日陰では育たない植物の違いについて、これは何を示唆するだろうか？

3. 表のクロロフィルのデータを解析せよ。一般的に、植物が異なる照明条件で育てられたときに、どのようにして植物はクロロフィル量を調整するのだろうか？　またなぜクロロフィル量を調整するのだろうか？

4. 表の葉の表面積データを解析せよ。この点で、日陰で育つ植物を日陰では育たない植物と比較して何が分かるか？　これはどうして日陰への順応に役立つのだろうか？

5. ある一日で、空が曇り空から快晴になり、また曇り空に戻るという変化に応答して、時間経過とともに光合成速度が大きく変動するのは、どちらの植物か（日陰で育つタイプか日陰では育たないタイプか）を予測せよ。

第17章　ゲノム

ゲノムの配列決定は遺伝子が体の大きさを制御する仕組みを明らかにした

> 生命を研究する

イヌゲノムプロジェクト

　イヌ（*Canis lupus familiaris*）は数千年も前に人間によって飼い馴らされた。オオカミには多くの種類があるが、どれも外見はよく似ている。だが「人類最良の友」はそうではない。アメリカン・ケネルクラブ（愛犬団体）が確認している犬種は約155に上り、形態だけでなく大きさも著しく異なる。例えば、チワワの成犬の体重はわずか1.5kgほどだが、スコティッシュ・ディアハウンド（鹿猟犬）は50kgにもなる。表現型にこれほど大きな変動を示す哺乳動物は他にない。また、イヌには数百の遺伝病が存在し、その多くは人間の病気とよく似ている。表現型変動の根底にある遺伝子を研究し、遺伝子と病気の関係を解明するために、イヌゲノムプロジェクトが1990年代

後半に始まった。

　イヌゲノムの全塩基配列が最初に決定されたのは、ボクサーとプードルの2犬種においてだった。イヌゲノムは39対の染色体に28億の塩基対を含んでいる。イヌは1万9000個のタンパク質をコードする遺伝子を持つが、その多くがヒトを含む他の哺乳動物の遺伝子とよく似ている。全ゲノム配列が解読されたことを受けて、研究者は個体ごと、または犬種ごとに異なるイヌゲノム上の特定部位にある遺伝マーカー（特異的な塩基配列や短い反復DNA配列）のマッピングを開始した。

　遺伝マーカーを使えば、特定の形質を制御する遺伝子の連鎖地図上の位置を示すことができる（したがって、その遺伝子を同定できる）。例えば、NIH（アメリカ国立衛生研究所）のイレイン・オストランダーらは、ポーチュギーズ・ウォーター・ドッグ（漁用犬）の研究から、体の大きさを制御している遺伝子を同定した。DNA分離用の細胞サンプルは頰の内側を綿棒で擦って採取した。研究の結果、インスリン様成長因子1（IGF-1）の遺伝子がイヌのサイズ決定に重要であることが分かった。大型犬は活性のあるIGF-1をコードするアレルを、小型犬は活性の低いIGF-1をコードする別のアレルを持つ。

　自分の飼いイヌがほんとうに「純血」なのか確かめたいと考える人々からDNAを提供してもらって、イヌの遺伝的変動を検査する会社を設立する科学者が現れたのも不思議はない。他方、ネコ好きたちの要求に応えて、飼いネコや野生のネコのゲノム配列も決定されている。これらの動物ゲノムの比較は、哺乳動物の歴史的系譜を進化の点から確立するためだけでなく、様々な哺乳動物種に見られる病気や形質を支配する遺伝子を同定するためにも役立っている。

動物ゲノムの配列決定からはどのような知見が得られたか？

🔑 17.1 ゲノム配列は短時間で決定できる

　ゲノム配列の決定には、当該生物の全ゲノムのヌクレオチド塩基配列の決定が含まれる。染色体を1つしか持たない原核生物では、ゲノム配列とは一つながりの塩基対（bp）を意味する。複数の常染色体と1対の性染色体を持ち、有性生殖を行う真核生物の二倍体（**キーコンセプト9.4**）では、「配列決定されたゲノム」とは通常、1セットの常染色体および2本の性染色体それぞれの全塩基配列を意味する。

学習の要点

・ゲノム配列は重なりを利用して短い断片を順に並べることによって決定される。
・機能ゲノミクスは配列情報を利用してゲノムの様々な部分の機能を同定する。
・比較ゲノミクスは異なる生物間のゲノム配列を比較する。

　DNAの塩基配列決定技術が発展するにつれて、科学者が様々に活用できる遺伝情報の量が爆発的に増えた。

・異なる種のゲノムを比較してそれらの違いをDNAレベルで見出し、その情報を利用して進化的関係を探ることができる。
・同種の個体のゲノム配列を比較して、特定の表現型に影響を

与える変異を同定することができる。

・配列情報は、病気に関連する遺伝子のような特定形質に対応する遺伝子の同定に利用できる。

短いDNA断片の塩基配列は短時間で決定できる

　複雑な生物の全ゲノム配列を決定するというアイデアが初めて世に出たのは1986年のことだった。ノーベル賞受賞者のレナート・ドゥルベッコらが、世界の科学界はヒトゲノムの完全配列決定に向けて動くべきだと提案したのだった。その動機の１つには、第二次世界大戦中の日本で、放射線を浴びながらも原爆攻撃を生き延びた人々のDNA損傷を検出することがあった。ただし、ヒトゲノムの変化を検出するためには、まず科学者がその配列全体を知る必要があった。

　その結果、公的資金によって**ヒトゲノムプロジェクト**（**HGP**）という巨大事業が立ち上げられ、2003年に成功裏に完了した。民間資金を受けた研究グループも、この事業を支援・補完した。ヒトゲノムプロジェクトには、本書のこれまでの章で学んできたモデル生物のゲノム、すなわち原核生物や単純な真核生物のような小型ゲノムの配列決定のために開発された様々な新技術が活用された。こうした技術の多くが今も広く使われている一方で、より効果的なゲノム配列決定技術も新たに登場している。これらの手法は、細胞中のタンパク質や酵素による代謝産物などの表現型に現れる多様性を調べる新しい技術で補完されている。

　多くの原核生物の染色体は１つだけだが、真核生物は多数の染色体を持つ。真核生物の染色体はそれぞれ大きさが異なるため、染色体ソーターによって分別できる。染色体の配列を決定するには、単純に一方の端から順にDNA分子のヌクレオチド配列を１つずつ決めていけばいいと考える方もいるだろう。２

本の鎖は相補的だから、そのうち1本の配列を決定すればいいので、この仕事は幾分なりとも簡略化される。例えば、一方の配列が5′ AAGCTCA……3′であれば、他方は3′ TTCGAGT……5′である。しかし、数百万塩基対もの長さのDNA分子の配列を端から端まで決定することは、現在の技術では不可能である。現在の技術では、せいぜい一度に数千塩基対程度の配列しか決定できない。ゲノム配列決定の鍵は、長大な染色体を小さなDNA断片に切断して、その数十万もの断片のそれぞれを同時に配列決定し、染色体ごとに結合することにある。

　フレデリック・サンガーらは1970年代に、化学的に修飾したジデオキシヌクレオチド（訳註：鎖伸長停止ヌクレオチド、ターミネーター）を用いたDNA配列の決定法を考案した。もともとこのヌクレオチドは、癌細胞の分裂を止めるために開発されたものだった。この方法やこれを修正した手法を使用して、最初のヒトゲノム配列といくつかのモデル生物のゲノム配列が得られた。しかし、この方法はかなりの時間と手間を要するうえ高価であった。21世紀の最初の10年間に、**ハイスループットシーケンシング（高性能配列決定法）** としばしば総称される、より高速で安価な方法が開発された。これらの方法では、DNA複製の原理に基づき、もともと電子産業向けに開発された小型化技術が、*ポリメラーゼ連鎖反応（PCR）と組み合わせて用いられることが多い。

---

*概念を関連づける　PCRは自動化が可能で、少量のDNAの配列を決定する際に鍵となる技術である。PCRについては**キーコンセプト10.5**で学んだ。

　ハイスループットシーケンシング技術は急速に向上している。ここでは多くの方法論のうち1つだけを取り上げて概説

し、**図17.1**に示した。始めに、配列を決定すべきDNAをフローセル（固体基板）の表面に貼り付けて調製し、PCR法により増幅する（**図17.1 (A)**）。

1. 巨大なDNA分子を100塩基対ほどの小さな断片に切断する。この際、機械的な剪断力でDNAを切断することも、DNA骨格を形成するヌクレオチド間のところどころでホスホジエステル結合を加水分解する酵素の力を用いることもできる。
2. DNAを熱変性させ、2本鎖を形成している水素結合を壊す。1本鎖はそれぞれ新しい相補DNA合成の鋳型として働く。

(A)　PCRによるDNA断片の増幅

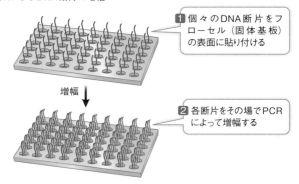

1 個々のDNA断片をフローセル（固体基板）の表面に貼り付ける

増幅 ↓

2 各断片をその場でPCRによって増幅する

図17.1　DNAの配列決定
ハイスループットシーケンシングは、(A)DNA断片の化学的増幅と(B)蛍光標識したヌクレオチドを用いた相補鎖の合成からなる。

3. 異なる短い合成オリゴヌクレオチド（アダプター）を各断片の5′末端と3′末端に付着させ、それらをフローセルに貼り付ける。

4. 各DNA断片の両端に付着させた合成オリゴヌクレオチドに相補的なプライマーを使って、PCRでDNAを増幅する。DNAの各部位は多数（約1000）コピーされるから、配列決定操作の間に付け加わったヌクレオチドはたやすく検出できる。

　フローセルに貼り付けられたDNAの増幅が終わると、配列決定の準備は完了する（図17.1（B））。

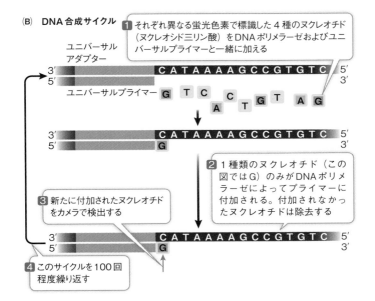

1. 配列決定のサイクルごとに、まずはDNA断片を熱変性させる。次に、ユニバーサルプライマー（PCRによる増幅段階で用いた合成オリゴヌクレオチドの1つに相補的なプライマー）を含む溶液とDNAポリメラーゼ、4種類のデオキシリボヌクレオシド三リン酸（dNTPs: dATP、dGTP、dCTP、dTTP）をDNAに加える。dNTPsはDNAポリメラーゼがDNA合成に用いる基質であることを思い出してほしい（キーコンセプト10.3）。4種のdNTPsはそれぞれ異なる色の蛍光色素で標識しておく。

2. 配列決定のサイクルごとに新生鎖にヌクレオチドが1種類だけ加わるように、DNA合成反応を調整する。ヌクレオチドが取り込まれたら、そのつど残りのヌクレオチドを取り除く。

3. 各部位で取り込まれた新たなヌクレオチドの蛍光標識をカメラで検出する。標識の色によって4種のヌクレオチドのうちどれが付加されたかを判別できる。

4. 取り込み済みのヌクレオチドから蛍光標識を除去し、その後再びDNA合成サイクルを繰り返す。ヌクレオチドが付加されるたびに画像を撮影する。各部位で示される蛍光色の順序から、その部位で伸長したDNA鎖のヌクレオチド配列が分かる。

この方法の利点は以下の事実にある。

・完全に自動化され、小型化されている。
・数百万もの異なる断片を同時に配列決定できる。
・巨大ゲノムを安価で配列決定しうる手法である。例えば、本書の執筆時には、ヒトゲノムの完全な配列決定がわずか1000ドル（約10万円）で24時間以内に実施できる。これ

は、1つのゲノムを配列決定するのに13年の月日と27億ドル（約3000億円）もの資金を要したヒトゲノムプロジェクトとは大違いである。

　数百万の短いDNA断片の配列決定は、ゲノム構造を明らかにする過程のごく一部にすぎない。これらの断片は配列決定後に正しい順序で並べ替えられなければならない。すなわち、各断片をもとの染色体上での順序に合わせて配置し直す必要がある。本書の単語を全て（50万語以上ある）ばらばらに切って机の上に置き、もとの順番に並べるとしたら、いったいどうしたらいいだろう！　DNA塩基配列決定というこの途方もない仕事は、もとのDNA断片が互いに重なり合う部分を持つおかげで可能となる。

　ここで、10塩基からなるDNA分子を1つだけ用いてそのプロセスを説明してみよう（DNAは本来2本鎖分子だが、便宜上片方の鎖だけを示す）。このDNA分子を（3種類の制限酵素を用いるなどして）3通りの方法で切断する。最初の制限酵素処理で以下の断片が生じたとする。

TG、ATG、CCTAC

次に同じDNA分子を2番目の制限酵素で切断すると、以下の断片が得られた。

AT、GCC、TACTG

3番目の制限酵素で切断した結果は以下の通りであった。

CTG、CTA、ATGC

　これらの断片を正しく並べられるだろうか？（正解は、ATGCCTACTG）。ゲノムの配列決定では、各断片のヌクレオ

チド配列を「リード」と呼ぶ（図17.2）。もちろん、ヒトの
1番染色体（2億4600万塩基対）の250万個の断片（1断片あ
たり平均100塩基として）を順番通り並べるのは、上の10塩基
対の例よりもはるかに難しい。そのため、高度な数学とコンピ
ュータープログラムを活用してゲノムの配列決定で生じる膨大
な量のデータを処理し、DNA配列を解析する**生命情報科学**
（バイオインフォマティクス）分野が開発された。

ゲノム配列からは数種類の情報が得られる

　新たなゲノム配列が加速度的なスピードで次々に公開され、
怒濤の勢いで生物情報が増大している。こうした情報はゲノム
研究に焦点を当てた2つの関連研究分野で利用されている。**機**

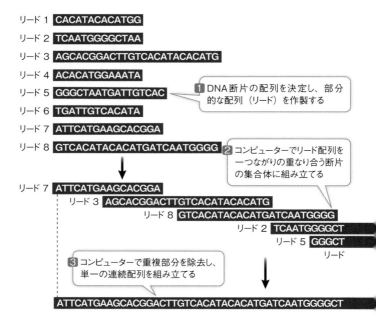

リード1　CACATACACATGG

リード2　TCAATGGGGCTAA

リード3　AGCACGGACTTGTCACATACACATG

リード4　ACACATGGAAATA

リード5　GGGCTAATGATTGTCAC

リード6　TGATTGTCACATA

リード7　ATTCATGAAGCACGGA

リード8　GTCACATACACATGATCAATGGGG

1 DNA断片の配列を決定し、部分的な配列（リード）を作製する

リード7　ATTCATGAAGCACGGA

リード3　AGCACGGACTTGTCACATACACATG

リード8　GTCACATACACATGATCAATGGGG

リード2　TCAATGGGGCT

リード5　GGGCT

リード

2 コンピューターでリード配列を一つながりの重なり合う断片の集合体に組み立てる

3 コンピューターで重複部分を除去し、単一の連続配列を組み立てる

ATTCATGAAGCACGGACTTGTCACATACACATGATCAATGGGGCT

能ゲノミクスでは、研究者はゲノムの様々な部分（mRNA、tRNAや調節配列をコードしている部分のようなゲノム中の意味を持つ配列：**キーコンセプト11.4**）の機能を同定するために配列情報を利用する。ゲノムの一部をなすこうした配列には以下のようなものがある。

・オープンリーディングフレーム（*ORF*）。ORFは遺伝子のコード領域である。タンパク質をコードする遺伝子では、この領域は翻訳の開始コドンと停止コドンによって、またイントロンの位置を示す認識配列によって認識される。機能ゲノミクスの主要な目標の1つは、各ゲノムの全てのORFの機能を理解することである。

・タンパク質のアミノ酸配列。遺伝暗号を用いてORFのDNA配列を解読することによって推定できる。

・*調節配列*。転写のためのプロモーター、エンハンサーや停止配列を指す。こうした領域はORFの近傍にあって、特異的な転写因子が結合する認識配列を含むことから同定される。

・*RNA遺伝子*。rRNA、tRNA、低分子核RNA（snRNA）やマイクロRNA（miRNA）の遺伝子などがある。

・*RNA遺伝子以外の非コード配列*。セントロメア領域やテロメア領域、トランスポゾンやその他の反復配列などを含む、様々なカテゴリーに分類できる。

図17.2　DNA断片を正しい順序に並べる
対象のDNAを異なる位置で切断することによって、重なり合うDNA断片を作製する。コンピューターを使ってそれらの配列を正しい順序に並べる。このような方法により数百万の短い断片からゲノムの完全な配列が得られる。

AA
AATGATTGTCAC
6 TGATTGTCACATA
リード1 CACATACACATGG
リード4 ACACATGGAAATA

AATGATTGTCACATACACATGGAAATA

配列情報は、新たに配列決定されたゲノム（あるいはその一部）と他生物のゲノム配列を比較する**比較ゲノミクス**でも利用される。例えば、本章冒頭で取り上げたイヌゲノムプロジェクトでは、イヌゲノムに関する情報に加えて、他の動物ゲノムとの比較結果までも明らかになった。ゲノムの比較は、配列が持つ機能に関してさらなる情報をもたらすだけでなく、異なる種間の進化的関係を辿るうえでも役立てられる。新たな動物ゲノムの配列情報が判明するたびに、新たな洞察が得られる。次の「生命を研究する：トラゲノムの比較分析」では、近年実現したトラゲノムの配列決定、およびトラゲノムと他のネコ科動物や哺乳動物のゲノムとの関係について解説する。

207ページへ→

▶ 生命を研究する　　トラゲノムの比較分析

実験

原著論文：Cho, Y. S. et al. 2013. The tiger genome and comparative analysis with lion and snow leopard genomes. *Nature Communications* 4: 1-7.

　トラ（*Panthera tigris*）は、おそらく最もよく知られた絶滅危惧種だろう。野生のトラは4000頭を下回っている。1世紀前には、遺伝的に異なると識別される9亜種が存在したが、そのうち4亜種は絶滅してしまった。現存する5亜種のなかには、動物園で見ることのできるベンガルトラと、ロシア、中国、北朝鮮の積雪地帯に棲むアムールトラが含まれる。ライオン、ユキヒョウ、飼いネコなど他のネコ科のゲノムは既に配列決定されていたが、トラのゲノムは本研究で初めて解読された。

仮説 ▶　大型ネコ科動物のゲノムを解読できれば、ネコ科の動物種間で見られる適応的な表現型の変動が遺伝的変動に基づくことが明らかになるだろう。

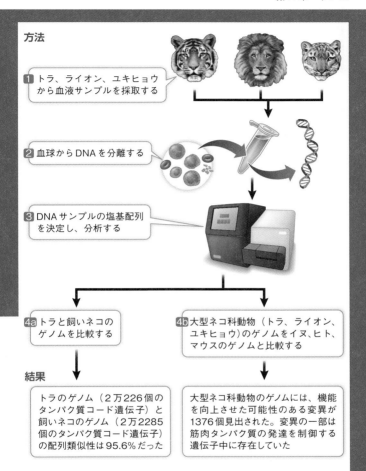

方法

1. トラ、ライオン、ユキヒョウから血液サンプルを採取する

2. 血球からDNAを分離する

3. DNAサンプルの塩基配列を決定し、分析する

4a. トラと飼いネコのゲノムを比較する

4b. 大型ネコ科動物（トラ、ライオン、ユキヒョウ）のゲノムをイヌ、ヒト、マウスのゲノムと比較する

結果

トラのゲノム（2万226個のタンパク質コード遺伝子）と飼いネコのゲノム（2万2285個のタンパク質コード遺伝子）の配列類似性は95.6%だった

大型ネコ科動物のゲノムには、機能を向上させた可能性のある変異が1376個見出された。変異の一部は筋肉タンパク質の発達を制御する遺伝子中に存在していた

結論▶ 大型ネコ科動物の表現型についてどのような結論を下せるか？　次のデータで考えるにおいて、導き出した結論の可能性について検討せよ。

韓国のスウォンにあるゲノム研究財団のチョン・パクが率いる国際チームは、トラのDNA配列を決定し、飼いネコ、並びにライオン、ユキヒョウのDNA配列と比較した。

質問▶

1. トラの全DNA配列が飼いネコのそれと比較された。参考のために、ヒトとゴリラのゲノムの比較も行った。進化距離（最後の共通祖先からの経過時間）も推定されている。比較の結果を以下の表に示す。2種のネコ科動物のゲノム間における進化的変化の速度とヒトとゴリラのゲノム間の進化速度について、どのような結論を下せるか？

比較グループ	最後の共通祖先 （単位：100万年前）	ゲノムの配列類似性 （%）
飼いネコとトラ	10.8	95.6
ヒトとゴリラ	8.8	94.8

2. トラのゲノムには2万226個のタンパク質コード遺伝子があるが、それらのうちには遺伝子ファミリーを構成するものがある。すなわち、一部の遺伝子は同じ機能を持ち、互いに非常によく似ている。これらを差し引くと、トラのゲノムは1万4528個のタンパク質コード遺伝子を持つ計算になる。研究チームは、他の哺乳動物のゲノム配列を調査し、トラのゲノムで同定された遺伝子ファミリーが他の種にも存在するかどうかを確認した。こうしたゲノム比較の結果を以下のベン図に示す。重なり合う領域に示した数は、比較する動物ゲノムに共通な遺伝子ファミリーの数を表している。例えば、トラと飼いネコのゲノムには、オポッサムのゲノムと共通する99の遺伝子ファミリーがある。
   a. ベン図によると、調査した全ての哺乳動物ゲノムに共通する遺伝子ファミリーはいくつあるか？
   b. トラと飼いネコのゲノムにしか存在しない遺伝子ファミリーはいくつあるか？ また、ヒトとマウスのゲノムにしか存在しない遺伝子ファミリーはいくつか？
   c. これらのデータは基本的な哺乳動物のゲノムについて何を示唆しているか？

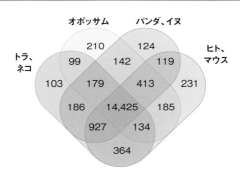

3. 既知の機能を持つタンパク質をコードする遺伝子配列について、トラのゲノムを解析した。次のようなタイプの遺伝子が飼いネコに比べて相対的に多く見出された。
   嗅覚（匂い）受容体：289遺伝子
   Gタンパク質結合シグナル伝達複合体：302遺伝子
   シグナル伝達：295遺伝子
   タンパク質代謝：220遺伝子
   遺伝子型に関するこれらのデータから、トラの表現型について何が分かるか？

全ゲノムの配列決定が最初になされたのはウイルスと原核生物だった。次節では、比較的単純な原核生物のゲノムから得られた情報について解説する。

🔑 17.2 原核生物ゲノムは
コンパクトである

ロバート・W・ホリーは1968年、史上初めて核酸の配列を決定した功績によりノーベル賞を受賞した。その核酸とは1本

鎖のわずか77塩基からなるtRNA（アラニンtRNA）だった。ホリーらの研究チームがこの配列を決定するまでには5年を要した。その後1977年に、フレデリック・サンガーらによって5386塩基対からなるバクテリオファージ∅x174というウイルスの全ゲノム配列が初めて決定された。その後技術は徐々に改善され、1990年代には原核生物のゲノム配列が初めて決定された。先に解説した自動配列決定技術の登場により、多くの原核生物のゲノムが決定され、微生物学と医学に多大な恩恵を与えている。

学習の要点
・原核生物は小型でコンパクトなゲノムを持つ。
・生物学者はメタゲノミクスによって、単一の個体を分離することなく、環境中に存在する生物サンプルを網羅的に採取しDNAを抽出して、ゲノムの多様性を調査することが可能である。
・転移因子はゲノム中を動き回ることができる。

原核生物のゲノムには際立った特徴がある

　細菌（真正細菌）と古細菌のゲノムにはいくつかの注目すべき特徴がある。

・原核生物のゲノムは比較的小さい。ゲノムサイズはおよそ16万から1200万塩基対で、通常1本の環状染色体で構成されている。
・原核生物のゲノムはコンパクトである。一般に、85％以上のDNAがタンパク質コード遺伝子かRNA遺伝子であり、遺伝子間領域は短い。
・原核生物の遺伝子配列は通常、イントロンによって分断されていない。この例外が古細菌のrRNA遺伝子とtRNA遺伝子

で、イントロンを持つことが多い（訳註：真核生物は古細菌から進化した。図1.9）。

・原核生物は染色体の他に、しばしばプラスミドと呼ばれる小型の環状DNA分子を持つ。プラスミドは細胞間を転移することもある（**キーコンセプト9.6**）。

　以上のような類似性はあるものの、これらの単細胞生物には多種多様な生育環境を反映した幅広い多様性が見られる。そこで次に、原核生物のゲノムを機能ゲノミクスと比較ゲノミクスの観点から調べていこう。

機能ゲノミクス　**キーコンセプト17.1**で解説したように、機能ゲノミクスは生物機能を遺伝子配列とその産物との関連から考察する生物学分野である。**表17.1**には、３種の原核生物のゲノムにコードされている様々な機能を示した。一例として、1995年に最初に配列が決定された細菌であるインフルエンザ菌のゲノムについて見てみよう。インフルエンザ菌はヒトの気道に常在するが、中耳炎や、さらにひどい場合には小児髄膜炎を引き起こすことがある。その環状染色体は183万138塩基対からなる。この細菌の染色体には、複製開始点や、rRNAとtRNAをコードする遺伝子に加えて、プロモーターを近傍に伴った1727個のORFが存在する。

　インフルエンザ菌のゲノム配列が初めて公表された時点では、既知の機能を持つタンパク質のアミノ酸配列と一致していたのは、ORFのコード配列のうち1007個（58％）だけだった。その後、科学者がそこにコードされている残りのタンパク質の機能を相次いで同定し、現在では主要な生化学経路と分子機能の全てが明らかになっている。同定された遺伝子には、例えば解糖系、発酵や電子伝達系に関与する酵素のコード遺伝子

表17.1　3種の細菌の遺伝子機能

分類	遺伝子の数		
	大腸菌	インフルエンザ菌	マイコプラズマ・ジェニタリウム
全タンパク質コード遺伝子	4288	1727	482
アミノ酸の生合成	131	68	1
補因子の生合成	103	54	5
ヌクレオチドの生合成	58	53	19
細胞膜タンパク質	237	84	17
エネルギー代謝	243	112	31
中間代謝	188	30	6
脂質代謝	48	25	6
DNA複製・組換え・修復	115	87	32
タンパク質の折りたたみ	9	6	7
調節タンパク質	178	64	7
転写	55	27	12
翻訳	182	141	101
環境からの分子の取り込み	427	123	34

などがある。また、膜タンパク質のコード遺伝子の配列も同定されており、そこには能動輸送を担うものも含まれる。なかでも重要な発見は、高感染性のインフルエンザ菌のみがヒトの気管に付着するための表面タンパク質のコード遺伝子を持っている（非感染株は持っていない）という事実だった。現在では、こうした表面タンパク質はインフルエンザ菌の感染に対する有効な治療法を探す研究の標的となっている。

比較ゲノミクス　インフルエンザ菌のゲノム配列が公表されてまもなく、もっと小さな原核生物（マイコプラズマ・ジェニタリウム、58万73塩基対）と大きな原核生物（大腸菌、463万9221塩基対）のゲノム配列の解読が完了し、こうして比較ゲ

ノミクスの時代が始まった。ある細菌に存在するが別の細菌には見出せない遺伝子を同定することで、科学者たちはそれらの遺伝子と細菌の有する機能を関連づけることが可能になっている。

例えば、マイコプラズマ・ジェニタリウムはアミノ酸合成に必要な酵素のほぼ全てを欠いているが、大腸菌やインフルエンザ菌はそれらの酵素を持っている。この発見から、マイコプラズマは必要な全てのアミノ酸を外界（通常はヒトの泌尿生殖器）から得なければ生きられないことが明らかになった。また、大腸菌には転写活性化因子をコードする遺伝子が55個あるが、マイコプラズマには12個しかない。遺伝子発現に対する制御能力が比較的低いというこの事実は、マイコプラズマの生化学的な順応性が大腸菌に比べて劣ることを示唆している。

原核生物とウイルスのゲノム配列決定から多くの恩恵を得られる可能性がある

原核生物のゲノム配列決定によって、農業と医療にとって重要な微生物に関する洞察が次々と得られている。配列を解析する研究者たちは、単離と機能解析の標的となりうる、それまで知られていなかった遺伝子とタンパク質の発見を積み重ねている。また、一部の生物において、遺伝子を異なるグループ間で交換しうる可能性を示唆する驚くべき関係さえ見出された。

・根粒菌は、エンドウやクローバーのようなマメ科植物の根の内部に棲息し、それらの植物と共生関係を形成する細菌である。根粒菌は空気中の窒素を固定して植物が利用可能なアンモニア態窒素に変換することで、窒素肥料の必要性を軽減する。複数種の根粒菌のゲノム配列を用いて共生関係の成立に関与する遺伝子が同定され、得られた知識は根粒形成と窒素

固定の過程の効率化や、このような有益な共生関係を形成しうる植物種の拡大のために活用されている。

・大腸菌系統のO157:H7（腸管出血性大腸菌）は、アメリカ国内で少なくとも年間7万人に病気（ときに重症化する）を引き起こしている。そのゲノムには5416個の遺伝子があるが、そのうちの1387個はよく知られた（無害な）実験室系統の大腸菌ゲノムと異なっている。こうした特徴的な遺伝子の多くは、サルモネラ菌やシゲラ菌（赤痢菌）のような他の病原性細菌にも存在する。この発見は、これらの種間で広範な遺伝子の交換が行われている可能性を示唆している。事実、複数の抗生物質耐性遺伝子を獲得した「スーパー耐性菌」の存在が既に重大な問題となっている。例えば、食中毒の原因となる特定の大腸菌の系統を配列決定し、その配列を様々な食肉ロット中の細菌の配列と比較できれば、科学者が感染源となりうる食肉を特定することが可能になる。

・重症急性呼吸器症候群（SARS）は2002年に中国南部で初めて検知され、2003年には急速に広まった。効果的な治療法はなく、感染者の約1割が死にいたる。原因となる病原体、つまりウイルスを同定し、そのゲノムを速やかに決定できたおかげで、抗ウイルス剤やワクチンの標的となりうる新規なタンパク質が複数見つかった（訳註：風邪の一部、中東呼吸器症候群MERS、COVID-19もコロナウイルス感染症である）。これらの新たな病原体による病気の大流行が予想されることから、流行病研究の最前線では抗ウイルス剤やワクチンの開発努力が続いている。

・メタン菌（メタノブレウィバクテル属）のようなある種の古細菌は、牛などの反芻動物の胃でメタンガス（CH_4）を発生させる。反対に、メタン資化性菌（メチロコッカス属）のような細菌は、大気からメタンを取り出してエネルギー源とし

て利用する。対照的なこれら2種類の原核生物のゲノム配列は既に解読されている。メタンの生成と分解に関わる遺伝子についての理解は、地球温暖化の進行を遅らせる方策を講じるうえでの後押しとなっている。というのも、メタンはアメリカで排出される温室効果ガスのなかで2番目に重要で、気候変動の大きな要因となっているからである。

メタゲノミクスによって
新しい生物群と生態系の説明が可能となる

　微生物学実験を履修した学生は、特定の人工培地上での培養特性に基づいて様々な原核生物を同定する方法を学ぶ。例えば、ブドウ球菌は皮膚と鼻腔に感染する細菌類であるが、血液寒天培地と呼ばれる培地で培養すると、こんもりと盛り上がった丸いコロニー（菌叢）を形成する。微生物は栄養要求性、すなわちそれらの生存条件（例えば、必須栄養素の有無、好気性か嫌気性か）によっても同定できる。培養を利用したこのような方法は、過去1世紀以上にわたって微生物同定法の柱だったし、今なお有益かつ重要であることに変わりはない。しかし今では、科学者たちは改めて実験室で培養をしなくても、PCRとDNA配列決定法を利用して微生物を同定できる。

　1985年、当時インディアナ大学の研究者だったノーマン・ペースは環境試料から直接DNAを分離するというアイデアを思いついた。彼は試料に特定の微生物が存在するかどうかを確かめるために、特異的なrRNAのコード配列をPCRで増幅し、PCR産物を配列決定してその多様性を調べた。個別の生物を単離することなく遺伝子を解析するこの手法の呼称として**メタゲノミクス**という術語が考え出された。現在では、どんな環境から得たDNA試料でもほぼ例外なく配列決定することが可能になっている。そうした配列は既知の微生物だけでなく、

これまで知られていなかった生物の存在を検証するためにも利用できる（図17.3）。以下にいくつか例を示す。

・海水200ℓ中のDNAを配列決定したところ、そこには5000種類のウイルスと2000種類の細菌が存在し、その多くがいまだ解明されていないものであることが示唆された。
・1キログラムの海底堆積物には、100万種類ものウイルスが含まれており、その大半が未同定のものだった。
・鉱山から流出した水には、それまで生物が生息できないと考えられていた場所で繁栄していた未知の原核生物が数多く含まれていた。こうした生物のなかには、それ以前は生物学者に知られていなかった代謝経路を持つものもあった。それら

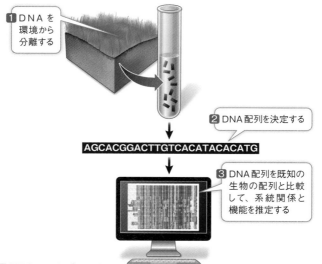

図17.3　メタゲノミクス
環境から抽出した微生物のDNAの塩基配列を決定し、分析することができる。これによって多くの新しい遺伝子と種の存在が判明した。

の生物やその代謝能力は水質浄化に役立つかもしれない。

・124人のヨーロッパ人の消化管試料の調査から、各人の消化管には少なくとも160種の細菌が存在する（消化管微生物叢〈マイクロバイオーム〉を形成している）ことが分かった。こうした微生物の多くは全ての人に共通していたが、個人間で異なる細菌種もあった。このような微生物叢の多様性は、肥満や腸疾患に関係しているかもしれない。

　以上のような新たな発見は実に驚くべき事実であり、大きな重要性を持つ可能性がある。推定によれば、微生物叢の90%がいまだ生物学者に知られていないとされ、その解明はメタゲノミクスによってようやく端緒が開かれたばかりである。例えば、ある種が作る分子を別の種が代謝するといった、細菌とウイルスのまったく新しい生態系が発見されつつある。知られざる微生物の世界に関する私たちの知識が次第に増大していくことには、いくら強調してもしきれないほどの重要性がある。こうした知識は私たちが自然の生態学的プロセスを理解する助けになるだけでなく、油の流出のような環境災害に対処したり、有毒な重金属を土壌から除去したりするためのより良い方法を探すうえでも役立つ可能性がある。

ある種のDNA配列はゲノムを動き回る

　キーコンセプト12.1で解説したように、**転移因子（トランスポゾン）**はゲノム上をある場所から別の場所へと動くことのできるDNA断片である。ゲノムの配列決定技術によって、科学者が転移因子についてそれまでよりも幅広く調査することが可能になり、今では転移因子が原核生物にも真核生物にも広く存在することが明らかになっている。原核生物の転移因子の多くは1000～2000塩基対の短い配列で、染色体上あるいはプラ

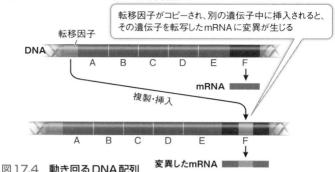

(A) 単一のトランスポゾンはコード配列を乱す

転移因子がコピーされ、別の遺伝子中に挿入されると、その遺伝子を転写したmRNAに変異が生じる

転移因子

DNA
A B C D E F

mRNA

複製・挿入

A B C D E F

変異したmRNA

図17.4 動き回るDNA配列
転移因子はある場所から別の場所へ動くことのできるDNA配列である。(A)転移の仕組みの1つ(「コピー＆ペースト」型)では、DNA配列が複製されて、コピーがゲノムの別の場所に挿入される。(B)複合トランスポゾンは、2つの転移因子に挟まれた余分な遺伝子を含む。

スミド上に存在する。転移因子は同じ大腸菌であっても、系統が違えばゲノム上の位置が異なる場合がある。この可動因子がゲノムの他の場所からタンパク質コード遺伝子の内部へ入り込むと、その遺伝子は破壊される(図17.4(A))。原核生物では、破壊された遺伝子から転写されたmRNAは余分な配列を含むことになり、その表現型であるタンパク質は変化して、ほぼ確実に機能を失う。したがって原核生物では、転移因子は表現型に重大な変化をもたらしうる。近傍に位置する(数千塩基対以内)2つの転移因子がその間に介在するDNA配列を伴って一緒に転移すると、**複合トランスポゾン**が生じる(図17.4(B))。抗生物質耐性遺伝子も、このような形式で増幅されて細菌間を転移するおそれがある。プラスミドに挿入された抗生物質耐性遺伝子を含む複合トランスポゾンは、接合によって細菌間を移動できる(図9.22)。

　第12章で見たように、転移因子がゲノムを動き回る方法は

(B) 複合トランスポゾンは余分なコード配列を挿入する

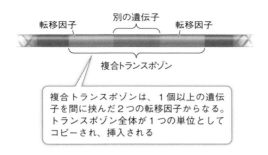

転移因子　　別の遺伝子　　転移因子

複合トランスポゾン

複合トランスポゾンは、1個以上の遺伝子を間に挟んだ2つの転移因子からなる。トランスポゾン全体が1つの単位としてコピーされ、挿入される

***Q*：ある種のトランスポゾンの起源がレトロウイルスの感染にあるとする仮説が存在する。レトロウイルスの生活環（キーコンセプト13.3）に関する知識に基づくと、これはどのように起こったと考えられるか？**

いくつか存在する。例えば、転移因子が複製され、そのコピーがゲノムの別の場所に挿入されることもある（「コピー＆ペースト」型）。また、転移因子がもとの場所から切り出されて別の場所へ移動する場合もある（「切り貼り（カット＆ペースト）」型）。転移因子は通常、転移に必要な反応を触媒するトランスポゼースのような酵素のコード遺伝子を持つ。転移因子はこれらの酵素によって認識される逆向きのDNA反復配列（IR）を両端に持つことが多い。

細胞の生命活動に必要な遺伝子を特定できれば人工生命を生み出せるだろうか？

　原核生物と真核生物のゲノムを比較すると、驚くべき結論が導かれる。ある種の遺伝子は全ての生物に共通しているのである（普遍的に存在する遺伝子）。このなかにDNAの複製や転写、あるいはRNAの翻訳に関与するタンパク質産物をコード

する遺伝子群が含まれていることは驚くに当たらない。さらに、多くの生物の多くの遺伝子で見出される、「ほぼ」普遍的な遺伝子配列も存在する。例えば、タンパク質のATP結合部位をコードする配列のようなものがそれに該当する。こうした発見から、全ての細胞に共通し古い起源を持つDNA配列の最小セットが存在すると考えられる。このような配列を見出すには、配列決定済みのゲノムをコンピューター解析するのも1つのやり方である。

　最小ゲノムを突き止めるには、単純なゲノムを持つ生物を選び、一度に1つずつ遺伝子を突然変異させて何が起こるかを確かめるという方法もある。現在知られているうちで最も小さいゲノムを持つ細菌の1つがマイコプラズマ・ジェニタリウム（*M. genitalium*）で、482種類のタンパク質コード遺伝子しか持たない。とはいえ、そこにも状況次第では必要のない遺伝子が含まれている。例えば、マイコプラズマ菌はグルコースとフラクトースを代謝するための遺伝子を持つが、どちらか一方の糖しか含まない培地でも生存できることが実験で示されている。そのような条件では、もう一方の糖を代謝するための遺伝子は必要ない。

　では、他の遺伝子はどうだろう？　クレイグ・ヴェンター率いる研究チームは、トランスポゾンを突然変異原として用いてこの問題に取り組んだ。細菌内でトランスポゾンが活性化すると、ランダムに遺伝子中へ入り込んで、当該遺伝子を突然変異させたり不活化したりする（図17.5）。そこで、突然変異し

実験

図17.5　トランスポゾン誘発変異を用いて最小ゲノムを決定する

原著論文： Hutchison, C. et al. 1999. Global transposon mutagenesis and a minimal Mycoplasma genome. *Science* 286: 2165-2169.

Glass, J. I., N. Assad-Garcia, N. Alperovich, S. Yooseph, M. R. Lewis, M. Maruf, C. A. Hutchison III, H. O. Smith and J. C. Venter. 2006. Essential genes of a minimal bacterium. *Proceedings of the National Academy of Sciences USA* 103: 425–430.

マイコプラズマ・ジェニタリウム（*Mycoplasma genitalium*）のゲノムは、既知の原核生物ゲノムのなかでも最も小さい部類に入る。しかし、その遺伝子の全てが生存に必要なのだろうか？　科学者たちは遺伝子を1つずつ不活化することによって、細胞の生存に不可欠な遺伝子を決定した。

仮説▶　細胞の生存に不可欠な遺伝子は、細菌ゲノムの一部の遺伝子のみである。

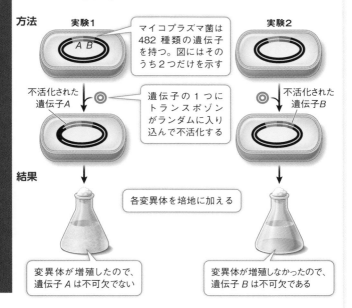

結論▶　遺伝子を順番に不活化していけば、「最小の必須ゲノム」が決定できる。

た細菌の生育と生存を観察し、興味深い突然変異体のDNA配列を解析して、どの遺伝子にトランスポゾンが挿入されているかを突き止めるのである（訳註：遺伝子の同定に便利なこうした方法をトランスポゾンタギングと呼ぶ）。こうした研究から驚くべき結果が得られた。マイコプラズマ菌はわずか382種類のタンパク質コード遺伝子からなる最小ゲノムがあれば、実験室で生存できるという事実である！　また酵母の最小ゲノムは、5000種類のタンパク質コード遺伝子の約10％にすぎないことも判明し、線虫（*Caenorhabditis elegans*）でもほぼ同じ割合であった。

　こうした研究の目標の1つは、流出油を浄化する細菌のように特別な目的に適った新しい生命体を設計することである。合成遺伝学（合成生物学）と呼ばれるこの取り組みについては次章で学ぶ。

　DNA配列の決定と解析に関する技術の進歩によって、真核生物ゲノムの迅速な配列決定が可能になった。そこで次は、こうした研究から得られた新たな洞察のいくつかについて検討することにしよう。

🔑 17.3 真核生物ゲノムには 多くの種類の配列がある

　真核生物と原核生物のゲノムには大きな相違がある。例えば、表17.2に示した細菌のゲノムが真核生物である酵母や植物、動物のゲノムとどう違うのか見てみよう。重要な違いは以下の通りである。

・真核生物のゲノムは原核生物のゲノムよりも大きい。また、

表17.2　**配列決定された代表的ゲノム**

生物種	半数体ゲノムの大きさ (Mb)[a]	タンパク質コード遺伝子の数	タンパク質をコードするゲノムの割合 (%)	注目すべき特徴
細菌				
マイコプラズマ・ジェニタリウム	0.58	482	88	最小ゲノム
インフルエンザ菌	1.83	1727	89	
大腸菌	4.6	4288	88	広く研究されている腸内細菌
酵母				ターゲティング、細胞小器官
出芽酵母	12.2	6275	70	
分裂酵母	13.8	4824	60	
植物				光合成、細胞壁
シロイヌナズナ	125	2万7416	25	小さな植物ゲノム
イネ（ジャポニカ）	389	3万2000	12	根の冠水耐性
ダイズ	973	4万6430	7	脂質合成、貯蔵
動物				
線虫	100	1万9735	25	組織形成
ショウジョウバエ	140	1万3918	13	胚発生
ヒト	3200	2万〜2万1000	1.2	言語

[a] 百万塩基対

　より多くのタンパク質コード遺伝子を持っている。多細胞生物が特化された機能を担う多くの細胞型を持つことに鑑みれば、これは驚くことではない。既に見たように、単純な原核生物のマイコプラズマ菌は58万塩基対のゲノムに数百のタンパク質コード遺伝子を持つ。これに対して、イネ（ジャポニカ）の遺伝子は約3万2000個にも上る。

・真核生物のゲノムは原核生物のゲノムより多くの調節配列を持つ。そして、より多くの調節タンパク質をコードしてい

る。真核生物は複雑であるから、ずっと多くの制御が必要になる。これは真核生物が遺伝子発現に関連した多くの調節ポイントを持つことからも明らかである（**図13.7**）。

・真核生物のゲノムの大部分は非コード領域である。多くの真核生物のゲノムには、mRNAに転写されない様々なDNA配列が散在しているが、なかでもイントロンと遺伝子調節配列はよく知られている。**第13章**で解説したように、非コード配列のうちにはマイクロRNAに転写されるものもある。さらに、真核生物のゲノムには様々な種類の反復配列が存在す

焦点：🔑 キーコンセプト図解

2つの重複したDNA分子を持つ**染色体**が、細胞分裂に先立って形成される。各DNA分子にはDNA複製の開始、細胞分裂時の紡錘体との相互作用（セントロメア）、両端の完全性の維持（テロメア）のために特化したDNA配列がある

図17.6
生命の設計書、ゲノム
ゲノム配列には多くの特徴がある。そのいくつかをこの概観図に要約した。ゲノム配列に含まれる全ての情報を漏れなく調べていけば、生物機能とその進化の歴史を理解する助けになる。

Q：ゲノムサイズが増大すると、タンパク質コード遺伝子も必ず増加するか？

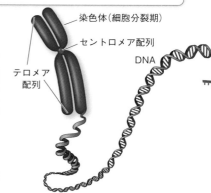

染色体（細胞分裂期）
セントロメア配列
DNA
テロメア
配列

RNA遺伝子はタンパク質に翻訳されないRNAをコードしている。これらのRNAには、タンパク質翻訳装置の一部であるrRNAとtRNA、及び遺伝子発現の制御に関与するmiRNAが含まれる

る。対照的に、原核生物が長い非コード配列や反復配列を持つことは滅多にない。

・**真核生物は複数の染色体を持つ**。これに対して、原核生物は通常1つの環状染色体しか持たない。これまでの章で説明してきたように、真核生物の染色体は複数の複製開始点（*ori*）、細胞分裂期まで複製された染色体をつなぎ止めておくセントロメア領域、さらに染色体の両末端には染色体の完全性を維持するためのテロメア配列を持つ（**焦点：キーコンセプト図解　図17.6**）。

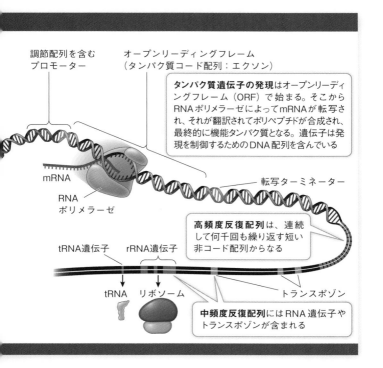

調節配列を含む
プロモーター

オープンリーディングフレーム
（タンパク質コード配列：エクソン）

タンパク質遺伝子の発現はオープンリーディングフレーム（ORF）で始まる。そこからRNAポリメラーゼによってmRNAが転写され、それが翻訳されてポリペプチドが合成され、最終的に機能タンパク質となる。遺伝子は発現を制御するためのDNA配列を含んでいる

mRNA

RNA
ポリメラーゼ

転写ターミネーター

高頻度反復配列は、連続して何千回も繰り返す短い非コード配列からなる

tRNA遺伝子　　rRNA遺伝子

tRNA　　リボソーム

トランスポゾン

中頻度反復配列にはRNA遺伝子やトランスポゾンが含まれる

モデル生物のゲノム配列決定は重要な情報を提供する

　真核生物のゲノムに関する情報の大部分は、広く研究されてきたいくつかのモデル生物から得られている。代表的なものに、酵母（*Saccharomyces cerevisiae*）、線虫（*Caenorhabditis elegans*）、ショウジョウバエ（*Drosophila melanogaster*）、シロイヌナズナ（*Arabidopsis thaliana*）などがある。モデル生物は、実験室で比較的簡単に育てて研究できること、詳細な遺伝研究が実施されていること、それらがさらに大きな生物グループの特徴的な性質を示していることなどの観点から選ばれてきた。

***酵母*：真核生物の基本モデル**　酵母（イースト）は単細胞の真核生物である。ほとんどの真核生物と同様に、核や小胞体のような膜で囲まれた細胞小器官を持ち、その生活環は半数体と二倍体の世代が交互に現れる単相単世代型である（図8.14）。このことに照らせば、単細胞の酵母が同じ単細胞の細菌よりも多くのタンパク質コード遺伝子を含む大きなゲノムを持つことも驚くには当たらない（表17.2）。マイコプラズマ菌で実施された遺伝子不活化実験とよく似た手法を用いた研究から、生存に欠かせない酵母ゲノムは全体の10％以下であることが示された。酵母ゲノムと大腸菌

表17.3　大腸菌と酵母のゲノム比較

	大腸菌	酵母
ゲノムの長さ（塩基対）	464万	1215万7000
タンパク質コード遺伝子の数	4288	6275
機能タンパク質の数		
代謝	650	650
エネルギー産生と貯蔵	240	175
膜輸送	280	250
DNA複製・修復・組換え	115	175
転写	55	400
翻訳	182	350
タンパク質のターゲティング・分泌	35	430
細胞構造	180	250

ゲノムの特筆すべき違いは、細胞小器官へのタンパク質のターゲティング（選別と配送）に関与している遺伝子の数である（**表17.3**）。どちらの単細胞生物でも、細胞の生存にとって基本的な機能の遂行に必要な遺伝子の数はほぼ同じようであるが、酵母細胞の方がずっと多くの遺伝子を必要とするのは、細胞小器官に区分けされているためである。この発見は、真核生物の細胞が原核生物の細胞より構造的に複雑であるという1世紀も前から知られていた事実を、定量的に直接確認するものと言えよう。

線虫：**真核生物の発生を理解する**　多細胞性を研究するための単純なモデル生物が*Caenorhabditis elegans*で、これは通常土壌中に棲む体長1mmほどの線虫である。この線虫は実験室で飼育することも可能なため、発生生物学者が好んで使うモデル生物となった（**キーコン**

セプト19.2)。線虫は体が透明で、3日間で受精卵から約1000個の細胞で構成される成虫にまで成長する。細胞数が少ないにもかかわらず、線虫は神経系を持ち、餌を消化し、有性生殖を行い、老化する。したがって、このモデル生物のゲノム配列の決定に多大な努力が払われたのも当然である。

　線虫のゲノム（1億塩基対）は酵母のゲノムの8倍も大きく、タンパク質コード遺伝子の数は3.3倍である（**表17.2**）。遺伝子不活化実験によって、線虫が実験室の培養で生存し続けるためには、遺伝子の10%だけでこと足りることが判明した。したがって、線虫の最小ゲノムのサイズ（約1970個の遺伝子）は酵母菌の最小ゲノム（約1000個）のおよそ2倍、マイコプラズマ菌のそれ（473個）のおよそ4倍である。では、残りの余分な遺伝子は何をしているのだろうか？　あらゆる細胞は生存、成長、分裂のための遺伝子を持っていなければならない。これらに加えて、多細胞生物の細胞には細胞をまとめ上げて組織や器官を形成したり、細胞を分化させたり、細胞間でコミュニケーションをとったりするための遺伝子も必要である。**表17.4**を見れば、遺伝子制御（**第13章**）や細胞間コミ

表17.4　線虫の多細胞構造に必須な遺伝子

機能	タンパク質・ドメイン	遺伝子数
転写制御	ジンクフィンガー、ホメオボックス	540
RNA修飾	RNA結合ドメイン	100
神経インパルスの伝達	開口型イオンチャネル	80
組織形成	コラーゲン	170
細胞間相互作用	細胞外ドメイン・グリコトランスフェラーゼ（糖転移酵素）	330
細胞間シグナル伝達	Gタンパク質共役型受容体、プロテインキナーゼ（タンパク質リン酸化酵素）、プロテインフォスファターゼ（タンパク質脱リン酸酵素）	1290

ュニケーション（**第7章**）など、これまでに解説してきた様々な細胞機能がそこに含まれていることに気づくだろう。

ショウジョウバエ：遺伝学とゲノム科学を結びつける　ショウジョウバエはよく知られたモデル生物である。遺伝学の基本的な原理の多くは、ショウジョウバエの研究によって確立された（**キーコンセプト9.4**）。ショウジョウバエについては、2500以上の変異が既に記述されており、この事実だけとってもショウジョウバエのDNA配列の解読を行う動機としては十分であった。ショウジョウバエは線虫よりサイズも大きく（細胞数は10倍以上）複雑な生物で、卵から幼虫、さなぎを経て成虫にいたる複雑な発生上の変化をたどる（変態）。これまでにその性質が判明しているショウジョウバエの遺伝子の機能を**図17.7**にまとめたが、その機能別割合は複雑な真核生物に典型的なものである。

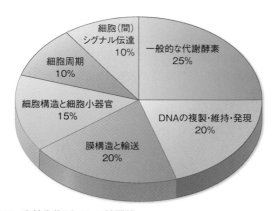

図17.7　真核生物ゲノムの諸機能
ショウジョウバエ遺伝子の機能別割合は、他の多くの複雑な生物に典型的なパターンを示している。

シロイヌナズナ：植物ゲノムを研究する　現在、お
よそ25万種の顕花植物が陸上と淡水域に繁茂して
いる。しかし生命進化の観点から見ると、顕花植物
の歴史はかなり新しく、約2億年前に登場したばかりである。
植物のゲノムには巨大なものもある。例えば、イネのゲノムは
約4億塩基対、トウモロコシのゲノムは約30億塩基対、コム
ギのゲノムは170億塩基対である。そのため、私たちの関心が
最も高いのはもちろん食料や繊維として用いる植物のゲノムだ
が、科学者がまず手始めにもっと単純な顕花植物を配列決定の
対象に選んだのも不思議はない。

　シロイヌナズナはアブラナ科の植物で、植物生物学者に好ま
れるモデル生物である。この植物は小さく（A4サイズのス
ペースに何百本も育てて種子を得ることができる）、実験操作
が簡単なうえ、ゲノムも1億2500万塩基対と比較的小型であ
る。シロイヌナズナのゲノムには2万7000個以上のタンパク
質コード遺伝子があるが（**表17.2**）、注目すべきことに、そ
の多くが重複しており、おそらく染色体重複と再編成により生
じたと考えられる。こうした重複遺伝子を総数から除外する
と、残る遺伝子の数はおよそ1万5000個となり、ショウジョ
ウバエの遺伝子数とほぼ同じである。実際、ショウジョウバエ
の遺伝子とよく似た相同遺伝子がシロイヌナズナや他の植物で
数多く見つかっており、植物と動物が共通の祖先を持つことを
示唆している（訳註：相同遺伝子とは共通祖先に由来する遺伝子をい
う。そのうち、遺伝子の重複によって生じた同一種内の相同遺伝子を
パラログと呼び、異なる種に存在し種分化によって生じた相同遺伝子
をオーソログと呼ぶ）。

　当然ながら、シロイヌナズナには植物特有の遺伝子もある
（**表17.5**）。植物に関する知識に照らせば、それらがどんな遺
伝子か予想がつくだろう。光合成、根と植物全体への水分輸

表17.5　**植物特有のシロイヌナズナの遺伝子**

機能	遺伝子数
細胞壁と細胞成長	42
水チャネル	300
光合成	139
生体防御と代謝	94

送、細胞壁の形成、環境からの無機物質の取り込みと代謝、微生物や草食動物から身を守るための特別な分子の合成などに関与する遺伝子である。シロイヌナズナで見つかった植物特有の遺伝子は、主要作物のなかで最初に配列が決定されたイネ（*Oryza sativa*）を含む他の植物のゲノムにも存在する。イネは世界で最も重要な作物で、30億の人々が主食としている。ゲノムサイズはずっと大きいが、イネはシロイヌナズナと驚くほどよく似た遺伝子セットを持つ。より最近の例としては、ポプラの一種であるブラックコットンウッド（*Populus trichocarpa*）のゲノムも配列決定された。成長が速いこの樹木は、製紙業で広く利用されているだけでなく、燃料製造用の固定炭素の原料としても有望である。4種類の植物ゲノムの比較から、多くの遺伝子が共通しており、それらが基本的な最小植物ゲノムを構成していることが明らかになっている（図17.8）。

真核生物には遺伝子ファミリーが存在する

　真核生物の全タンパク質コード遺伝子の約半数は、半数体ゲノムあたり1コピーしかない（つまり、体細胞には2コピーある）。しかし、それ以外のほとんどのタンパク質コード遺伝子には複数のコピーが存在する。これは何世代もの間に起こった*遺伝子重複により生じた現象である。進化の過程で、一部の

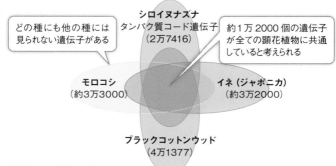

図17.8　植物のゲノム
４つの植物種のゲノムは約１万2000個の共通する遺伝子を含んでおり、この遺伝子セットが基本的な最小植物ゲノムを構成していると考えられる

遺伝子のコピーがそれぞれ個別に突然変異を起こし、その結果として**遺伝子ファミリー**と呼ばれる近縁遺伝子群が生じたのである。ヘモグロビンを構成するグロビンタンパク質をコードする遺伝子ファミリーのように、少数の遺伝子しか含まないものもある。その一方で、抗体を作る免疫グロブリンをコードする遺伝子ファミリーのような何百種類もの遺伝子からなるものもある。ヒトゲノムは約２万1000個のタンパク質コード遺伝子を持つが、そのうち１万6000個は何らかの遺伝子ファミリーに属している。したがって、ヒト遺伝子の４分の１のみが重複のないユニークな個別遺伝子である。

---

*概念を関連づける　初期発生を制御する *Hox* 遺伝子ファミリーが全動物種にわたって目覚ましい相同性の進化を遂げた事例をはじめ、相同遺伝子を生み出す遺伝子重複の特別な例については**第19章**で解説する。

　1つのファミリーに属する遺伝子のDNA配列は、通常互いに異なっている。ファミリー内の少なくとも1個の遺伝子メンバーが機能タンパク質をコードしている限り、他の遺伝子メンバーは突然変異によってコードするタンパク質の機能を変化させても問題ない。進化の過程において遺伝子のコピーが複数存在すれば、特定環境下で有利な突然変異を選択することができるからである。ある変異遺伝子が役立つのであれば、続く世代で選択されるかもしれない。たとえ変異遺伝子が完全に機能を失ったとしても、機能するコピーが残っており、その役割を変わらず担い続けてくれる。

　ここで遺伝子ファミリーの1つ、脊椎動物のグロビン遺伝子について見てみよう。グロビンタンパク質はヘモグロビンとミオグロビン（筋肉にある酸素結合タンパク質）の構成要素である。グロビン遺伝子は全て、はるか昔の共通祖先遺伝子から生じた。ヒトでは、α-グロビンクラスターに3種類、β-グロビンクラスターに5種類の機能的な遺伝子が存在する（図17.9）。成人のヘモグロビン分子は同一のα-グロビンサブユニットとβ-グロビンサブユニットを2つずつ含む四量体（テトラマー）で、4つのヘム色素を持つ（図3.11）。

　ヒトの発達過程で、クラスターに属するそれぞれのグロビン遺伝子は別々の時期に別々の組織で発現する。この遺伝子発現の差異は生理学的に大きな意味を持つ。例えば、胎児のヘモグロビンのサブユニットであるγグロビンを含むヘモグロビンは、成人のヘモグロビンより酸素と強固に結合する。この特殊なヘモグロビンのおかげで、胎盤において母親の血液から発達中の胎児の血液へ確実に酸素が受け渡される。出生直前に、肝臓は胎児ヘモグロビンの合成を停止し、代わって骨髄細胞が成人ヘモグロビン（$2\alpha + 2\beta$）の合成を引き継ぐ。このように、ヒトでは酸素結合能力の異なるヘモグロビンが別々の発達過程

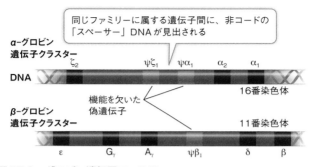

図17.9　グロビン遺伝子ファミリー
ヒトのグロビン遺伝子ファミリーに属するα–グロビンクラスターとβ
–グロビンクラスターは、異なる染色体上に存在する。どちらのクラス
ターも遺伝子間に非コードの「スペーサー」DNAがある。機能を欠い
た偽遺伝子はギリシャ文字のψで示す。γ遺伝子はA_γとG_γの2つの変
異型を持つ。

で供給されている。

　多くの遺伝子ファミリーには、タンパク質をコードする遺伝
子だけでなく機能を欠いた**偽遺伝子**が存在し、ギリシャ文字の
ψ（プサイ）で表記される（図17.9）。偽遺伝子は、機能の向
上や新機能の獲得ではなく機能喪失をもたらす突然変異の結果
として生まれる。偽遺伝子のDNA配列は同じファミリーの他
の遺伝子メンバーと大きくは変わらない。例えば、単にプロ
モーターを欠損して転写が不可能になっていたり、イントロン
の除去に必要な認識部位を欠いているために転写産物が正しく
修飾されず、機能を持った成熟mRNAが形成されなかったり
する場合がある。なかには、偽遺伝子が機能遺伝子より多い遺
伝子ファミリーもある。偽遺伝子には明確な機能はなく、この
ようなファミリーでは偽遺伝子の除去に進化上の利点がなかっ
たために、今なおそれらが残っていると考えられる。

真核生物のゲノムには反復配列が存在する

　真核生物のゲノムは、ポリペプチドをコードしていない多数の反復DNA配列を含んでいる。これらは主に、タンパク質コード遺伝子（ゲノム全体のわずか数％にすぎない）以外の場所に存在する。このような配列には、高頻度反復配列、中頻度反復配列やトランスポゾンがある（訳註：ここで言う高頻度、中頻度は便宜的な分類で、必ずしも反復配列の反復頻度を反映した分類ではない）。

　高頻度反復配列は、短い（100塩基対未満）配列がゲノム中に何千回も連続して繰り返し並んだ配列であり、転写されることはない。真核生物のゲノムにおける割合は多様で、ヒトの10％から数種のショウジョウバエの約50％まで幅広い。こうした配列は、高密度に凝集した転写不活性なゲノムの一部であるヘテロクロマチンに関連しているものが多い。その他の高頻度反復配列はゲノム中に散在している。例えば、1〜5塩基対の*短縦列反復配列（ショートタンデムリピート、STR）は、染色体の特定の領域で最大100回も繰り返している。そのようなSTRの特定領域における反復数は個体ごとに異なる（訳註：単純反復配列、SSRとも呼ばれるマイクロサテライトDNAで、有用な分子マーカーとして利用されている）。

---

*概念を関連づける　キーコンセプト12.3では個人の同定にSTR（SSR）がどのように利用されているか（DNAフィンガープリンティング）を解説した。

　中頻度反復配列は、真核生物のゲノム中で10〜1000回繰り返されているものを指す。こうした配列には、転写されてタンパク質合成に用いられるtRNAやrRNAを作り出す遺伝子が含まれる。細胞はtRNAとrRNAを常に合成しているが、それら

をコードする遺伝子が1コピーしかなかったら、たとえ最大速度で転写したとしても、ほとんどの細胞で必要とされる大量の

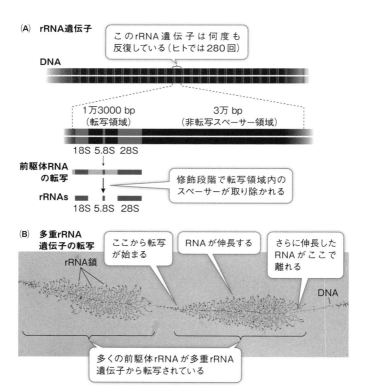

図17.10 **rRNAをコードする中頻度反復配列**
(A) このrRNA遺伝子はそこに含まれる非転写スペーサー領域とともに、ヒトゲノムでは5本の染色体上に形成されたクラスターで合計280回も繰り返されている。
(B) この電子顕微鏡像は多重rRNA遺伝子の転写を示している。

Q：この写真に写し出されているプロセスと図11.16に示されたポリソームを介した転写プロセスの間に類似点はあるか？

分子を十分に供給することはできないだろう。そのため、ゲノム中にはこうした遺伝子が重複して存在するのである。

　哺乳動物では、18S、5.8S、28S、5S という 4 種類の rRNA 分子がリボソームを構成している（S は大きさを示すスベドベリ単位と呼ばれる沈降係数）。18S、5.8S、28S の 3 つの rRNA は 1 本の前駆体 RNA 分子として転写される（図 17.10）。その後数段階の転写後調節を経て、前駆体分子は最終的に 3 種類の rRNA 分子に切断され、非コード領域の「スペーサー」RNA は除去される。これらの RNA をコードする配列の反復頻度はヒトでは中程度であり、合計で 280 コピーが 5 本の染色体上にクラスター（集団）として存在している（訳註：rRNA をコードする遺伝子 rDNA は染色体の核小体あるいは仁形成部位と呼ばれる領域に存在する。ヒトでは、第 13、14、15、21、22 番染色体上にある）。

　RNA 遺伝子（rDNA）を別にすると、中頻度反復配列の大半はトランスポゾンであり、これらの配列は、既に解説した原核生物のトランスポゾンと同様、ゲノム中を動き回ることができる。トランスポゾンはヒトゲノムの 40% 以上、トウモロコシゲノムの半分以上を占めているが、その他の真核生物の多くではその割合はもっと小さい（3〜10%）。

　真核生物の主なトランスポゾンの種類を表 17.6 にまとめた。レトロトランスポゾンは、それらが持つ反復配列の型に基づいて、長鎖末端反復配列（LTR）、長鎖散在要素（LINE）、短鎖散在要素（SINE）の 3 グループに分類できる。レトロトランスポゾンがゲノム中を移動する方法は独特で、RNA に転写された後に、新たな DNA の鋳型として働く。こうしてできた新たな DNA は、ゲノムの別の部位に挿入される。この「コピー＆ペースト」機構によって、もとの部位と新たな部位にトランスポゾンのコピーが 2 つ存在することになる。SINE の 1

表17.6 **真核生物ゲノムの配列の種類**

カテゴリー	転写	翻訳
単コピー遺伝子		
プロモーターと発現調節配列	されない	されない
イントロン	される	されない
エクソン	される	される
中頻度反復配列		
rRNA遺伝子とtRNA遺伝子	される	されない
トランスポゾン		
I. レトロトランスポゾン （RNA型：RNA を中間体とする）		
LTR	される	されない
SINE	される	されない
LINE	される	される
II. DNA トランスポゾン	される	される
短い高頻度反復配列	されない	されない

つで300塩基対からなる Alu（*Arthrobacter luteus*）は、ヒトゲノムの11%を占めていて、その数は100万コピーにも上る。

4種類目のトランスポゾンはDNAトランスポゾンといい、RNAを中間体として利用せずに転移する。原核生物のある種の転移因子のように、DNAトランスポゾンはもとの場所から切り出されて、複製を経ずに新たな場所に挿入される（「切り貼り（カット&ペースト）」機構）。

以上のような転移する配列は、細胞でどのような役割を果たしているのだろうか？ 現時点で最も可能性が高い解答は、トランスポゾンは単に複製可能な寄生分子だという説明だろう。とはいえ、新たな場所へのトランスポゾンの挿入は重大な結果をもたらしうる。例えば、コード領域へのトランスポゾンの挿入は突然変異を引き起こす（図17.5）。血友病や筋ジストロフィーなどヒトの稀な遺伝病のいくつかは、この現象が原因で

ある。もしトランスポゾンの挿入が生殖細胞系列で起これば、突然変異を持った配偶子が生じる。これが体細胞で起これば、癌の原因となりうる。

　トランスポゾンとともに隣接する遺伝子が複製されることもあり、この場合、その遺伝子も重複する。トランスポゾンは遺伝子やその一部をゲノムの別の場所へ移動させ、遺伝物質を入れ替えたり新たな遺伝子を生み出したりすることができる。その転移は間違いなく、真核生物ゲノム内の遺伝子の壺をかき混ぜて、遺伝的変動の創出に貢献していると言える。

　これまで見てきたように、真核生物ゲノムの解析から膨大な量の有益な情報が得られている。次節では、ヒトゲノムについてより詳細に見ていこう。

🔑 17.4 ヒトの生物学的特徴は　　ゲノムから明らかになる

　今世紀初頭にヒトの全ゲノム配列の解読が初めて完了して以来、多くの個人ゲノムの配列が決定・公表されてきた。配列決定技術が急速に進歩するにつれて、今やヒトゲノムは1000ドル足らずで解析できるようになっている。

学習の要点

・ヒトのゲノムと遺伝子は複雑な真核生物ゲノムの特徴をよく示している。

・特定の遺伝病を持つ人と持たない人のハプロタイプを比較することによって、その病気に関連した遺伝子座を同定することができる。

・ゲノム薬理学（ファーマコゲノミクス）は、薬剤などの外部因子に対する反応に一人ひとりのゲノムがどのように影響するのかを研究する分野である。

ヒトゲノムの配列決定により明らかになった興味深い事実を以下にいくつか示す。

・ヒトの半数体ゲノムの32億塩基対のうち、わずか1.2%（遺伝子数はおよそ2万1000個）のみがタンパク質コード領域だと推定されている。これは驚くべき事実である。配列決定開始以前には、ヒトタンパク質の多様性から、ヒトゲノムには8万から15万のタンパク質コード遺伝子が存在するのではないかと予測されていた。実際の遺伝子数が線虫のそれをかろうじて上回る程度であるという事実は、ヒトで多様なタンパク質が数多く観察される理由が選択的スプライシングのような翻訳後修飾にあるに違いないことを意味する。すなわち、ヒトの遺伝子は通常1個につき数種類のタンパク質をコードしていると考えられる。

・ヒトの遺伝子は1個あたり平均で2万7000塩基対である。遺伝子サイズは、およそ1000〜240万塩基対と幅広い。ヒトのタンパク質（とRNA）の大きさが様々である（1ポリペプチド鎖あたりおよそ100〜5000個のアミノ酸）ことから、遺伝子サイズにもこのような多様性があることは予想されていた。

・大半のヒト遺伝子に多くのイントロンが存在する。「平均的な」ヒト遺伝子は、平均3300塩基対のイントロンを8個持つ。

・ヒトゲノムのおよそ半分をトランスポゾンや高頻度反復配列が占めている（**表17.6**）。

・血縁関係にない個人のゲノムを比較すると、ほとんどのゲノム配列（およそ99.9%）が同一である。しかし、我々人間はみな同じだという結論に飛びつく前に、ヒトゲノムには32億もの塩基対が存在することを思い出してほしい。たとえ

0.1%でも、320万もの塩基対が違っているのである。相違の大部分は、反復配列の繰り返し数と一塩基多型（SNP）にある。これらに加えて、エピジェネティック変化があることも忘れてはならない（**キーコンセプト13.4**）。

・遺伝子はゲノム中にまんべんなく分布しているわけではない。19番染色体には遺伝子が密に詰まっているが、8番染色体にはコード遺伝子の存在しない長い領域が複数ある。遺伝子数が最も少ないのはY染色体（約230個）で、最も多いのは1番染色体（約3000個）である。

比較ゲノミクスはヒトゲノムの進化を明らかにする

　原核生物と真核生物のゲノム配列を比較することで、遺伝子間の進化的関係の一部が明らかになった。原核生物にも真核生物にも存在する遺伝子がある一方で、真核生物にしかない遺伝子、さらには動物あるいは脊椎動物にだけ存在する遺伝子もある（図17.11）。

　現在では、大型類人猿の全てを含むヒト以外の多くの霊長類のゲノム配列も決定されている。そこで、他の霊長類には見られず、我々人間を比類なき存在にしているヒト遺伝子のセットを探す研究が始まっている。チンパンジーは我々に最も近い現存する近縁種で、DNAの99%近くが共通している。ヒトとチンパンジーでは、聴覚と脳の発達に関与する遺伝子を含む約500のタンパク質コード遺伝子が加速度的な進化を遂げてきた。これらの配列の研究をさらに進めていけば、我々を他の類人猿から際立たせ、「人間を人間たらしめている」遺伝子が明らかになるかもしれない。

　ヒトの古い祖先のゲノムを配列決定した研究からも、「ヒト」遺伝子を理解する手がかりが得られている。ドイツのマックス・プランク進化人類学研究所のスヴァンテ・ペーボ率いる

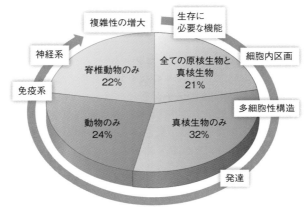

図17.11　ゲノムの進化
ヒトとその他の生物のゲノムの比較によって、新しい機能を持つ遺伝子が進化の過程でどのように加わったのかが明らかになった。図中の数字はヒトゲノム中での遺伝子の割合を表す。つまり、ヒト遺伝子の21％は原核生物と他の真核生物に相同遺伝子が存在し、32％は真核生物でのみ生じた遺伝子である、ということを意味する。

国際研究チームは、５万年前までヨーロッパで暮らしていたネアンデルタール人の骨からDNAを抽出し、その塩基配列を解析した。その結果、全ゲノム配列が決定され、ネアンデルタール人のゲノムの99％以上が我々のヒトゲノムと同一であることが分かり、ネアンデルタール人を我々と同じ*Homo*属の仲間（*Homo neanderthalensis*）に分類することの正当性が確かめられた。

　ヒトとネアンデルタール人のゲノムの比較研究は現在も続いており、既にいくつかの興味深い事実が明らかになっている。

・遺伝子*MC1R*は皮膚と髪の色素沈着に関係している。ネアンデルタール人に見られてヒトでは見られない点変異遺伝子

をヒト培養細胞に導入すると、MC1Rタンパク質活性の低下をもたらした。MC1R活性の低下により、ヒトの皮膚は色白に、髪は赤毛になることが知られている。ここから、少なくともネアンデルタール人の一部は薄色の皮膚と赤毛であったと思われる。

・遺伝子*FOXP2*は鳥類や哺乳類をはじめ、多くの動物で発声に関与している。ヒトでは、この遺伝子の突然変異は重篤な発話障害を引き起こす。ネアンデルタール人の*FOXP2*はヒトの遺伝子と同一であるが、チンパンジーの遺伝子はわずかに違っている。この発見から、ネアンデルタール人は話すことができたと推定されている。

・ヒトとネアンデルタール人のゲノムはよく似ているが、多くの点変異に加え、染色体編成というより大きな違いもある。それぞれが特有の「ヒト」DNA配列と「ネアンデルタール人」配列を持つ。その両方を混合した配列も存在することから、ヒトとネアンデルタール人の間には交配を通じたDNAのやりとりがあったと考えられている。

ヒトゲノムの研究は医学に利益をもたらしうる

　複雑な表現型のほとんどは、単一の遺伝子ではなく、環境と相互作用する多くの遺伝子によって決定されている。フェニルケトン尿症や鎌状赤血球貧血症のような病気（**キーコンセプト12.2**）とは違い、糖尿病や心臓病、アルツハイマー病といったありふれた病気は単一アレルでは説明がつかない。こうした病気の遺伝的基礎を理解するために、生物学者は現在、高速遺伝子型決定（ジェノタイピング）技術を用いて「ハプロタイプマップ」を作成し、病気に関連する遺伝子に連鎖したSNPの同定に活用している。

ハプロタイプマッピング　個体間で異なる SNP は、単独アレルとして子孫に伝達されるわけではない。そうではなく、通常は染色体のある領域に存在する SNP セットが一単位としてまとめて伝達される。染色体のこうした連鎖領域を**ハプロタイプ**と呼ぶ。染色体を文章とすれば、ハプロタイプは単語、SNPのような多型は文字にたとえられる。SNP の解析は全ゲノムの配列決定より迅速で安価だから、ハプロタイプマッピングは特定の病気に関連した遺伝子と変異の位置を特定する近道となる（**キーコンセプト 12.3**）。特定の遺伝病を持つ人と持たない人のハプロタイプを比較することで、その病気に関連した遺伝子座を同定できる（**図 17.12**）。

50 万の SNP からなるマイクロアレイを用いて数千人を解析した結果、特定の病気に関連する SNP が判明している。そのデータ量たるや膨大である。なにしろ、50 万の SNP、数千人

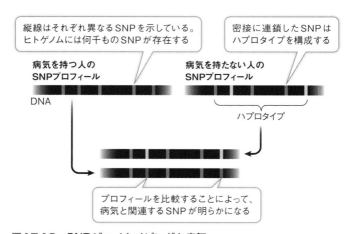

図 17.12　SNP ジェノタイピングと病気
特定の病気を持つ人と持たない人のゲノムを精査することによって、SNP と複雑な病気との関連が明らかになる。

もの検査対象者とその医療記録のデータである。自然変動は広範にわたるので、ハプロタイプと病気の関連を調査する統計解析は厳密でなければならない。

遺伝子型決定技術とパーソナル・ゲノミクス（個人ゲノム解析）　図17.12で説明したような関連解析（アソシエーション解析）から、病気（生活習慣病など）のリスクをある程度増大させる特定のハプロタイプやアレルが明らかになっている。例えば、10番染色体上のあるSNPは、ヘテロ接合であれば成人で発症する糖尿病のリスクを65%、ホモ接合であればそのリスクを3倍近くにも増大させる。この情報は、患者のカウンセリングと治療に際して予測を立てるのに有益である。今では民間企業がヒトゲノムを精査して関連変異を検出することが可能になり、こうしたサービスの価格は下がり続けている。しかし、生活習慣病などの発症には多くの遺伝子、環境の影響、エピジェネティック効果などの要因が全て関与するので、症状の現れていない人がこの情報をどう使うべきかについては、現時点では明確になっていない。

　個人のゲノムを解析する最も包括的な方法は、当然ながら実際に全配列を決定することである。ゲノムの配列決定と分析の価格が下がるにつれて、SNP検査の利用頻度は減るだろう。2015年にアメリカ政府は、100万人のアメリカ人の個人ゲノム配列を決定し、その結果と医療記録を結びつける計画を発表した。こうした取り組みは目新しくはないが、これほどの規模は前例がない。計画の目標は、ゲノムの変化を癌や糖尿病のような生活習慣病と関連づけて診断に活用し、そうした変化がコードされているタンパク質の変化につながる場合には、変異したタンパク質を標的とした治療に役立てることである。

ゲノム薬理学（ファーマコゲノミクス）　遺伝的変動は特定の薬剤に対する各人の反応に影響する。例えば、肝臓で代謝されて化学構造が変わることで、活性が高まったり低下したりする薬剤があるとする。次の反応を触媒する酵素について考えてみよう。

活性を持つ薬剤　→　活性の低下した薬剤

この酵素をコードする遺伝子が突然変異を起こすと、酵素の活性は低下するかもしれない。すると、一定量の薬剤を投与された場合、変異を持つ人では持たない人より血流中で活性の高い薬剤が働くことになる。したがって、変異を持つ人のほうが薬剤の有効量は少なくなるだろう。

では次に、薬剤の活性化に肝臓の酵素が必要な場合について考えてみよう。

活性のない薬剤　→　活性を持つ薬剤

この肝臓の酵素をコードする遺伝子に変異を持つ人は、薬剤を活性化する酵素が存在しないのだから、薬剤の影響は受けない。

個人のゲノムが薬剤その他の外的因子に対する反応にどのように影響するのかを研究する分野は、**ゲノム薬理学（ファーマコゲノミクス）**と呼ばれる。特定の病気の罹りやすさに関連したハプロタイプあるいはSNPの同定が可能であるように、特定の薬剤への反応に関連したSNPを同定することもできる。この種の分析により、薬剤の効果について予想を立てることが可能になる。ファーマコゲノミクスの目標は個々の患者に合わせた薬剤治療の実現にあり、そうなれば医者は特定の薬剤治療から個々の患者が恩恵を受けられるかどうかを事前に知ることができる（図17.13）。この取り組みは、薬剤の代謝能力が低

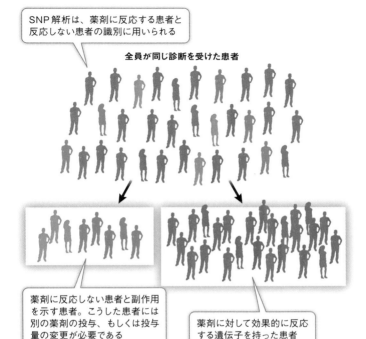

図17.13　ゲノム薬理学（ファーマコゲノミクス）
遺伝子型と薬剤反応性の相関は、医者が一人ひとりに合わせた医療を設計する助けとなる。図では各人をSNPの型によって色分けして示した。

いために体内に薬剤が蓄積して危険なレベルに達してしまう患者を事前に把握して、有害な薬剤反応の発生件数を削減するうえでも役立つだろう。
　ゲノムの配列決定は生物に関する理解を大きく躍進させた。高性能配列決定（ハイスループット）技術は今や、タンパク質や代謝産物など細胞の他の構成要素にも応用されている。次節では、こうした研究の成果に目を向けてみよう。

🔑 17.5 プロテオミクスとメタボロミクスからは ゲノムを超えた洞察が得られる

　ヒトのゲノム配列が初めて判明した頃には、各人の表現型は遺伝子型で決まるとする「遺伝子決定論」を反映して、「ヒトゲノムは生命の設計書である」とよく言われた。しかし、これまで繰り返し強調してきたように、生物は遺伝子発現だけによって生み出されるわけではない。ある細胞にある時点でいかなるタンパク質と低分子が存在するかは、遺伝子発現だけでなく、細胞内外の環境の影響を反映している。ゲノミクスを補う形でプロテオミクスとメタボロミクスが新たに登場し、ゲノムと生物の理解をより一層深めている。

学習の要点

・プロテオームの構成タンパク質の同定には化学的手法が用いられる。

・メタボロームは、細胞に存在する代謝物と呼ばれる低分子の全てを指す。

プロテオームはある時点で細胞、組織、生物個体に存在する全てのタンパク質である

　既に述べたように、多くの遺伝子は複数のタンパク質をコードしている（図17.14）。*選択的スプライシングによって、1つの遺伝子をエクソンの組み合わせが異なる複数の成熟mRNAへ転写することが可能である。翻訳後修飾によっても、1つの遺伝子から生成されるタンパク質の種類が増加する。多細胞生物では、多くのタンパク質が特定の細胞によって特定の条件下でのみ合成されることにも留意すべきである。単細胞生物でさえ、その時々で遺伝子の一部のみが発現する。**プロテオーム**は、ある特定の時点で特定の条件下に置かれた細

胞、組織、あるいは個体が産生するタンパク質の総体である。

---

*概念を関連づける　キーコンセプト13.5で学んだように、選択的スプライシングによって1つの遺伝子から異なるmRNAが作られ、その結果、1つの遺伝子から異なる機能を持ついくつものタンパク質からなるファミリーが作られる。さらに、タンパク質には分解、糖鎖の形成、リン酸化のような翻訳後修飾の過程で変更が加えられることも思い出そう（図11.18）。

　プロテオームの解析には、質量分析法（マススペクトロメトリー）という技術が用いられる。これは電磁石を利用して、質量によりタンパク質を同定する技術である（訳註：島津製作所の田中耕一は、1985年に「マトリックス支援レーザー脱離イオン化法

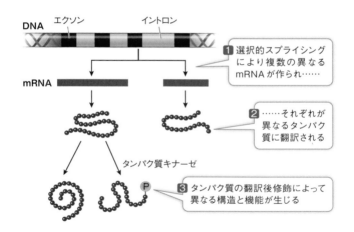

図17.14　プロテオミクス
1個の遺伝子は多数のタンパク質をコードすることができる。

（MALDI）」と呼ばれる質量分析法を開発し、2002年のノーベル化学賞を受賞した）。プロテオミクスの最終的な目標は、ゲノミクスと同じように壮大である。ゲノミクスがゲノムとその発現の全体像を解明しようとする一方で、プロテオミクスは発現している全タンパク質を同定し、その特徴を明示することを目指している。

　ヒトとその他の真核生物のプロテオームを比較した研究から、それらに共通する一群のタンパク質の存在が判明し、よく似たアミノ酸配列と機能を持つグループに分類された。生物個体全体で見ると、酵母のプロテオームの46％、線虫の43％、ショウジョウバエの61％がヒトのプロテオームと共通である。機能解析の結果、この1300種のタンパク質のセットは真核細胞の解糖系、クエン酸回路、膜輸送、タンパク質合成、DNA複製などの基本的な代謝機能を担っていることが示唆された（図17.15）。

　当然のことながら、他の真核生物と共通するタンパク質に加

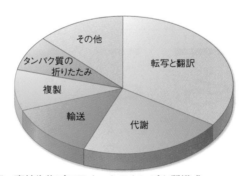

図17.15　真核生物プロテオームのタンパク質構成
約1300種類のタンパク質は全ての真核生物に共通で、上図のカテゴリーに分類できる。生物によってアミノ酸配列にはいくぶんの違いが見られるだろうが、それらのタンパク質は全ての真核生物で同じ必須機能を発揮する。

えて、ヒト固有のタンパク質も数多く存在する。既に述べたように、タンパク質はドメインと呼ばれる様々な機能領域（基質結合ドメインや膜貫通ドメインなど）を持つ。ある生物がいくつもの固有のタンパク質を持つとしても、それらは他の生物にも存在するドメインを独自に組み合わせたものであることが多い。*トランプのリシャッフル（切り直し）のような遺伝子のこの混ぜ合わせこそが進化の鍵である。*

タンパク質が単独で存在し機能することは滅多にない。多くは以下のような他の分子と相互作用する。すなわち、核酸（プロモーターや転写因子のコードDNAなど）、他のタンパク質（ミトコンドリアの呼吸鎖複合体など）および脂質（細胞膜の受容体）などである。このような相互作用の分析は、プロテオミクスの主要な課題の1つである。

メタボロミクスは化学的な表現型に関する研究である

遺伝子とタンパク質の研究だけでは、細胞中で進行している事象について限られたイメージしか得られない。これまで見てきたように、遺伝子機能もタンパク質機能も細胞内外の環境に影響される。タンパク質の多くは酵素であるため、それらの活性は基質と産物の濃度に影響する。したがって、プロテオームが変化すれば代謝産物と呼ばれる低分子の量も変化する。**メタボローム**とは、特定の環境下にある1つの細胞、組織、あるいは個体に存在する低分子の代謝産物全体を指す。それには以下のようなものが含まれる。

・*一次代謝産物*　これには解糖系のような経路の中間体などがあり、通常の代謝経路に関与する。このカテゴリーには、ホルモンやその他のシグナル分子も含まれる。
・*二次代謝産物*　大部分は特定の生物種あるいは生物群に固有

で、しばしば環境への特別な応答に関与している。微生物の作る抗生物質や、病原体や草食動物から身を守るために植物が産生する様々な化学物質などがこれに当たる。

　代謝産物の測定には当然ながら、精緻な分析機器が必要である。有機化学や分析化学を学んだ者なら、分子を分離するガスクロマトグラフィーや高速液体クロマトグラフィー、分子の同定に用いる質量分析法（マススペクトロメトリー）や磁気共鳴スペクトロスコピーについてはよく知っているだろう。これらの機器による測定で得られる細胞や個体の「化学的なスナップ写真」は、生理的な状態と関連づけることができる。

　ヒトのメタボロームの解明へ向けては前進があった。カナダのアルバータ大学のデイヴィッド・ウィシャートらが、6500以上の代謝産物を記載したデータベースを作成したのである。現在の課題は、これらの物質のレベルと生理状態を関連づけることにある。例えば、血液中のグルコース濃度の高さが糖尿病に関連していることはよく知られている。しかし、初期の心臓病についてはどうだろう？　心臓病に特徴的な代謝物質パターンがあるかもしれず、それが分かれば早期の診断と治療に役立つ可能性がある。

　メタボロミクスの分野では、植物生物学者が医学の研究者より先を歩んでいる。植物ではここ数年で、何万もの二次代謝産物が同定されている。それらの多くは環境ストレスへの対抗手段として作られるものである。モデル植物のシロイヌナズナのメタボロームも明らかにされつつあり、植物がどのように乾燥や病原体の攻撃などのストレスに対抗しているかについての洞察がそこから得られるだろう。そうした知識は植物の生育を最大限に促進することを通して、農業生産の向上に役立つに違いない。

生命を研究する

Q
A　動物ゲノムの配列決定からはどのような知見が得られたか？

　ホイペットをはじめとする一部の犬種では、通常の個体に比べて筋肉が過剰に発達した個体がいる。ゲノム解析によって、筋肉が発達したホイペットでは筋肉の成長を阻害するタンパク質ミオスタチン（筋肉増殖抑制因子）の遺伝子が変異していることが明らかになった。ミオスタチン遺伝子が変異すると、筋肉の成長を阻害するミオスタチンタンパク質が機能不全になる（図17.16）。比較ゲノミクスによる解析で、筋肉が過剰に発達することで知られるウシやヒツジの品種でもミオスタチン遺伝子が変異していることが判明している。

　ミオスタチンが筋肉の発達に影響するという知見に基づい

図17.16　筋肉遺伝子
上図のイヌはどちらもホイペットだが、筋骨隆々としたイヌ（右）はミオスタチン遺伝子に変異を持つ。

て、ヒトのミオスタチンを操作して、筋ジストロフィーのような筋肉消耗疾患を治療できるのではないかと考えられている。また、誰でも察しがつくだろうが、筋肉の増強を望む運動選手たちも、この遺伝子とタンパク質産物に大きな興味を示している。

今後の方向性

　ゲノム解析ほど広く喧伝され大きな期待を寄せられた科学的取り組みは、これまでに数少ない。現在大きく注力されている研究に、可能な限り多くの人々を対象に癌のゲノム配列を解析し、その変異を検出しようとする試みがある。乳癌で*BRCA1*遺伝子の変異が同定されたとき（**第12章**）には、癌も鎌状赤血球貧血症のような他の遺伝病と同じく、1つの遺伝子に起こる1つの変異に起因しているのではないかと期待した医学者もいた。しかし目下のところ、癌ゲノムの研究からは癌には多くの関連変異が存在すること、変異には癌の形成につながるものとそうでないものがあること、同じタイプの癌であっても人によって変異が異なること、さらに癌が成長し拡大するにつれて時間とともに癌ゲノムも変化することなどが判明している。癌ゲノムの理解は一筋縄ではいかない。とはいえ、目指すべきゴールはゲノムを解析し、遺伝子産物と環境がどのように相互作用して癌という表現型を生み出すのかを突き止め、一人ひとりの癌に適した治療法を設計することである。こうした医療は精密医療と呼ばれ、未来の医療である。精密医療は遺伝子型、環境、表現型の間に存在する関係を究明するゲノミクスの目指すべきモデルの1つである。

▶ 学んだことを応用してみよう

まとめ

17.4　特定の遺伝病を持つ人と持たない人のハプロタイプを比較することによって、その病気に関連した遺伝子座を同定することができる。

17.4　ゲノム薬理学（ファーマコゲノミクス）は、薬剤などの外的因子に対する反応に一人ひとりのゲノムがどのように影響するかを研究する分野である。

17.5　プロテオームの構成タンパク質の同定には化学的手法が用いられる。

　抗不安剤カルム（「落ち着かせる」を意味する仮想の薬剤）の代謝速度は、人によって異なる。個人間のこの相違は問題となりかねない。というのも、薬剤濃度が高すぎれば有害な副作用が生じるだろうし、濃度が低すぎれば期待どおりの治療効果が得られないかもしれないからである。カルムの代謝に遺伝子型がどう影響するかを知ることには大きな利点がある。

　ある研究で、ゲノム全体に散在する様々な一塩基多型（SNP）の遺伝子型が判明している人々にカルムを投与した。12時間後に血液を採取し、薬剤の濃度を測定した。各人の濃度は、それぞれを全体の平均濃度で割った値を100倍して正規化した。影響の大きかった3つのSNPについて、その結果を下図に示す。2文字のアルファベットは2本の相同染色体上のヌクレオチドを示していることに留意せよ（例えば、〝AC〟は一方の相同染色体のヌクレオチドがA、他方のヌクレオチドがCであることを意味する）。

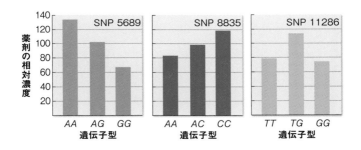

質問

1. 3種類のSNPのそれぞれについて、遺伝子型とカルムの濃度、及び遺伝子型とカルムの代謝の関係を説明せよ。

2. データに基づき、SNP5689の遺伝子型が*AA*の人には*GG*の人よりも高用量の薬剤投与を勧めるべきだろうか、それとも低用量の薬剤投与を勧めるべきだろうか？　その理由も述べよ。

3. SNP5689は薬剤を分解する酵素をコードする遺伝子に位置するSNPであると仮定する。当該遺伝子の*A*アレルがコードする酵素の活性は*G*アレルがコードする酵素の活性と比べて高いと考えられるか、それとも低いと考えられるか？　その理由も説明せよ。

4. SNP8835は質問3の酵素を阻害するタンパク質（酵素）をコードする遺伝子にあるとする。*A*アレルがコードするこの酵素の活性は*C*アレルがコードする酵素の活性と比べて高いと考えられるか、それとも低いと考えられるか？　その理由も説明せよ。

5. 薬剤カルムは肝臓組織にある複数の遺伝子によるタンパク質合成に影響するようである。発現を変化させる原因となるタンパク質をマウスモデルで特定するために医学者が用いるべき手法について、使用する技術を中心に簡潔に説明せよ。

第18章
組換えDNAと
バイオテクノロジー

核酸とタンパク質は少量(この写真の例では1mℓにはるかに満たない量)で分析や改変ができる。

🔑 キーコンセプト

18.1 起源の異なるDNAが組換えDNAを形成する
18.2 細胞にDNAを挿入する方法は複数ある
18.3 どんなDNA配列もクローニングに利用できる
18.4 DNAの改変と機能解析には複数の手段を要する
18.5 DNAは人間に役立つよう操作できる

生命を研究する

DNA技術が医療のニーズに応える

　顔の左側の感覚がないことにジャネットが最初に気づいたのは、もうすぐ職場へ着こうかというときだった。彼女は混乱し、自分の職場を見つけることさえできなくなった。通りがかりの人の通報を受けて駆けつけた救急隊が、ジャネットを近くの病院へ搬送した。彼女は脳卒中を起こしていた。しかし驚くべきことに、2日後には完全に回復して仕事に復帰した。

　脳に酸素と栄養を供給する大きな血管が詰まると、脳卒中が起こる。血管閉塞の数分後には、その影響を受けた脳細胞の呼吸が低下し、数時間以内に細胞は死ぬ。ジャネットの場合、顔面の筋肉を制御する神経が最初に影響を受け、続いて認知過程に関与する脳の領域がダメージを受けたのだった。

　血管閉塞は、血管の内壁に溜まった脂肪の蓄積物上に形成さ

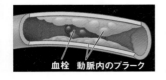
血栓　動脈内のプラーク

れた血栓に起因することが多い。脂っこい食事を摂ることの多いジャネットの食習慣がその遺伝的構成とあいまって、血管内に脂肪塊（プラーク）の形成を誘発したのである。こうした脂肪塊の蓄積は最終的に血管を狭め、血流を妨害する血栓の形成につながる。脳に必要なものを供給している血管の閉塞は脳卒中を引き起こす。

　ジャネットは、組織プラスミノーゲン活性化因子（TPA）による治療処置を受けた。TPAは血栓の溶解に関与するタンパク質である。切り傷を負うと体はTPAを作る。数日後に傷口の血の塊が消えるのはTPAの働きである。処置がなくとも、ジャネットの細胞は徐々にTPAを作り、脳につながる血管を閉塞した血栓をゆっくりと溶かしただろうが、その間に彼女の脳細胞は死んでいたに違いない。そこで溶解の過程を早めるために、ジャネットの血栓の周囲に直接TPAが注入された。

　ところで、ジャネットの治療に用いたTPAはどこから得たのだろう？　TPAは血管細胞でごくわずかに作られるタンパク質である。組織から十分量のTPAを抽出するというのは非現実的であり、治療として血流中に投与するのに十分な量のTPAを確保するためには組換えDNA技術が必要である。後の「**生命を研究する：TPAを作る**」で学ぶが、この合成には実験室で生きた細菌細胞にTPAをコードする遺伝子を挿入する必要がある。その後細胞を生化学的に操作して、大量のTPAタンパク質を発現させるのである。分子生物学の知識とバイオテクノロジーの発展は今や生物学研究を大きく変貌させ、タンパク質や他の有益な物質を合成するために微生物を利用する新しい産業を次々に生み出している。TPAの合成はその一例にすぎない。

Q_A　バイオテクノロジーは医学をどう変えつつあるか？

🔑 18.1 起源の異なるDNAが 組換えDNAを形成する

　組換えDNAは、少なくとも2つの異なる起源を持つDNAを用いて実験室で作製されたDNA分子である。組換えに用いるDNAは、同じ個体（例えば、異なる染色体に由来する）のものでも、同種の異なる個体あるいはまったく別の生物から得たものでもかまわない。

学習の要点
・組換えDNA技術では、制限酵素とDNAリガーゼをDNAの切断と貼り付けにそれぞれ用いる。

　制限酵素（*制限エンドヌクレアーゼ）は2本鎖DNAを切断できる。1960年代後半に、科学者はDNA断片の結合を触媒する酵素**DNAリガーゼ**を発見した。DNAリガーゼの機能の1つが、DNA複製時の岡崎フラグメントの結合である（**図10.15**）。制限酵素を手に入れた科学者は、DNA分子を切断し、断片を継ぎ合わせて新しい組み合わせを作る（DNA断片を「組み換える」）ことができるのではないかと考えた。1973年には、スタンフォード大学のスタンレー・コーエンとカリフォルニア大学サンフランシスコ校のハーバート・ボイヤーらがついにそれを実現した。**図18.1**に示すように、彼らはまず大腸菌から2つの異なるプラスミド（細菌細胞中で主たる染色体とは別個に複製する小さな環状DNA分子、**図9.22**）を分離

した。この2つのプラスミドは、それぞれ異なる抗生物質耐性遺伝子を含んでいた。彼らは制限酵素で2つのプラスミドを切断してその断片を混合し、DNAリガーゼを用いてそれらを再結合させた。次に、このライゲーション（連結）反応で得た組換えプラスミドを新たな大腸菌細胞へ挿入し、その細胞を両方の抗生物質を含む培地で培養した。両方の抗生物質耐性遺伝子を含む組換えプラスミドで形質転換されたごく一部の細菌は培地上でコロニーを作ったが、組換えプラスミドを欠いた大腸菌は耐性を示さなかった。この実験によって、組換えDNA技術が誕生したのであった。

---

*概念を関連づける　**キーコンセプト12.3**で解説したように、制限エンドヌクレアーゼはDNA分子を切断する酵素群である。制限酵素はそれぞれ、DNA鎖にある通常4〜6塩基対の長さのヌクレオチド配列を特異的に認識する。

　DNAが制限酵素で切断され、続いてDNAリガーゼで連結されるときに何が起こっているのか、より詳細に見ていこう。

260ページへ→

実験

図18.1　2つの異なる生物試料から得たDNAを組み換えて機能を持つDNA分子を作製することは可能だろうか？

原著論文： Cohen, S. N., A. C. Y. Chang, H. W. Boyer and R. B. Helling. 1973. Construction of biologically functional bacterial plasmids *in vitro*. *Proceedings of the National Academy of Sciences USA* 70: 3240–3244.

　制限酵素とDNAリガーゼの発見により、異なる生物試料から得たDNAを実験室で組み換えることが可能になった。しかし、そのような「組換えDNA」は生きた細胞に挿入したとき、機能するのだろうか？

スタンレー・コーエンとハーバート・ボイヤーによるこの実験の結果は遺伝研究の展望を一変させて、遺伝子の構造と機能に関する私たちの知識を拡大し、バイオテクノロジーという新分野の幕開けを記した。

仮説▶ 生物学的な機能を持った組換えプラスミドを実験室で作製できる。

方法
　抗生物質カナマイシン（K）耐性遺伝子あるいはテトラサイクリン（T）耐性遺伝子のどちらかを持つ大腸菌のプラスミドを制限酵素で切断する。

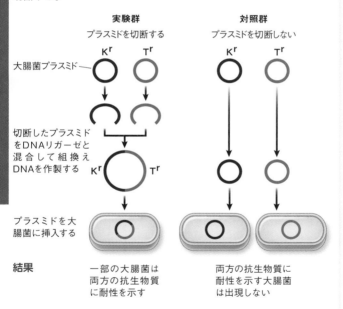

	実験群	対照群
	プラスミドを切断する	プラスミドを切断しない

大腸菌プラスミド —

K^r　T^r　　　　K^r　T^r

切断したプラスミド
をDNAリガーゼと
混合して組換え
DNAを作製する　K^r　T^r

プラスミドを大
腸菌に挿入する

結果　　一部の大腸菌は　　両方の抗生物質に
　　　　　両方の抗生物質　　耐性を示す大腸菌
　　　　　に耐性を示す　　　は出現しない

結論▶ 異なる遺伝子を持つ２つのDNA断片をつなぎ合わせて機能を持つ組換えDNA分子を作製することができる。

多くの制限酵素はDNAの回文配列（パリンドローム配列：2本鎖をそれぞれ逆向きに読むと同一になる配列）を認識する。例えば、制限酵素*Eco*RIの認識塩基配列は、2本鎖上で5′から3′方向に読むと、以下の通りどちらも同じ配列（GAATTC）となる。

$$5'\cdots\text{GAATTC}\cdots3'$$
$$3'\cdots\text{CTTAAG}\cdots5'$$

制限酵素の一部は回文配列の中央をまっすぐに切断し、「平滑末端」を持つ断片を生じる。一方、*Eco*RIのようなその他の酵素は、二重らせんの片方の鎖のホスホジエステル結合を、他方の鎖の切断点から数塩基離れた場所で切断し、末端が凸凹の

焦点： 🔑 キーコンセプト図解

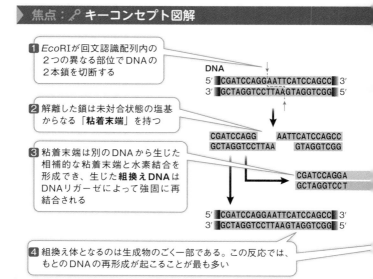

1 *Eco*RIが回文認識配列内の2つの異なる部位でDNAの2本鎖を切断する

DNA
5′ CGATCCAGGAATTCATCCAGCC 3′
3′ GCTAGGTCCTTAAGTAGGTCGG 5′

2 解離した鎖は未対合状態の塩基からなる「粘着末端」を持つ

CGATCCAGG   AATTCATCCAGCC
GCTAGGTCCTTAA   GTAGGTCGG

3 粘着末端は別のDNAから生じた相補的な粘着末端と水素結合を形成でき、生じた**組換えDNA**はDNAリガーゼによって強固に再結合される

CGATCCAGGA
GCTAGGTCCT

5′ CGATCCAGGAATTCATCCAGCC 3′
3′ GCTAGGTCCTTAAGTAGGTCGG 5′

4 組換え体となるのは生成物のごく一部である。この反応では、もとのDNAの再形成が起こることが最も多い

断片を生じる（**焦点：キーコンセプト図解　図18.2**）。*Eco*RI により相補鎖が別々の位置で切断されると、切断部位の2本鎖状態は4塩基対の間の水素結合のみで保たれることになる。暖かい温度（室温以上）では、当該部分の水素結合の力は弱すぎて2本鎖状態を保てないため、DNAは断片として解離してしまう。各断片の切断部位には、1本鎖の「突出部分（オーバーハング）」が生じる。この突出部分は、相補的な別の末端と塩基対合によって結合できる特定の塩基配列を持つので、**粘着末端**と呼ばれる。

　相補的な2つの粘着末端は、水素結合を形成できる。もとのDNA分子の粘着末端どうしが再結合することも、2つの異なるDNA断片の粘着末端が結合することもある（**図18.2**）。さ

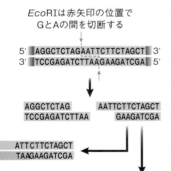

*Eco*RIは赤矢印の位置で
GとAの間を切断する

5′ AGGCTCTAGAATTCTTCTAGCT 3′
3′ TCCGAGATCTTAAGAAGATCGA 5′

AGGCTCTAG　　　AATTCTTCTAGCT
TCCGAGATCTTAA　　　GAAGATCGA

ATTCTTCTAGCT
TAAGAAGATCGA

5′ AGGCTCTAGAATTCTTCTAGCT 3′
3′ TCCGAGATCTTAAGAAGATCGA 5′

図18.2　DNAの切断、組み替え、再結合

一部の制限酵素（ここでは*Eco*RI）で切断すると、DNAの末端は凸凹になる。*Eco*RIを用いて、異なる2つのDNA分子（青色とオレンジ色）を切断する。露出した塩基は、もう一方のDNAから生じた断片の露出した相補塩基と水素結合を形成でき、組換えDNAが生じる。DNAリガーゼによってDNA骨格で共有結合が形成されると、組換え分子が安定する。

Q：制限酵素で平滑末端（粘着部位を欠く）を持つDNAができた場合、2つのDNA分子をつなぎ合わせるにはどうしたらよいか？

らに言えば、例えばヒト由来の断片を細菌由来の断片と結合するといった具合に、起源の異なる断片を結合させることもできる。結合当初は、2つの断片は水素結合の弱い力だけで2本鎖状態を保っているが、酵素DNAリガーゼの触媒によって断片末端の隣接するヌクレオチド間で共有結合が形成されると、両断片は連結してより大きな1つのDNA分子となる。

　制限酵素は*Eco*RI以外にも何百と存在し、どれも固有の認識配列を持つ。これらの手段（制限酵素とDNAリガーゼ）によって、人工合成したDNA配列をはじめ、いかなる起源を持つDNA分子であろうと、科学者は切断して再結合することができるようになった。最近になって、組換えDNAの新しい作製方法が開発された。ポリメラーゼ連鎖反応（PCR）に基づく複数の手法は、適当な制限酵素部位さえ必要とせずに、どんな2つのDNA分子も結合することができる（訳註：例えば、連結する一方のDNA断片の5′末端と他方の5′末端に相補的な1本鎖を付加するように設計したプライマーを用いたPCR法によって、直接に2つのDNA断片を連結し増幅する方法はフュージョンPCRと呼ばれる）。こうした技術の進歩にもかかわらず、制限酵素とDNAリガーゼは今なお生物学実験室で組換えDNAの作製に日常的に使われている。

　組換えDNAは、生きた細胞に挿入され、そこで導入された情報が複製・転写されて初めて生物学的意義を持つ。では、実験室で作られた組換えDNAはどのようにして生きた細胞に挿入され、発現するのだろうか。

🔑 18.2 細胞にDNAを挿入する方法は複数ある

　組換えDNAを作製する目的の1つは、特定の遺伝子やDNA配列の**クローン**の作製、すなわち同一コピーを大量に作ることである。これまでは、「クローン」という術語を遺伝的に同一な細胞や生物体という意味合いで用いてきたが（**第8章**及び**第9章**）、遺伝子も大腸菌のような細菌細胞に挿入することでクローン化できる。遺伝子を挿入した細菌を増殖させれば、全て当該遺伝子のコピーを持った何百万もの同一細胞ができる。クローニングは、配列決定とその後の解析に十分なDNAの入手や大量のタンパク質産物の合成のため、あるいは新しい表現型を持つ生物を創造するための第一段階として行われる。

学習の要点

・ベクターに連結したレポーター遺伝子を使って、組換えDNAが宿主細胞中に存在することを確かめられる。

　組換えDNAは、**形質転換（トランスフォーメーション）**——宿主細胞が動物に由来する場合は**形質移入（トランスフェクション）**——として知られる操作によって宿主細胞へ挿入することでクローン化される（細菌における他の形質転換例については**キーコンセプト10.1**）。組換えDNAを持つ宿主細胞や生物を**形質転換（トランスジェニック）**細胞あるいは生物といい、外来DNAは**導入遺伝子（トランスジーン）**と呼ばれる。本章の後半では、酵母、イネ、さらには家畜までを含む多くの形質転換生物の例について学ぶ。

選抜可能な遺伝子マーカーは、組換えDNAを持つ宿主細胞の同定に用いられる

　形質転換細胞の作製には様々な方法が用いられる。しかし一般に、これらの方法だけでは非効率で、組換えDNAに曝された細胞のうち、実際に導入遺伝子で形質転換されるものはごく一部にすぎない。形質転換細胞のみを分離し増殖させるために、抗生物質耐性を付与する遺伝子のような**遺伝子マーカー（選抜マーカー）**がしばしば組換えDNA分子の一部として組み込まれる。抗生物質耐性遺伝子を選抜マーカーとして利用する場合、形質転換実験で得られた細胞を抗生物質の存在下で生育させると、非形質転換細胞は抗生物質で全て死滅し、形質転換細胞のみが生き残る。抗生物質耐性遺伝子は前述のコーエンとボイヤーの実験でもマーカーとして用いられた（図18.1）。

遺伝子は原核細胞にも真核細胞にも挿入できる

　理論的には、組換えDNAの導入宿主にはどんな細胞でも生物でもなりうる。とはいえ、多くの研究ではモデル生物が使用されてきた。

・*細菌*は実験室で容易に増殖させたり操作したりできる。なかでも特によく研究されてきた大腸菌（*Escherichia coli*）のような細菌の分子生物学的機構は、大部分が判明している。さらに細菌は、組換えDNAを宿主細胞に導入するよう簡単に操作できるプラスミドを持つ。しかし、転写、翻訳、翻訳後修飾の過程は原核生物と真核生物とでは進行が異なるから、細菌は真核生物遺伝子の発現宿主として常に適切であるとは限らない。

・*出芽酵母*（イースト、*Saccharomyces cerevisiae*）は、組換えDNA研究のための真核細胞の宿主として汎用される。酵母を用いる利点として、細胞分裂が速いこと（2〜4時間で

生活環が完了する）、実験室での増殖が容易なこと、ゲノムサイズが比較的小さいことなどが挙げられる（**表17.2**）。加えて、酵母細胞は多細胞生物に特徴的な性質を除けば、真核細胞の有するその他の性質のほとんどを共有している。

- *植物細胞*は、成熟した組織から全能性の*幹細胞を作り出すことができる優れた宿主である。この未分化細胞を組換えDNAで形質転換して、培養細胞として研究したり、新しい植物体にまで育てたりすることができる。細胞培養の段階を経ずに完全な形質転換植物を作る方法もある（訳註：茎頂分裂組織を対象とした*in planta*形質転換法はこうした方法として開発された技術の１つである）。このような方法を用いて作製した植物は、生殖細胞系列を含む全ての細胞が組換えDNAを持つことになる。

- *実験室で培養した動物細胞*は、ヒトや動物の遺伝子発現の研究、例えば医療的な目的などに用いることができる。卵細胞に新たなDNAを挿入すれば、完全な形質転換動物さえも作製できる。

---

*概念を関連づける　**キーコンセプト19.5**で説明するように、幹細胞は植物にも動物にも存在する。この細胞は絶えず分裂し続けており、適切な信号が与えられれば分化が可能である。

挿入されたDNAは通常、宿主の染色体中に組み込まれる

細胞を化学的に処理することで外膜の透過性を高め、混合したDNAを細胞内へ拡散させることができる。この他にも電気穿孔法（エレクトロポレーション）と呼ばれる方法がある。この方法では、短時間の電気ショックを与えて細胞膜に一時的に穿孔を作り、DNAを送り込めるようにする。ウイルスに変更

を加えて、組換えDNAを細胞内に運び込ませることも可能である。植物の形質転換には、DNAを植物細胞に挿入するある特別な細菌が汎用されている。形質転換動物は、受精卵の核に組換えDNAを挿入することで作製可能である。DNAでコーティングした金属の微粒子で宿主細胞を「射撃」する「遺伝子銃」もある。

　細胞に新たなDNAを挿入するうえでの課題は、宿主細胞に注入するだけでなく、宿主細胞の分裂に伴って注入したDNAも複製されるようにしなくてはならないことにある。**キーコンセプト10.3**で見たように、DNAポリメラーゼはどんな配列にも結合してそのコピーを作るわけではない。新たなDNAを複製させるためには、それが複製開始点（複製起点）を含むDNA断片の一部となる必要がある。そのようなDNA分子は複製単位、あるいは**レプリコン**と呼ばれる。

　新たに導入されたDNAを宿主細胞でレプリコンの一部とするためには、代表的な方法が2つある。

1．DNAを宿主染色体に直接連結する。
2．運搬体として働くDNA配列（**ベクター**と呼ばれる）の一部としてDNAを宿主細胞に導入し、その後、宿主染色体に組み込ませるか、ベクター自体に備わった複製起点から複製させる。

　宿主細胞へDNAを注入するために、数種類のベクターが利用されている。そのうちのいくつかについて、以下でより詳細に説明していこう。

ベクターとしてのプラスミド　第9章で述べたように、プラスミドは多くの原核細胞に存在し、主要なDNAとは別に独自に複製する小さな環状DNA分子である。いくつかの特徴から、プラスミドは有用な形質転換ベクターである。

- プラスミドは比較的小さい（大腸菌のプラスミドは通常2000〜6000塩基対にすぎない）ので、実験室での操作が容易である。
- プラスミドは、配列中にそれぞれが1回ずつしか登場しない制限酵素の認識部位を1つ以上持つことが多い。このような制限酵素を用いれば、宿主細胞の形質転換に用いる前に、新規DNAを原核生物プラスミドへ容易に挿入できる。
- 多くのプラスミドが抗生物質耐性を付与する遺伝子を含んでおり、選抜マーカーとして利用できる。
- プラスミドは細菌由来の複製起点（*ori*）を持ち、宿主染色体から独立して複製できる。細菌細胞が数百個もの組換えプラスミドを内包することも珍しくない（訳註：宿主細胞中で多数のコピーとして存在するようなプラスミドをリラックス型プラスミドと呼ぶ。一方、宿主染色体の複製機構に依存し、少数しか存在できないものをストリンジェント型プラスミドと呼ぶ）。このため、細菌の形質転換を活用した遺伝子増幅法は並外れて効率的である。典型的なプラスミドに挿入したヒトβ-グロビン遺伝子を内包した1ℓの細菌細胞は、典型的な成人1人分のヒト細胞に存在する遺伝子と同程度の数の遺伝子（10^{14}個）を持っている。

　実験室でベクターとして用いるプラスミドは大幅に改変され、次のような便利な性質が付与されている。
- 多重クローニング部位（マルチクローニングサイト、MCS）。多くの場合、クローニングを目的とした20以上の特異的制限酵素の認識部位を持つ（次ページの図の*Hind*III, *Bam*HI, *Sal*I, *Pst*I）
- ある種の宿主細胞で機能する複製起点（次ページの図の*ori*）
- 選抜マーカー遺伝子のような1個以上のレポーター遺伝子

（下図のアンピシリン耐性遺伝子とテトラサイクリン耐性遺伝子）

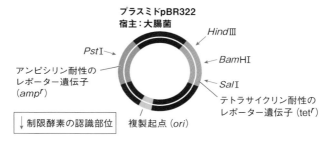

プラスミドpBR322
宿主：大腸菌

*Hind*Ⅲ

*Pst*Ⅰ

*Bam*HI

アンピシリン耐性の
レポーター遺伝子
（*amp*ʳ）

*Sal*Ⅰ

テトラサイクリン耐性の
レポーター遺伝子（*tet*ʳ）

↓制限酵素の認識部位

複製起点（*ori*）

植物用のプラスミドベクター　様々な種類の植物に新たな
DNAを導入するためのベクターとして重要なのが、アグロバ
クテリウム・ツメファシエンス（*Agrobacterium tumefaciens*）
という細菌が持つプラスミドである。この細菌は土壌中に生息
し、植物体に感染して根頭癌腫（クラウンゴール）と呼ばれる
病気（異常増殖による腫瘍組織の形成が特徴）を引き起こす。
アグロバクテリウムはTi（*tumor-inducing*、「腫瘍を誘発す
る」の意）と呼ばれるプラスミドを持つ。アグロバクテリウム
が植物に感染すると、TiプラスミドのT-DNA（transferred
DNA）と呼ばれる領域が細胞中に挿入され、植物細胞の染色
体の1つに組み込まれる。TiプラスミドはこのT-DNAの輸送
と組み込みに必要な複数の遺伝子を備えている。T-DNAに含
まれる遺伝子は宿主細胞で発現し、腫瘍の増殖とアグロバクテ
リウムが窒素源およびエネルギー源として用いる特殊な糖の合
成をもたらす（訳註：腫瘍の増殖は植物ホルモンであるオーキシンと
サイトカイニンの合成遺伝子がもたらす。特殊な糖はオパインと総称
されるイミノ酸である）。科学者は植物ゲノムに外来遺伝子を挿
入するため、自然界のこの腕利きの「遺伝子工学技術者」を利
用してきた。

　Tiプラスミドを植物の形質転換用ベクターとして用いる際には、T-DNA上の腫瘍誘発遺伝子と糖合成遺伝子を取り除き、外来DNAで置き換える。組換えTiプラスミドはまず、もともとあったTiプラスミドを取り除いたアグロバクテリウム細胞の形質転換に用いられる。その後、組換えプラスミドを持ったそのアグロバクテリウム細胞を植物に感染させる。

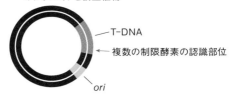

Tiプラスミド
宿主：アグロバクテリウム（*Agrobacterium tumefaciens*）のプラスミドと宿主植物

T-DNA
複数の制限酵素の認識部位
ori

ベクターとしてのウイルス　プラスミド複製の限界のために、プラスミドに挿入できる外来DNAの大きさは10k（1k ＝ 1000）塩基対程度までとなる。多くの原核細胞遺伝子はこれより小さいが、イントロンと広範な隣接配列を持つ真核生物遺伝子はほとんどが10k塩基対よりもずっと大きい。こうした遺伝子の導入には、より大きなDNA配列を挿入できるベクターが必要である。

　真核生物のDNAベクターとしては、原核生物に感染するウイルスと真核生物に感染するウイルスのどちらも利用できる。大腸菌に感染するバクテリオファージ・ラムダ（λ）は約48k塩基対のDNAゲノムを持つ。そのうち約20k塩基対はバクテリオファージが生活史を全うするのに不必要である（図13.12）。この20k塩基対を取り除いて、別の生物のDNAで置き換えることが可能で、置き換えられたDNAはファージDNAとともに複製される。ウイルスは特別の操作がなくても

自然に細胞に感染するから、宿主細胞にうまく侵入させるために人工的な手段が必要なプラスミドに比べてはるかに大きな利点を持つ。

レポーター遺伝子は
組換えDNAを含む宿主細胞の選抜と同定に役立つ

　宿主細胞の集団に適当なベクターを投与しても、実際にベクターを取り込むのはそのごく一部にすぎない。また、組換えDNAを作製する工程も完璧からは程遠い。ライゲーション反応の間にDNA分子は様々に組み換わることができるので、その多くが望み通りの組換え分子にはならない（図18.1及び18.2）。そこで、望んだ組換えが起こる確率を上げるための方法が開発された。単純な方法としては、2つの異なる制限酵素を用いて近接した位置でベクターを切断することだった。この操作により、非相補的な2つの粘着末端を両端に持つベクター分子ができて、ライゲーション反応の間にベクターが単にもとの環状に戻る確率がぐっと下がる。挿入したい分子を同じ2種類の酵素で切断すると、理論的にはベクターと挿入断片が連結しさえすれば、機能を持つ環状プラスミド分子ができることになる。その場合でも、ライゲーション産物の一部しか望み通りの組換え配列を持たないことがしばしばである。

　どうしたら望ましい配列を含んだ宿主細胞を同定あるいは選抜することができるだろうか？　初期の組換えDNA実験で用いられた抗生物質耐性遺伝子のような選抜マーカーを用いるのも1つの方法である（図18.1）。選抜マーカーは**レポーター遺伝子**の一種と言える。レポーター遺伝子とは、その発現が容易に観察できる遺伝子を指す。数種類のレポーター遺伝子を以下に記す。

- 既に学んだように、プラスミドその他のベクターに含まれる抗生物質耐性遺伝子は、選抜用の抗生物質の存在下で増殖できる形質転換宿主細胞の検出を可能にする。宿主細胞が通常ある抗生物質に対して感受性ならば、細胞がベクターで形質転換されたときにだけ、その抗生物質を含む培地で増殖可能となる。この方法は原核細胞でも、植物細胞や動物細胞などの真核細胞でも、遺伝子組換え細胞の選抜に用いられている。

- 大腸菌 lac オペロン（図13.4）の β-ガラクトシダーゼ遺伝子（lacZ）は人工基質のX-Galを明るい青色の産物に変化させることができる酵素をコードしている。多くのプラスミドが多重クローニング部位（すなわち、標的DNA配列が挿入されうる多くの特異的制限酵素の認識部位が集まった領域）をその配列内に伴う lacZ 遺伝子を持っている。これらのプラスミドは抗生物質耐性遺伝子も併せ持つので、プラスミドを保持する細菌コロニーは抗生物質を含んだ固形培地で選抜できる。この培地にはX-Galも含まれる。lacZ 遺伝子に挿入された外来DNAを保有する組換えプラスミドを細菌コロニーが持っていれば、β-ガラクトシダーゼが作られずコロニーは白色となる。挿入配列を持たないもとのプラスミドを含むクローンは、lacZ 遺伝子を発現して青色のコロニーを作る（図18.3）

- オワンクラゲ（Aequorea victoria）が通常生成している緑色蛍光タンパク質（GFP）は、紫外線（UV）に当たると目に見える緑色の蛍光を発する。このタンパク質をコードする遺伝子が分離され、ベクターに挿入されている。現在、GFPはレポーター遺伝子として汎用されている（図18.4）。今では、GFPは紫外線に当たると他の色を発するように改変

274ページへ→

図18.3　組換えDNAの選抜

科学者は選抜可能なマーカー（レポーター）遺伝子を用いて、プラスミドを取り込んだ細菌を選抜する。実験では通常、ほとんどの細菌はDNAを取り込まない。また、DNAを取り込んだとしても、組換えDNAを取り込む細胞はそのごく一部である。

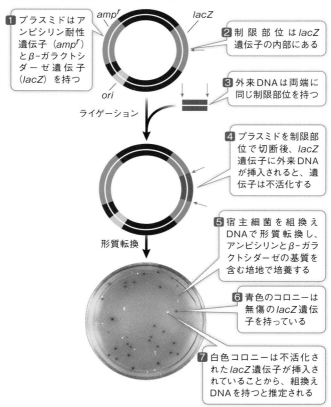

1 プラスミドはアンピシリン耐性遺伝子（amp^r）とβ-ガラクトシダーゼ遺伝子（lacZ）を持つ

2 制限部位はlacZ遺伝子の内部にある

3 外来DNAは両端に同じ制限部位を持つ

ライゲーション

4 プラスミドを制限部位で切断後、lacZ遺伝子に外来DNAが挿入されると、遺伝子は不活化する

形質転換

5 宿主細菌を組換えDNAで形質転換し、アンピシリンとβ-ガラクトシダーゼの基質を含む培地で培養する

6 青色のコロニーは無傷のlacZ遺伝子を持っている

7 白色コロニーは不活化されたlacZ遺伝子が挿入されていることから、組換えDNAを持つと推定される

> アンピシリン耐性を持ち白色となる
> 細胞だけが組換え DNA を持っている

amp^S、*lacZ*^−大腸菌が 取り込むDNA	アンピシリンの 表現型	*lacZ*の表現型
なし	感受性	対象外（生育なし）
外来DNA	感受性	対象外（生育なし）
プラスミド	耐性	青色
組換えDNA	耐性	白色

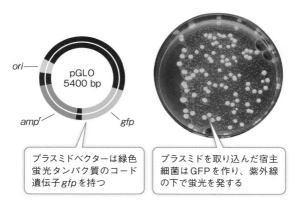

ori — pGLO 5400 bp amp^r gfp

プラスミドベクターは緑色 蛍光タンパク質のコード 遺伝子*gfp* を持つ

プラスミドを取り込んだ宿主 細菌は GFP を作り、紫外線 の下で蛍光を発する

図18.4　レポーターとしての緑色蛍光タンパク質
緑色蛍光タンパク質（GFP）を作る形質転換細胞は紫外線を照射する と緑色の蛍光を発するから、GFP遺伝子を持つプラスミドの存在はす ぐに分かる。これを利用すれば、プラスミドを持つ細胞の確認が抗生 物質の選抜によらず可能である。

Q：GFP選抜で細胞は死ぬか？　この点が重要なのはなぜか？

されており、こうした新しい変異型も分子生物学者たちに広く利用されている（訳註：ホタルやクラゲなどの発光生物の発光メカニズムを研究し、1962年にオワンクラゲからイクオリンとGFPを発見したのは下村脩であった。下村脩博士は2008年にノーベル化学賞を受賞した）。

ここまでDNAが制限酵素でどのように切断され、ベクターに挿入されて宿主細胞に導入されるかについて見てきた。また、組換えDNAを取り込んだ宿主細胞を同定する方法も学んだ。そこで次に、こうした操作で用いる遺伝子やDNA断片はどこから来ているのかについて考えてみよう。

🔑 18.3 どんなDNA配列も　　クローニングに利用できる

　分子クローニングの主要な目標は、DNA配列とそれがコードするタンパク質の機能を理解することである。詳しくは本節でこれから説明するが、クローニング操作に用いるDNA断片の出所はいくつかある。例えば、遺伝子ライブラリーとして維持されているランダムな染色体断片、mRNAの逆転写で得た相補的DNA（cDNA）、ポリメラーゼ連鎖反応（PCR）で増幅したDNAや人工的に合成したり変異させたりしたDNAなどである。

学習の要点

・cDNAライブラリーは、特定の細胞や組織が特定の時期に作るRNA（mRNA）を網羅している。

・逆転写酵素を用いて特異的cDNA配列を作製・増幅するRT-PCR法

では、cDNAライブラリーを作る必要がない。

・有機化学の手法によって人工DNAを合成することができる。

クローニング用のDNAはライブラリーから得られる

　ゲノムライブラリーは、生物のゲノムを構成するDNA断片の集合である。制限酵素による消化や機械的な剪断などの方法により、染色体をより小さな断片に切断することができる。こうした小さなDNA断片も全体として見れば依然としてゲノムを構成しているが（図18.5（A））、情報は多数のより小さな「蔵書」内に細分化されている。希望する断片は何でもベクターに挿入でき、続いてそれが宿主細胞に取り込まれる。そのようなたった1つの形質転換細胞が増殖しただけで細胞コロニーが形成され、コロニーの細胞は全て同一DNA断片のコピーを多数含むことになる。

　プラスミドベクターを用いてヒトゲノムのライブラリーを作るためには、約70万個の別々の断片が必要になる。典型的なプラスミドの約4倍のDNAを挿入できるバクテリオファージλを利用すれば、ライブラリーの「蔵書」数を約16万にまで減らすことができる。それでもまだ膨大な数に思えるかもしれないが、1つのシャーレには数千のファージコロニー、すなわちプラーク（溶菌斑）を収めることができる。それらに対して適切な核酸プローブとの*ハイブリダイゼーション（雑種分子形成）実験を実施すれば、特定DNA配列の存在を容易にスクリーニングできる。

---

*概念を関連づける　図11.6で解説した核酸のハイブリダイゼーション技術では、標的DNAに相補的な配列を持つ1本鎖の核酸プローブを使用する。プローブが標的DNAと2本鎖ハイブリッド分子を形成することで、標的DNA断片を同定できる。

図18.5　ライブラリーの作製

完全なゲノムDNAは宿主細胞に導入するには大きすぎる。

(A)DNAを小断片化して断片をベクターに挿入し、組換えベクターで細胞を形質転換することによりゲノムライブラリーを作製できる。各細胞コロニーはゲノムのごく一部のコピーを多数含んでいる。

(B)細胞内の多くのmRNAをcDNAにコピーし、それらを使ってライブラリーを作製できる。コロニーのDNAはその後、分離して分析することが可能である。

cDNAはmRNA転写産物から作製される

上述のDNAライブラリーよりもずっと小規模な、特定の組織で特定の時期に転写される遺伝子のみからなるライブラリーが、**相補的（complementary）DNA**すなわち**cDNA**から作製できる（図18.5(B)）。cDNAの作製は、細胞からmRNAを分離する過程とmRNAへの相補的塩基対の結合によってcDNAコピーを合成する**逆転写**と呼ばれる過程からなる。逆転写は**逆転写酵素（リバーストランスクリプターゼ）**によって触媒される。

ある生物の生活環の一時期にある特定組織から得たcDNAの集合を**cDNAライブラリー**と呼ぶ。細胞質中のmRNAの寿命は短いから、細胞中に存在するmRNAの種類と量は、その細胞に存在する全遺伝子の転写速度を表す良い指標となる。したがって、cDNAライブラリーは、特定の時期における細胞集団中の転写パターンを捉えた「スナップ写真」であると言える。cDNAライブラリーは、発生の様々な段階にある様々な組織における遺伝子発現を比較するうえで非常に重要である。例えば、これを用いた研究から、ある動物では全遺伝子の3分の

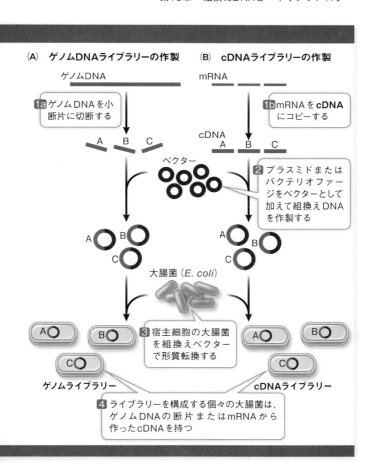

(A)　ゲノムDNAライブラリーの作製

ゲノムDNA

1a　ゲノムDNAを小断片に切断する

A　B　C

ベクター

A　B
C

大腸菌（*E. coli*）

A　B
C
ゲノムライブラリー

(B)　cDNAライブラリーの作製

mRNA

1b　mRNAをcDNAにコピーする

cDNA
A　B　C

2　プラスミドまたはバクテリオファージをベクターとして加えて組換えDNAを作製する

A　B
C

3　宿主細胞の大腸菌を組換えベクターで形質転換する

A　B
C
cDNAライブラリー

4　ライブラリーを構成する個々の大腸菌は、ゲノムDNAの断片またはmRNAから作ったcDNAを持つ

１までが発生過程のみで発現することが見出されている。cDNAクローンは遺伝子のコード配列のみを含む（イントロンは切り出されている、図11.7）から、cDNAは真核遺伝子のクローニングの優れた出発点でもある。また、ある真核遺伝子

が特定の組織で高発現している場合には、その組織から作製したcDNAライブラリーには当該遺伝子が多く含まれるから、その同定とクローニングが容易になる。

逆転写酵素を使って*PCR操作を実施すれば、特定のcDNA配列を作製して増幅することができるので、ライブラリーを作製する必要がない。この方法では、生物または組織からRNAを分離し、そのRNAから逆転写酵素を用いてcDNAが作られる。次に、PCRでcDNA試料から特定の配列を直接増幅する。**RT-PCR**と呼ばれるこの操作は今では、細胞や生物における特定遺伝子の発現を調査するためのきわめて有益な手段となっている。

---

*概念を関連づける　図10.19で解説したように、ポリメラーゼ連鎖反応（PCR）は試験管内で自動的にDNA断片を複製する。DNA増幅とも呼ばれるこの操作には、標的配列に相補的なDNAを繰り返し合成して、化学分析や遺伝操作に必要な量のDNAを作製する過程が含まれる。

合成DNAはPCRまたは有機化学で作製できる

PCRは10^{-12}g（ピコグラム）というごくわずかな量のDNAがあれば始められる。適切なプライマーを使用すれば、どんなDNA断片もPCRで増幅できる。DNA複製には（PCRであれ細胞中であれ）、DNAポリメラーゼが相補的なヌクレオチドを付加するための鋳型だけでなく、複製の開始点となる短いオリゴヌクレオチドのプライマーが必要である（図10.11）。PCR反応では、適切なプライマー（DNAの2本鎖それぞれに1つずつ必要）が鋳型DNAに加えられると、プライマーに挟まれたDNA領域のコピーがわずか数時間で数百万個も合成でき

る。増幅されたDNAは次にベクターに挿入され、組換え
DNAが作製されて、宿主細胞中でクローン化される。

　有機化学を用いてヌクレオチドを連結して特定配列を作り出
すことで、人工DNAを合成できる。この過程は今では完全に
自動化されており、実験室では短いものから中程度の長さの配
列ならば、一晩で多量のコピーを作ることができる。例えば、
PCRプライマーはこうした手法で作られる。*人工DNAの合
成に鋳型は必要ないから、どんな配列のDNAでも合成可能で
ある。このような柔軟性は、都合のいい制限部位や特定の変異
など、望み通りの性質を持ったDNA断片を作る際に有益であ
る。短い配列をつなぎ合わせてより長い合成配列を作り、特定
の目的のために設計された完全な遺伝子を合成することもでき
る。例えば、特定の種類の細胞で高発現するように、あるいは
活性の高い酵素をコードするように遺伝子を設計し合成するこ
とも可能である。

---

*概念を関連づける　合成DNAトランスポゾンを含むプラスミドを用
いた宿主細胞の形質転換によって遺伝子を1つずつ不活化する手法か
ら、最小ゲノムについての洞察が得られている。キーコンセプト17.2
参照。

　ここまで、組換えDNA分子の作製に用いることのできる
様々な起源のDNAを取り上げ、生物がどのように組換え
DNA技術で形質転換されるのかについて見てきた。そこで次
に、組換えDNAと形質転換技術を応用した遺伝子とタンパク
質の機能に関する研究例に目を転じてみよう。

🔑 18.4 DNAの改変と機能解析には 複数の手段を要する

本章ではこれまで、組換えDNAの作製とそれによる生物の形質転換の仕組みについて学んできた。本節では、DNA研究に用いる他のいくつかの技術について見ていこう。そこには異なる生体システムにおける遺伝子発現、突然変異の誘発、遺伝子発現を阻止する手法、多数のヌクレオチド配列を解析するためのDNAマイクロアレイなどが含まれる。

学習の要点

・マイクロアレイを使って、ゲノム全体の遺伝子発現パターンを一度に調査することができる。

・RNA干渉は通常、翻訳段階で特定の遺伝子発現を阻止するために用いられる。

・CRISPR技術を利用して特定遺伝子の改変や不活化ができる。

遺伝子発現はDNA技術によって調節できる

DNAは異なる場あるいは異なる速度で発現するように操作することが可能である。研究者は以下のような問題について調べるなかで、遺伝子発現と機能に関する知識を深めてきた。

・*遺伝子を別の場に動かすと何が起こるか?* 研究者は、例えば、ヒトの遺伝子を細菌にまたは細菌の遺伝子を植物に導入するなどの方法により、他生物で遺伝子を発現させて、遺伝子機能や他の遺伝子との相互作用を調べたいと考えることがある。これまでに、移植された遺伝子の発現には宿主生物のプロモーターその他の制御配列が必要なことが判明している。例えば、細菌のプロモーターは植物細胞では働かないと

いった具合である。研究対象の遺伝子のコード配列は、宿主生物あるいはよく似た遺伝子発現の仕組みを持つ生物に由来するプロモーターと転写終結配列の間に挿入しなければならない。

・遺伝子発現の速度を変化させると何が起こるか？　細胞中で遺伝子を通常よりも高レベルで過剰発現させ、はるかに多くのタンパク質を合成させられることが分かっている。過剰発現は、宿主細胞中で非常に高い活性を発揮するプロモーターの近傍に遺伝子を挿入し、続いて宿主細胞中でプロモーターと遺伝子からなる組換え配列をクローニングすることで達成できる。

何千という実験によって、遺伝子とそれがコードするタンパク質の機能が明らかにされてきた。植物の自殖（自家受粉）を抑制するために進化したと思われる遺伝システムはその一例である。ほとんどの植物は雄性と雌性の器官を兼ね備えた両性花を作るが、自殖できず自家不和合性を示す植物も多い。例えばアブラナ科植物もそれに該当し、その花は「自身の」花粉を認識するタンパク質を産生して、花粉が同一花の卵細胞と受精することを阻止する。遺伝的交配から、S遺伝子と呼ばれる多重アレルを持つ特定の遺伝子が自家不和合性を制御していることが示唆されていた。その後、宿主のSアレルと異なるSアレルを持つ組換えDNAで植物を形質転換する実験により、その決定的な証拠が得られた。形質転換植物は自分の花粉だけでなく、導入されたアレルをもともと持っている個体の花粉も拒絶したのである。

DNA突然変異を実験室で誘発することができる

自然に起こる突然変異は、特定遺伝子に関する因果関係を証

明するための重要な手段となってきた。しかしながら、自然突然変異の頻度はきわめて低い。DNA技術は様々な突然変異を人為的に作出することで、それらがもたらす結果を探求することを可能にしている。任意の配列を持つ合成DNAを作製することができるため、そうした変異遺伝子を宿主細胞で発現させれば、それが生物体に与える効果を観察することが可能である。

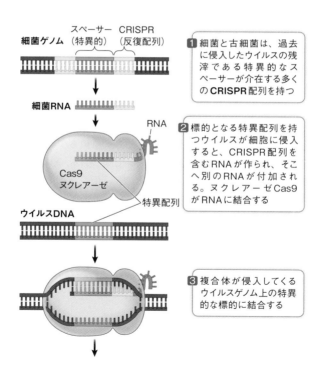

1 細菌と古細菌は、過去に侵入したウイルスの残滓である特異的なスペーサーが介在する多くの **CRISPR** 配列を持つ

2 標的となる特異配列を持つウイルスが細胞に侵入すると、CRISPR配列を含むRNAが作られ、そこへ別のRNAが付加される。ヌクレアーゼCas9がRNAに結合する

3 複合体が侵入してくるウイルスゲノム上の特異的な標的に結合する

CRISPR技術は遺伝子の不活化や改変に利用できる

　上記のように、遺伝子は通常それが発現しない細胞中で発現するように改変したり、通常よりも高いレベルで発現させたりすることによって、詳細に研究できる。また、遺伝子を不活化して機能タンパク質に転写・翻訳されないようにしたり、DNA配列を変えて異なる遺伝子産物を作らせたりすることによっても詳細な解析が可能である。CRISPR技術は、「ゲノム編集」（特定遺伝子の配列の付加、破壊あるいは改変）や遺伝子制御の強力な新手法となっている（図18.6）。バイオテク

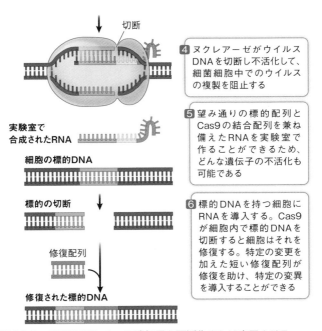

切断

実験室で合成されたRNA

細胞の標的DNA

標的の切断

修復配列

修復された標的DNA

4 ヌクレアーゼがウイルスDNAを切断し不活化して、細菌細胞中でのウイルスの複製を阻止する

5 望み通りの標的配列とCas9の結合配列を兼ね備えたRNAを実験室で作ることができるため、どんな遺伝子の不活化も可能である

6 標的DNAを持つ細胞にRNAを導入する。Cas9が細胞内で標的DNAを切断すると細胞はそれを修復する。特定の変更を加えた短い修復配列が修復を助け、特定の変異を導入することができる

図18.6　CRISPRによって遺伝子を不活化または変異させる
侵入してくるウイルスとの戦いに細菌が用いる分子システムが、任意の遺伝子の不活化や改変に利用されている。

ノロジーの他の多くの手段と同じく、これもまた自然界で見出される仕組み、すなわち、ある種の細菌や多くの古細菌がウイルス感染に対する防衛に用いる仕組みを手本にしている。そうした生物のゲノムは、**CRISPR**（clustered *r*egularly *i*nterspaced *s*hort *p*alindromic *r*epeat の頭字語）として知られる、配列間に24塩基対からなる特有のスペーサー DNA を持つ多くの短い DNA 回文配列（24〜48塩基対）を含んでいる（**キーコンセプト18.1**）（訳註：1987年に大腸菌で CRISPR 配列を最初に発見したのは、大阪大学の石野良純らであった）。1つの CRISPR 配列内の反復配列は全て同一であるが、スペーサー配列はそれぞれ異なっている。各スペーサーは、かつて宿主細胞に感染したものの、溶菌にはいたらなかったウイルス DNA の断片である。したがってスペーサー配列は、それを持つ細胞に警戒すべきウイルスを知らせる「遺伝的な手配写真」と言える。スペーサー DNA とよく似た配列を持つウイルスが細胞に DNA を注入すると、CRISPR とスペーサー配列からなるユニットが RNA に転写され、それに2番目の短い RNA が付加される。この RNA 複合体は続いて次の2つの機能を発揮する。

1. スペーサー配列はウイルスゲノムの一部と相補的だから、それと塩基対を形成して結合する。
2. 複合体は Cas9 と呼ばれるタンパク質に結合する。Cas9 は侵入してきたウイルス DNA を切断し、新しいウイルスを作る能力を奪って宿主細胞を防御するヌクレアーゼ（核酸分解酵素）である。

　以上のことから、ウイルスに一度感染した細胞は全てゲノムにコードされた感染の「記憶」を持つことになり、それらから増殖した細胞も同様である。

　この自然の原初的な免疫システムが解明されると、スウェーデンのウメオ大学のエマニュエル・シャルパンティエとカリフ

ォルニア大学バークレー校のジェニファー・ダウドナは、それを使ってどんなDNAであっても特定の位置で切断できるかもしれないと考えた。切断に必要なのは、標的に相補的なRNA（「ガイド」RNA）とCas9酵素だけだった（訳註：二人は2020年のノーベル化学賞を受賞した）。現在では、原核生物か真核生物かにかかわらず、特定の生物の特定の遺伝子を標的とした数万種類もの特異的なガイドRNAが市販されており、不活化された遺伝子に関する様々な研究や「もしそうだとしたら、どうなる？」という多くの疑問の科学的な探究を可能にしている。

　遺伝子を不活化するCRISPR技術の単純さには大きな可能性が秘められている。1つだけ初期の例を挙げるとすれば、コムギに壊滅的な打撃を与えるうどんこ病と呼ばれる子嚢菌が引き起こす病だろう。多くのコムギ品種は、発現するとこの病気に対するコムギの自然防衛を阻害する遺伝子を持っているため、病気を制御するには殺菌剤の多量散布しかない。そうしたなか、中国の研究者たちがCRISPR技術でこの遺伝子を不活化し、自然の抵抗性を発揮させることに成功した。

　CRISPR技術を使うと、特定の突然変異を誘発することも可能である。生きた細胞でCas9が標的DNAを切断すると、細胞はこの損傷を修復しようとする（図10.18）。この修復はしばしば不完全で、その場合再結合したDNAには突然変異が生じる。生物学者は、切断領域に相補的な短いDNA配列を合成し、新しい配列に特異的な変化を起こさせることによって、突然変異を誘発できる。

　突然変異を誘発する能力にも増して大きな期待が寄せられているのは、変異、とりわけ病気の原因となる変異を修正できる可能性だろう。例えば、嚢胞性線維症という病気は膜輸送タンパク質の変異で起こる。オランダの研究者たちはCRISPRを用いて、この病気の患者から得た細胞の変異を修正した。これは

治療に直結するわけではないが（修正された遺伝子が多くの組織で機能する必要がある）、変異遺伝子を初期胚のような生殖細胞系列で修正しうる可能性が生まれた。しかし、CRISPR技術を使えば人間の生殖系列ゲノムを容易に修正できるという事実は、倫理や法律上の懸念を呼んだ。人間の生殖細胞系列に変更を加えることを法律で禁止している国もある（訳註：2018年11月28日、香港で開催された第2回ヒトゲノム編集国際サミットで行われた中国・南方科技大学の賀建奎准教授の発表は世界に衝撃を与えた。賀はヒトの受精卵にゲノム編集を施し、エイズウイルスの感染に必要なタンパク質をコードする遺伝子が改変された双子の女児を誕生させたと報告した）。

相補的なRNAによって特定遺伝子の発現を阻止できる

特定の遺伝子の発現を研究するには、mRNAの翻訳を阻止してその遺伝子をノックアウトするという方法もある。遺伝子をノックアウトする操作もまた、科学者が自然を模倣した例の1つである。キーコンセプト13.5で説明したように、遺伝子発現はしばしば、細胞で作製された2本鎖RNA分子が修飾を受けてできる、短い1本鎖のマイクロRNA（miRNA）によっ

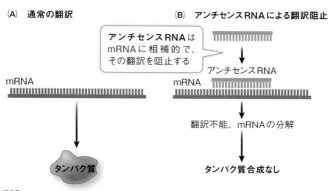

(A) 通常の翻訳　　　　　(B) アンチセンスRNAによる翻訳阻止

アンチセンスRNAはmRNAに相補的で、その翻訳を阻止する

アンチセンスRNA

mRNA

mRNA

翻訳不能、mRNAの分解

タンパク質

タンパク質合成なし

て制御されている。これらのmiRNAは特定のmRNA配列に相補的で（図13.18（A））、標的mRNAに結合してその翻訳を抑制する。miRNAと標的RNAからなるハイブリッドRNA分子は細胞質で急速に分解される傾向がある。その結果、標的遺伝子は転写され続けるが、翻訳が起こらなくなる。科学者はハイブリッドRNAのアイデアを、特定遺伝子の発現を阻止する方法の開発に応用した（図18.7）。生物を形質転換して、その細胞内にもともと存在する特定のmRNAに相補的なmRNAを作るように改変し、結合によってその内在性mRNAの発現を阻止することが可能である。あるいはその代わりに、細胞に合成した相補的配列を注入することもできる（図18.7（B））。相補的な1本鎖のRNA配列は、mRNAの「センス」塩基配列と対合によって結合することから**アンチセンスRNA**と呼ばれる。

　遺伝子発現が関与する病気を治療するアンチセンス薬剤を創ることが可能かもしれない。例えば、家族性高コレステロール血症という遺伝病の患者は、血中コレステロールを分解できず、血管内に脂肪が沈着する（本章冒頭のジャネットがまさにこれに当たる）。過剰なコレステロールは、リポタンパク質の

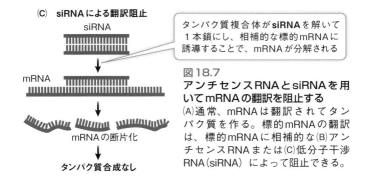

（C）siRNAによる翻訳阻止

siRNA

mRNA

mRNAの断片化

タンパク質合成なし

> タンパク質複合体がsiRNAを解いて1本鎖にし、相補的な標的mRNAに誘導することで、mRNAが分解される

図18.7
アンチセンスRNAとsiRNAを用いてmRNAの翻訳を阻止する
（A）通常、mRNAは翻訳されてタンパク質を作る。標的mRNAの翻訳は、標的mRNAに相補的な（B）アンチセンスRNAまたは（C）低分子干渉RNA（siRNA）によって阻止できる。

一部として血液中を輸送されている。ミポメルセンという薬剤は、このリポタンパク質の「タンパク質」部分に該当するmRNAの翻訳を標的にしたアンチセンスRNAである。家族性高コレステロール血症患者がこの薬剤を投与されると、血流中のリポタンパク質レベル、すなわちコレステロールレベルが低下し、血管内の脂肪の蓄積が減少する。

アンチセンスRNAに関連した技術に、**RNA干渉（RNAi）** を活用したものがある。これもまた、低分子干渉RNA（siRNA、図13.18（B））の関与によってmRNAの翻訳を阻止する自然の仕組みである。siRNAは標的mRNAの相補領域に結合し、続いてmRNAを分解する。RNA干渉が1990年代後半に発見されて以来、科学者は2本鎖siRNAを人工合成して既知遺伝子の発現を抑制してきた（**図18.7（C）**）（訳註：RNA干渉は1998年にアンドリュー・ファイアーとクレイグ・メローによって線虫で発見された。2人はこの功績により2006年にノーベル生理学・医学賞を受賞した）。合成の2本鎖siRNAは1本鎖のアンチセンスRNAより安定しているので、siRNAの利用のほうが翻訳の抑制手段として好適である。眼の血管が異常増殖し、最終的に全盲に近い状態をもたらす病気である黄斑変性症に対して、RNA干渉に基づく治療法が開発された。血管増殖を促進する信号分子は成長因子である（訳註：血管内皮増殖因子、VEGF）。この成長因子のmRNAを標的とするsiRNAは、病気の進行を止めるだけでなく、病状を改善する可能性さえ示している。RNA干渉の医療への応用はほとんどがまだ実験段階だが、アンチセンスRNAもRNA干渉も、生物学研究では因果関係の試験に広く用いられている。

DNAマイクロアレイは
RNAの発現パターンを明らかにする

　ゲノム科学は2つの点から大量解析の必要性という課題に直面している。第一に、真核生物のゲノムには非常に多くの遺伝子が存在するという問題であり、第二に、異なる組織や異なる時期に固有の遺伝子発現パターンが無数に存在するという問題である。例えば、初期の皮膚癌細胞のmRNAパターンは、正常な皮膚組織とも進行した皮膚癌細胞とも異なる特有の「フィンガープリント」を持つことがある。その場合、遺伝子発現パターンは患者の癌の特性を把握しようとする医者にとって貴重な情報となりうる。

　特有の遺伝子発現パターンを同定するためには、細胞からmRNAを分離し、各遺伝子のmRNA量をハイブリダイゼーションあるいはRT-PCRで遺伝子ごとに測定すればよい。しかし、それには膨大な手順と時間が必要である。こうしたハイブリダイゼーションを一度にまとめて行えればずっと簡単になる。そしてそれは**DNAマイクロアレイ**技術により実現した。

　DNAマイクロアレイ（「遺伝子チップ」）は、様々なDNA配列をスライドガラス上に整然と貼り付けたものを指す。このスライドは「ウェル」と呼ばれる小さなスポット（くぼみ）からなるグリッドに分割されている。各スポットには、20塩基またはそれ以上からなる特定のオリゴヌクレオチドが数千コピーずつ接着されている。それらのオリゴヌクレオチド配列は、コンピューター制御によって予め決められた配置通りに塗布されたものである。各オリゴヌクレオチドは1つのDNA配列あるいはRNA配列とだけハイブリダイズするから、各遺伝子の特異的な同定手段となる。多数の種類のオリゴヌクレオチドを1枚のマイクロアレイに配置すれば、遺伝的変異を検出できる。例えば、変異アレルを持つDNAは、アレイ上の野生型

標的遺伝子配列とはハイブリダイズしないだろう。アレイ上には数十万種類もの遺伝子断片を接着することが可能だから、大量の遺伝子の変異を同時に検出できる。遺伝子の発現パターンの違いを利用して、乳癌のような組織のmRNAの違いをマイクロアレイで検出することが可能である（図18.8）。

これまで、どのようにDNAを断片化し、組換え、操作して、生きた細胞に戻すかを学んだ。そこで今度は、こうした技術が有益な生物や産物の作製に活用されている実例を見ていくことにしよう。

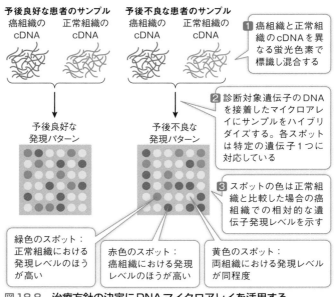

予後良好な患者のサンプル
癌組織の cDNA　正常組織の cDNA

予後不良な患者のサンプル
癌組織の cDNA　正常組織の cDNA

1 癌組織と正常組織の cDNA を異なる蛍光色素で標識し混合する

予後良好な発現パターン

予後不良な発現パターン

2 診断対象遺伝子のDNAを接着したマイクロアレイにサンプルをハイブリダイズする。各スポットは特定の遺伝子1つに対応している

3 スポットの色は正常組織と比較した場合の癌組織での相対的な遺伝子発現レベルを示す

緑色のスポット：正常組織における発現レベルのほうが高い

赤色のスポット：癌組織における発現レベルのほうが高い

黄色のスポット：両組織における発現レベルが同程度

図18.8　治療方針の決定にDNAマイクロアレイを活用する
癌組織における多くの遺伝子の発現パターン（色分けされたスポットのパターン）により乳癌の再発可能性が分かる。実際のアレイにはここに示したものよりずっと多くのスポットが並んでいる。

🔑 18.5 DNAは
　　人間に役立つよう操作できる

　バイオテクノロジーとは、細胞や生体を利用して、食物、医薬品や化学物質など人々の役に立つものを作る技術の総称である。人々は、はるか昔から様々な形のバイオテクノロジーを利用してきた。例えば、酵母を使用したビールやワインの醸造は少なくとも8000年前から行われてきたし、チーズやヨーグルトの製造に細菌培養を用いる技術は古い歴史を持つ。こうした生化学的な形質転換技術を活用しながらも、人々は長い間、そこに生物や遺伝子が関与していることにはまったく気づいていなかった。組換えDNA技術の開発により、今日では細菌、酵母、動物細胞、植物細胞あるいは生物体全体にほぼあらゆる種類の遺伝子を挿入し、大量の遺伝子産物を作らせることが可能になっている。

学習の要点

・発現ベクターは、宿主細胞中で外来遺伝子の発現を確実にするために作製される。

・現代の組換えDNA技術には、これまで農業に利用されてきた伝統的な育種法に比べて大きな利点がある。

・バイオテクノロジーの利用は、倫理と環境に予期せぬ問題を提起している。

細胞を、目的のタンパク質を
生産する工場に変えることができる

　真核生物の遺伝子を典型的な細菌のプラスミドに挿入して大腸菌の形質転換に使ったとしても、その遺伝子に原核生物の重要なDNA配列が一緒に組み込まれていないかぎり、遺伝子産

物はほとんど産生されない。細菌細胞中で真核生物の遺伝子が発現するためには、細菌のプロモーター、転写終結信号や細菌リボソームのmRNAへの結合に必要な特別な配列などが、漏れなく形質転換用ベクターに含まれている必要がある。

　外来遺伝子を宿主細胞中で確実に発現させるために、科学者は**発現ベクター**を作製する。発現ベクターは、クローニングベクターとしての要素だけでなく、宿主細胞中で外来遺伝子（導入遺伝子とも呼ばれる）が発現するのに必要な配列も併せ持っている。細菌宿主への発現ベクターの挿入については**図18.9**に示す。宿主が真核生物である場合の発現ベクターは、mRNAの安定性に関わるポリA付加配列と、真核細胞での発現に必要な全ての要素を含むプロモーターを備えていなければならない。

　発現ベクターは、どんな種類の真核細胞や原核細胞へも導入遺伝子を運べるように設計でき、以下のような付随的な特徴を持つものもある。

・特定の信号に応答する*誘導プロモーター*を加えることが可能である。例えば、ホルモン刺激に応答するプロモーターを付加すれば、ホルモンを与えたときにだけ導入遺伝子が高発現するようにできる。

・局所的に発現させたい場合には、特定の組織で特定の時期にのみ発現する*組織特異的プロモーター*を利用できる。例えば、多くの種子貯蔵タンパク質は植物種子の小胞体だけで発現し、それぞれの貯蔵組織に運ばれる。導入遺伝子を種子特異的なプロモーターと連結することで、当該遺伝子を種子だけで発現させることが可能になる。

・*信号配列*を付加して、遺伝子産物を適切な目標に届けることができる。例えば、タンパク質を酵母や細菌細胞の液体培養で産生させるときには、目的のタンパク質を容易に回収でき

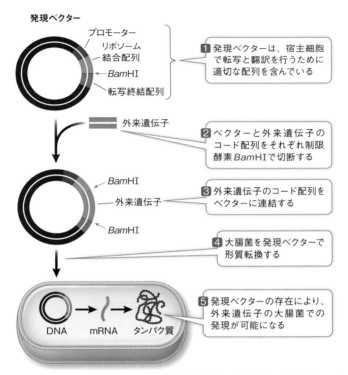

図18.9　宿主細胞で導入遺伝子を発現させることにより大量のタンパク質産物を作り出せる
真核生物の遺伝子を大腸菌で発現させるには、転写開始（プロモーター）、転写終結、リボソーム結合のための細菌の配列が必要である。これらの配列を付加された発現ベクターは、原核細胞で真核細胞タンパク質の合成を可能にする。

るよう細胞外の培地へ分泌させる信号を付加しておけば効率的である。

表18.1　バイオテクノロジーによって製品化された有用な医薬品の例

薬剤	使途
コロニー刺激因子	癌やAIDS患者の白血球増殖促進
エリスロポエチン	腎臓透析や癌治療を受けている患者の貧血抑止
第Ⅷ因子	血友病A患者で欠損している凝固因子の補充
成長ホルモン	低身長症患者で欠損しているホルモンの補充
インスリン	インスリン依存性（Ⅰ型）糖尿病患者の血糖の取り込み促進
血小板由来増殖因子	外傷の回復促進
組織プラスミノーゲン活性化因子	心臓発作や脳卒中後の血栓溶解
ワクチンタンパク質：B型肝炎、ヘルペス、インフルエンザ、ライム病、髄膜炎、百日咳など	感染病の予防と処置

医療に役立つタンパク質をバイオテクノロジーによって生産できる

　バイオテクノロジーによって医療に役立つ製品が数多く生産されており（表18.1）、さらに多くの医薬品が様々な開発段階にある。本章の始めに解説した組織プラスミノーゲン活性化因子（TPA）の生産は、バイオテクノロジーの医療応用を示す好例である。既述のように、TPAは血栓の加水分解に関与するヒトのタンパク質で、脳卒中患者に対して血流を妨げている血栓を溶解するために使用できる。

　医療として処方するうえで必要な大量のTPAを作るために、科学者はまず実験室でTPAのmRNAを抽出してcDNAのコピーを作製し、TPA遺伝子を分離した。次にcDNAを発現ベクターに挿入し、哺乳動物細胞を形質転換した（「**生命を研究する：TPAを作る**」）。形質転換細胞は大量のTPAを作り出

298ページへ→

▶ 生命を研究する　　**TPAを作る**

実験

TPA（組織プラスミノーゲン活性化因子）のようなタンパク質を薬剤として治療に活用するには、形質転換細胞で組換えDNA（この場合は活性のあるプロモーターに連結されたTPA遺伝子）を発現させて、大量のタンパク質を合成させる必要がある。そのタンパク質を精製して脳卒中患者に投与すれば、脳動脈血栓の溶解を触媒することで治療に役立てられる。

原著論文：Collen, D. et al. 1984. Biological properties of human tissue-type plasminogen activator obtained by expression of recombinant DNA in mammalian cells. *Journal of Pharmacology and Experimental Therapeutics* 231: 146-152.

仮説▶　組換えDNA技術を使って治療に有効なTPAを作る。

方法

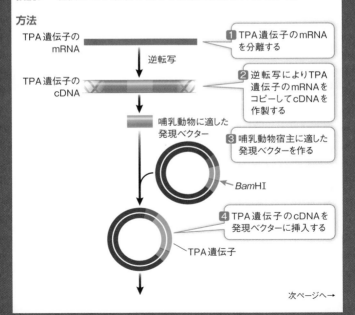

TPA遺伝子の
mRNA

逆転写

TPA遺伝子の
cDNA

哺乳動物に適した
発現ベクター

*Bam*HI

TPA遺伝子

1 TPA遺伝子のmRNA を分離する

2 逆転写によりTPA 遺伝子のmRNAを コピーしてcDNAを 作製する

3 哺乳動物宿主に適した 発現ベクターを作る

4 TPA遺伝子のcDNAを 発現ベクターに挿入する

次ページへ→

結果

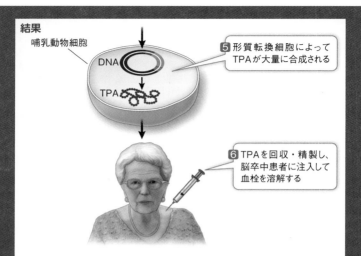

哺乳動物細胞

DNA

TPA

5 形質転換細胞によって
TPAが大量に合成される

6 TPAを回収・精製し、
脳卒中患者に注入して
血栓を溶解する

結論▶ バイオテクノロジーで作られたTPAは患者の治療に役立つ。

データで考える

　バイオテクノロジーによって合成・精製された分子は、目的に適っ
た生物学的性質を持っていなければならない。TPAの場合、天然の
血栓溶解分子の性質を十分に再現することが目標であった。ベルギー
の医師デジレ・コーレン率いる国際チームは、実験室で合成した
TPAをヒト細胞で作られた天然のTPAと比較した。彼らは2種類の
実験を実施した。一方では実験室でヒトの血液に懸濁させた血栓を使
い、もう一方ではウサギの体内で形成された血栓を使った。研究チー
ムは血栓溶解の時間経過と、溶解効果を発揮するために必要なTPA
濃度も調査した。

質問▶

1. 放射性標識した凝固分子を用いて、ヒトの血栓が実験室で調製さ
　れた。血栓が溶解すると放射性物質は加水分解産物（モノマー）
　に変わるから、可溶性画分と不溶性画分の放射活性を比較すれ
　ば、血栓の溶解度を測定できる。表Aは、天然のTPA、バイオ

テクノロジーにより合成されたTPA、TPAを含まない対照薬の
それぞれを注入した後の血栓溶解度を経時的に示している。血栓
の溶解度（％）を経時的に示すグラフを描け。この実験について
どんな結論を下せるか？

表A

経過時間 （時間）	血栓の溶解度（％）		
	TPAなし （対照薬）	天然のTPA	実験室合成の TPA
1	0	4	5
2	0	10	20
3	1	20	35
4	1	35	55
5	2	50	65

2. 実験室で合成したTPAが哺乳類の血液系で血栓を溶解できるか
どうかを判定するために、ウサギの大きな血管で血栓形成を誘導
した。20時間後、天然のTPAと人工のTPAがそれぞれ血栓を起
こした領域に注入され、その4時間後に血栓の溶解度が測定され
た。結果を表Bに示す。この実験について、どんな結論が下せる
か？　結果にはデータのSEM（標本平均の標準誤差）を示す。
2つの実験群の間および実験群と対照群の間に有意差があるとす
れば、それを調べるために統計検定をどう使えばよいか？

表B

TPAの投与量 （単位数）	血栓の溶解度（％）	
	天然のTPA	実験室合成のTPA
0（対照群）	14.3（1.4）	14.3（1.4）
1万2000	19.8（5.4）	22.3（6.0）
2万4000	24.5（7.9）	30.6（0.8）
4万8000	38.9（4.8）	49.3（9.7）
9万6000	66.0（6.3）	75.4（3.9）

し、TPAはまもなく薬剤として市販されることになった。本章の始めで見たように、この薬剤は脳卒中の治療に大きく貢献している。

　有益な医薬品を大量生産するもう1つの方法が**ファーミング**（**pharming**）である。これは農場（ファーム、farm）の家畜や植物で医薬品（pharmaceuticals）を作ることを意味する。例えば、有用なタンパク質をコードする遺伝子を、ミルクに豊富に含まれるタンパク質であるラクトグロブリンをコードする遺伝子のプロモーター近傍の下流に配置する。この組換えDNAを持つ形質転換家畜は、ミルク中に当該の外来タンパク質を大量に分泌する。こうした天然の「生体反応装置（バイオリアクター）」が大量に供給してくれる目的のタンパク質は、ミルク中の他の構成要素と分離し、容易に精製できる（図18.10）。

DNA操作は農業を一変しつつある

　植物の栽培と家畜の飼育は、世界最古のバイオテクノロジーの事例であり、その歴史は1万年以上前に遡る。何世紀にもわたって人々は、自分たちの必要に応じて作物と家畜の改良を重ね、大きな種子、脂肪含量の高いミルクや病気に対する抵抗性のような望ましい性質を持つ品種を生み出してきた。

　近年まで、作物や家畜の品種改良は、自然変異の結果として望ましい性質を持った個体を見つけ出すという方法が最も一般的だった。選抜育種と呼ばれる慎重な*交配を積み重ねて、望ましい性質をもたらす遺伝子が導入され、そうした品種や系統が広く栽培あるいは飼育されてきたのである。

---

*概念を関連づける　遺伝実験では通常、限られた数の遺伝子やアレルを扱う。しかし、作物の表現型は数多くの遺伝子とアレルによって決定されている。この事実が、2つの品種間の交配から遺伝的に安定で

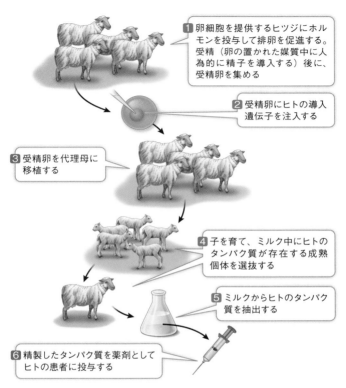

1. 卵細胞を提供するヒツジにホルモンを投与して排卵を促進する。受精（卵の置かれた媒質中に人為的に精子を導入する）後に、受精卵を集める

2. 受精卵にヒトの導入遺伝子を注入する

3. 受精卵を代理母に移植する

4. 子を育て、ミルク中にヒトのタンパク質が存在する成熟個体を選抜する

5. ミルクからヒトのタンパク質を抽出する

6. 精製したタンパク質を薬剤としてヒトの患者に投与する

図18.10　ファーミング
望ましい遺伝子を組み込んだ発現ベクターを動物の卵細胞に注入し、代理母に移植する。すると形質転換した子孫は、ミルク中に新たなタンパク質を分泌する。ミルクは容易に集められるので、そこからタンパク質を分離・精製して、患者の治療に役立てることができる。

Q：ゴーシェ病と呼ばれる遺伝病の治療薬として、ニンジンの組織培養細胞を用いて作られた細菌酵素を成分とする薬剤が開発された。標的組織に運ばれた酵素はリソソーム中で機能する。酵素がヒト細胞で機能するためには、酵素遺伝子の他にどんなDNA配列をニンジン細胞に挿入する必要があるか？

望ましい性質を持つ子孫を選択することを難しくしている。キーコンセプト9.2及び9.3参照。

　高収量のコムギ、イネ、トウモロコシの交配種などいくつかの目覚ましい成功例はあるものの、人為的な交配の成否はいちかばちかの賭けとも言える。望ましい性質の多くは複数の遺伝子によって制御されているので、交配の結果を正確に予想したり、優れた組み合わせを純系として何年も維持したりするのは困難である。特に有性生殖では、遺伝子の望ましい組み合わせは減数分裂によって後代で分離してしまう。しかも、従来の育種は長期間を要する。多くの植物や動物は成熟に年月を要するだけでなく、成熟後も年に一、二度しか子孫が得られない。この点については、急速に増殖する細菌とは雲泥の差がある。

　現代の組換えDNA技術は伝統的な育種法より様々な点で優れているが、そのうちのいくつかを以下に記す。

・**特定遺伝子を同定することが可能**　連鎖した遺伝子マーカーの開発で、育種家は特定の望ましい遺伝子を選別し、より正確で速やかに育種を行うことが可能となる。

・**任意の生物の任意の遺伝子を植物や動物に導入することが可能**　突然変異誘発技術と組み合わせると、開発可能な新しい性質の幅を大きく広げる。

・**新しい個体を迅速に作り出すことが可能**　実験室で細胞を操作し、クローニングによって植物や動物の個体を作製すれば、従来の育種法より開発速度は格段に高まる。

　こうした利点から、組換えDNA技術は農業の分野で幅広く応用されている（**表18.2**）。いくつかの例を挙げながら、植物科学者が作物の改良にこの技術をどのように応用してきたのかを明らかにしていこう。

表18.2　開発途上にあるバイオテクノロジーの農業への応用例

目的	技術・遺伝子
作物の環境適応性の向上	乾燥や塩害への耐性遺伝子
栄養価の向上	高リシン種子、βカロテンを含むイネ種子
収穫後の品質向上	果実の成熟遅延、より甘い野菜
バイオリアクターとしての植物利用	植物製のプラスチック、油脂、薬剤

自ら殺虫剤を産生する植物　植物はウイルス、細菌、真菌などによる感染の危険に曝されているが、作物の最大の敵は、おそらく植食性の昆虫である。聖書の時代のイナゴ（そして現代のバッタ）から綿花につくゾウムシまで、昆虫は人間が栽培する農作物を絶えず食い荒らしてきた。

　殺虫剤の開発はこの状況を改善したが、殺虫剤にも独自の問題がある。有機リン酸系をはじめとする多くの殺虫剤は比較的特異性が低いため、作物の害虫だけでなくより広範な生態系の益虫をも殺してしまう。殺虫剤には人間を含む他の生物群に毒性を持つものさえ存在する。しかも、殺虫剤の多くは環境に長期間残留してしまうのである。

　ある種の細菌は虫を殺すタンパク質を作って身を守っている。例えば、バチルス・チューリンゲンシス（*Bacillus thuringiensis*）という細菌は、それを摂食した昆虫の幼虫に毒性を発揮するタンパク質を作る（訳註：バチルス・チューリンゲンシスは、1901年に京都蚕業講習所の石渡繁胤によって蚕の卒倒病菌として発見された。この菌の産生する毒性タンパク質はBTトキシンと呼ばれる）。

バチルス・チューリンゲンシス

毒素結晶　　　1 μm

　昆虫に対するこのタンパク質の毒性は、一般的な殺虫剤の8万倍にも及ぶ。幼虫が不運にもこの細菌を口にすると、毒素が活性化して、消化管に特異的に結合して穴を開け、幼虫は死んでしまう。バチルス・チューリンゲンシスの乾燥製剤は、環境中で速やかに分解する安全な殺虫剤として何十年も前から市販されてきた。しかし、乾燥製剤の生態系分解性はこの殺虫剤の限界でもあった。というのも、分解性の高い乾燥細菌体は作物の成長期に繰り返し散布しなければならないからである。

　より長期的な効果を期待するなら、作物自身がこの毒素を作れるようにしてやればよい。そして、これこそまさに科学者が採用した手段だった。彼らはバチルス・チューリンゲンシスの毒素合成遺伝子を分離してクローン化し、植物プロモーターや他の調節配列などを付加して大幅な変更を加えた。この遺伝子により形質転換されたトウモロコシ、ワタ、ダイズ、トマトなどの作物は順調な生育を見せている。これらの形質転換（遺伝子組換え）作物を栽培する農家では、殺虫剤の使用量を減らすことができている。

除草剤抵抗性の作物　農業にとっての脅威は植食性昆虫だけではない。圃場には雑草も繁茂し、水や土壌の栄養素を農作物と奪い合う。グリホサートは、広く使われている効果的な除草剤

で、植物だけに作用する。これは、芳香族アミノ酸の生合成に
関与する葉緑体の酵素経路（シキミ酸経路）を阻害する。グリ
ホサートは、ほとんどの雑草に効果を示す薬効範囲の広い除草
剤だが、残念ながら作物も枯らせてしまう（訳註：モンサント社
が製造販売するグリホサートの商品名は、一網打尽を意味する「ラ
ウンドアップ」である）。この問題を解決するには、作物が成長を
始める前に薬剤を散布して圃場から雑草を一掃してしまうのも
１つの方策である。しかし庭いじりをしたことのある人なら誰
でも知っているように、作物が成長を始めるときには、雑草も
再び生えてくる。もし作物が除草剤の影響を受けずにすむのな
ら、作物を害することなく適宜除草剤を使用できるようにな
る。

　そこで科学者は、発現ベクターを用いてグリホサートの標的
となる酵素を改変し、グリホサートの阻害を免れる新たな酵素
を合成する組換え作物の作製を試みた。この酵素遺伝子を挿入
されたトウモロコシ、ワタ、ダイズやトマトは、グリホサート
耐性になった。この技術は急速に広まり、今ではワタとダイズ
の大部分がこの遺伝子を持っている。

栄養価を高めた穀物　健康を維持するためには、人間は適切な
量のβカロテンを摂取し、体内でビタミンAに転換しなけれ
ばならない。世界ではおよそ４億人がビタミンA欠乏症に苦
しみ、易感染性（感染しやすさ）と失明の危険に直面してい
る。その原因の１つに、彼らの主食である米にβカロテンが含
まれていないことがある。イネ種子は２つの酵素からなるβカ
ロテンを合成する生化学経路を欠いている。

　植物生物学者のインゴ・ポトリクスとペーター・バイエル
は、βカロテン経路の遺伝子の１つをエルウィニア属の細菌
（*Erwinia uredovora*）から、もう１つをラッパスイセン

（*Narcissus pseudonarcissus*）から単離した。彼らは、その2つの遺伝子に生育中のイネ種子で発現するために必要なプロモーターやその他の信号を付加し、それを使ってイネを形質転換した。こうして生まれた組換えイネは、βカロテン含量が高いために黄色っぽく見える穀粒を実らせる。ラッパスイセンの遺伝子をトウモロコシの遺伝子に替えたより新しい品種は、さらに多くのβカロテンを作るため濃い黄金色になる（図**18.11**）（訳註：組換えイネは開発当初から、ゴールデンライスと呼ばれている）。調理したこの米を毎日約150g食べれば、1人の人間が1日に必要とするβカロテン量を摂取できる。この新しい形質転換イネ品種は、地域の様々な環境に適応した品種群と交配されており、何百万もの人々の食生活を改善することが期待されている。

環境に適応した作物　農業は、作物や家畜のニーズに沿った環境の整備、すなわち生態系管理に依存している。農場は人間がデザインした非自然的なシステムであり、作物の生育に最適な

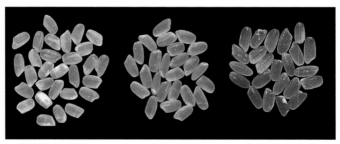

野生型イネの種子　　　　　ゴールデンライス1　　　　　ゴールデンライス2

図18.11　βカロテンを豊富に含む形質転換米
真ん中と右：どちらの形質転換イネ品種もヒトの体内でビタミンAに転換されるβカロテン色素を合成するため、黄色く見える。
左：野生型イネの種子はβカロテンを含まない。

条件を維持するよう注意深く管理しなくてはならない。例えば、過剰な灌漑は「土壌塩分」の上昇をもたらしかねない。肥沃な三日月地帯と呼ばれる中東のチグリス川とユーフラテス川に挟まれた地域では、1万年前頃から農業が行われてきたが、もはや肥沃ではなくなってしまった。今日では砂漠化しており、その主な原因は土壌の塩濃度が高いことにある。塩濃度の高い土壌ではほとんど植物が育たない。土壌の浸透圧が高いと植物は枯れてしまうし、過剰な塩イオンは植物細胞にとって有害だからである。

　植物のなかには、高塩濃度土壌にも耐えて育つものもある。そうした植物はナトリウムイオン（Na^+）を細胞質から液胞へ輸送するタンパク質を持ち、そこにNa^+を蓄積して生育に害を及ぼさないようにできる（植物の液胞については、**キーコンセプト5.3**）。科学者はこの輸送タンパク質遺伝子を改良して非常に高い活性を持たせ、ナタネ、コムギ、トマトなど塩害に弱い作物の形質転換に用いた。この遺伝子を導入したトマトは、一般に致死的と言われる濃度の4倍の塩を含む水でも生育できた（図18.12）。この発見から、これまで不毛とされてきた土壌で作物を栽培できる可能性が見えつつある。

　これまでに開発された遺伝子組換え植物のなかでも、塩ストレス耐性（上記の遺伝子を用いて作製）と乾燥ストレス耐性（細菌の遺伝子を利用）を併せ持ち、窒素欠乏土壌でも生育できる能力（オオムギの遺伝子を利用）をも備えたイネ系統ほど注目すべき例はないだろう。この三重耐性を持つ遺伝子組換えイネ品種は圃場試験が進行中である。

　以上に示した例は、作物と環境の関係にパラダイムシフトが起こりつつあることを示す証左である。すなわち、植物に合うように環境を操作する時代から、バイオテクノロジーによって植物を環境に適応させられる時代への転換である。そうなれ

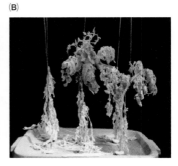

図18.12　耐塩性のトマト
耐塩性遺伝子を導入された形質転換トマトは高濃度の食塩水でも生育する(A)が、導入遺伝子を持たないトマトは枯れてしまう(B)。この技術によって高塩濃度土壌でも作物の生育が可能になる。

ば、水質汚染のような農業の弊害も軽減されるかもしれない。

合成生物学が新製品の生きた生産工場を創造する

　遺伝子を1個ずつ不活化していくことによって、特定の生物が生きていくために必須の遺伝子（最小ゲノム）が何か、そしてその生物に特別な機能を付与している遺伝子は何かを突き止められることについては、**キーコンセプト17.2**で学んだ。こうした研究の目標の1つは、特定の目的に適う新たな生命を設計することにある。これは換言すれば、新たな遺伝子を最小ゲノムに加えることである。この目標に向けた重要なステップが、人工ゲノムを実験室で合成して、細菌細胞に挿入したクレイグ・ヴェンターらの実験であった。これは、マイコプラズ

マ・ミコイデス（*Mycoplasma mycoides*）を用いて行われた。人工ゲノムは次にゲノムを除いた近縁種のマイコプラズマ・カプリコルム（*M. capricolum*）の空の細胞に導入された（訳註：*M. mycoides*のゲノムをもとに、ゲノムの様々な領域からなる人工的に化学合成した8つの部分ゲノムを作製し、これらを酵母菌中で再編成した。続いて、近縁種の*M. capricolum*細胞への編成人工ゲノムの移植と、宿主ゲノムの除去というきわめて複雑な手順を踏んで、*M. mycoides*の人工ゲノムのみを持つマイコプラズマ細胞を足掛け20年の歳月を費やして作製した）。473個の遺伝子を持つ531kbの人工ゲノムの働きで、この細胞は生殖を含む生化学的な生命機能を営むことができた（図18.13）。

　合成生物学の目標は大胆である。合成生物学が創造を目指すものには、燃料用の炭化水素や新しい医薬品の生産といった新たな機能を備えた細菌やその他の生物、プラスチックのような高分子化合物（ポリマー）を生産する細菌など、枚挙にいとまがない。しかしこうした機能をゲノムに新たに付加する前に、

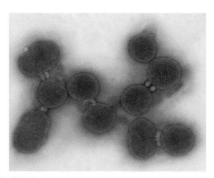

図18.13　合成細胞
ここに示したマイコプラズマ・ミコイデスは合成ゲノムを持っている。

Q：合成細胞にはどんな活用法が考えられるだろうか？

宿主細胞で機能するプロモーターのような制御に関わる遺伝子
や配列を含め、関連遺伝子を明確に理解しておく必要がある。
今では、多くの既知の遺伝子機能に関連する数千もの遺伝子や
調節配列、ならびにそれらの遺伝子発現を制御する化学物質が
判明している。例えば、農業で肥料として使われる硫安（硫酸
アンモニウム）の合成のようなたった1つの細菌機能にさえ、
70以上の遺伝子が必要とされる。

バイオテクノロジーに対しては社会的懸念が存在する

　遺伝的に改変された作物や生物には、その知識と安全性に関
する社会的懸念が寄せられている。これらの懸念は以下の3つ
に集約される。

1．遺伝操作は自然に対する不自然な干渉である。
2．遺伝的に改変された食物の摂取は安全でない。
3．遺伝的に改変された作物は環境にとって有害である。

　バイオテクノロジーの支持者も、最初の主張には概ね同意し
ている。しかし支持者は、作物とはそもそも、操作された環境
（農場）で栽培される人為的に育種された植物に由来している
という意味からすれば、どれも全て非自然的であると指摘す
る。組換えDNA技術はこうした従来の育種技術を一段と洗練
したものにすぎないというのである。しかし、合成生物学は遺
伝子操作を劇的に前進させている。

　遺伝子組換え作物を人間が摂取することの安全性に関する懸
念に対しては、バイオテクノロジーの支持者は次のように反論
する。遺伝子組換えは単一遺伝子を付加するだけであり、付加
された遺伝子は植物機能に特異的であるから問題はない。例え
ば、組換え植物が作るバチルス・チューリンゲンシスの毒素
（BTタンパク質）は人間にはまったく作用しない（訳註：多く
の昆虫はBTタンパク質の受容体を消化管内に持っているため、消化管

内でBTタンパク質が毒性のある活性型に変換されて死にいたる。一方、人間や動物はこの受容体を持たない）。しかし、植物バイオテクノロジーが農作物の生育改善のための遺伝子付与から、人間の生物学に影響するような遺伝子の付与に向かえば、このような懸念はより切迫したものになるだろう。

　環境に対する悪影響はこれまで様々に予想されてきた。例えば、導入遺伝子が作物から別の種へ「漏出する」懸念が持ち上がっている。除草剤耐性遺伝子が作物から近縁の雑草へ気づかぬうちに転移（水平伝播）してしまえば、その雑草は除草剤を散布した地域にもはびこることになる。除草剤の使用量増加のせいで、自然突然変異によってその除草剤に耐性となった雑草が選択される状況は既に生じている。例えば、グリホサートを広範に散布したグリホサート耐性作物の栽培圃場では、この除草剤への耐性を付与する稀な突然変異を持つ雑草が選択されるにいたっている。圃場で進化した耐性を持つ雑草は、今や調査対象とした主要な雑草の半数に達するとの報告がある。

　バイオテクノロジーがもたらす潜在的利益を考慮すれば、細心の注意を払いつつも技術を推進することが肝要だと科学者たちは信じている。

生命を研究する

Ｑ Ａ　バイオテクノロジーは医学をどう変えつつあるか？

　バイオテクノロジーが生んだ血栓溶解薬TPAで患者を治療するうえでの限界とは何だろうか？　本章冒頭に掲げたジャネットの事例のなかで、脳卒中患者にとって迅速な治療がいかに重要であるかを指摘した。TPAが最初に治療薬として使用さ

れてから20年間に実施された数々の研究に関する分析が2014年に発表され、脳卒中が起こって3時間以内にTPA処置を受けた人々が重大な後遺症を負わない確率は、TPA処置を受けなかった人々より75％も高いことが判明した。患者に対する薬剤の投与が遅れると効果は下がり、脳卒中後6時間でほぼゼロになる。

　TPA治療の実施が始まった当時に起こった問題の1つは、薬剤が注入後に血流中で速やかに分解されてしまうことだった。生物工学者たちはこの問題に対処するためにTPA遺伝子を少しだけ改変し、タンパク質をグリコシル化（糖を付加）して血流中で分解されるまでの時間を長くした。バイオテクノロジーによって薬剤が開発されるたびに、このTPAの物語が繰り返されている——開発当初の成功、生化学的問題の浮上、改変という一連の物語が。

　DNAバイオテクノロジーによる医薬品の商業生産はある程度の成功を収めてきたが、成功例は比較的限られているし、環境条件を変えることで細菌やその他の微生物を操作して抗生物質のような分子を大量に合成させる従来のバイオテクノロジーで作られた薬剤ほど目覚ましい例がないのも確かである。しかし本章で述べた通り、マイクロアレイやCRISPRなどのDNA操作技術は医療分野の診断と治療を一変させる可能性が高い。

今後の方向性

「旧来の」バイオテクノロジー（微生物をうまく改良して価値のある産物を作らせる）と「新規の」バイオテクノロジー（組換えDNAを利用する）がうまく融合した注目すべき例に、シアノバクテリアが作り出す植物の二次代謝産物という新興分野がある。植物はこうした低分子の代謝産物を合成し、感染や損傷、あるいは環境因子といったものから身を守っている。代謝

産物の多くは強力な抗酸化剤であり、不対電子を持つ酸素原子（スーパーオキシド）のようなストレス下で細胞中に蓄積する有害な酸化剤と反応し、これらを除去する。病気の状態にあるヒト細胞は組織を傷つける酸化剤を産生するので、植物が作るある種の二次代謝産物を薬剤として用いることには強い関心が寄せられている。あいにく、医薬品として利用できる量の抗酸化剤を得るには、膨大な量の植物が必要である。

　ここでシアノバクテリアが登場する。シアノバクテリア（藍色細菌、誤って青緑藻類と呼ばれることがある）は光合成を行う単細胞生物で、光条件下の池や実験用バットでよく育つ。シアノバクテリアは植物ではないが、二次代謝産物の合成に関与する酵素のいくつかをコードする遺伝子を持つ。組換えDNA技術を用いて、ある種の抗酸化剤（とりわけフェニルプロパノイド系）の合成経路で必要な他の化合物をコードする植物遺伝子をシアノバクテリアに挿入し、この細菌を植物代謝産物の生産工場に変え、医療への活用を目指している。

▶ 学んだことを応用してみよう

まとめ

18.4　CRISPR技術を利用して特定遺伝子の改変や不活化ができる。

18.5　バイオテクノロジーの使用は倫理と環境に予期せぬ問題を提起している。

原著論文：Gantz, V. M. and E. Bier. 2015. The mutagenic chain reaction: A method for converting heterozygous to homozygous mutations. *Science* 348: 442-444.

　ハマダラカ属の蚊は寄生性原生動物のプラスモディウム（マラリア原虫）をヒトに媒介し、マラリアによる死者は毎年50万人以上に上る。ハマダラカ属の一部の系統は、ホモ接合だとこの寄生虫を寄せつ

けなくなる潜性遺伝子を持つ。遺伝子ノックアウト法によってこの耐性変異を持つ蚊が大量に生み出されてきたが、この方法では2つのアレルのうち片方にしか変異を誘発できないので、作製したヘテロ接合型の蚊を自然に放してもマラリア耐性が急速に広まることはない。両方のアレルを変異させ、耐性遺伝子をホモ接合で持つ蚊を生み出せれば、耐性の拡散速度が上がるだろう。

この課題に取り組むため、ガンツらは突然変異連鎖反応（MCR：mutagenic chain reaction）と呼ばれる方法を開発した。彼らはモデル生物のショウジョウバエを使って、CRISPR/Cas9技術でヘテロ接合体をホモ接合体に変換した。X染色体上の黄体色遺伝子の切断にはCas9酵素を用いた。これにより黄体色遺伝子への最初の突然変異が起こる（図A）。変異遺伝子は続いて、ハエ自身のDNA修復機構によって複製され、体色が黄色のホモ接合体が生じた（図B、訳註：ハエ自身が持つDNA修復機構は、相同性誘導型修復機構（HDR）と呼ばれる）。

図CはMCRによる変異が遺伝する仕組みを示している。初めにCRISPR/Cas9技術によって、X染色体上の黄体色変異遺伝子（図Bに黄色で示した部分）を持つ雄を作る（訳註：標的配列である野生型体色遺伝子に相同なガイドRNAであるgRNAとCas9からなるカセットを含む組換えプラスミドを雄のハエに導入すると、標的配列部位がCas9によって

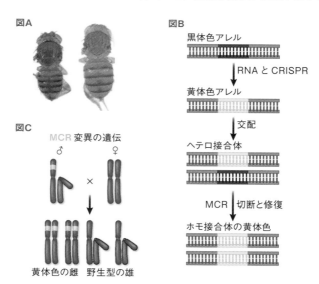

図A

図B

黒体色アレル

↓ RNA と CRISPR

黄体色アレル

↓ 交配

ヘテロ接合体

MCR ↓ 切断と修復

ホモ接合体の黄体色

図C

MCR 変異の遺伝

♂ × ♀

黄体色の雌　野生型の雄

切断され、HDRによってカセットがそこに挿入された変異が生じる）。次にこの雄を野生型ホモ接合の雌と交配すると、その間に生まれる雌は黄体色アレルを含むX染色体を父親から1本、野生型アレルを含むX染色体を母親から1本受け継ぐが、そのアレルはすぐに変異型に変換され、その雌は黄体色となる（訳註：ヘテロ接合体中で、CRISPR/Cas9によって野生型アレルの変異型アレルへの変換が起こる。この図は、ヘテロ接合の雌が持つ1本のX染色体上の野生型体色遺伝子が変異型へ変換し、2本とも変異型アレルを持つホモ接合型となることを示している）。

質問
1. CRISPR交配の遺伝子型とメンデルの伴性遺伝様式により生じる遺伝子型を比較せよ。
2. 変異型アレルを持つ雄が生まれないのはなぜか？
3. この方法により作製したハエを自然に放せば、集団中の変異型アレルの頻度が急速に増加する理由を説明せよ。
4. 研究者たちは同じ技術を用いてマラリアとの戦いに挑もうとしている。この技術がマラリア撲滅に成功するためには他に何が必要だろうか？
5. この技術がもたらしかねないリスクにはどのようなものがあるか？　また、そうしたリスクを最小限にとどめるにはどうしたらよいか？

第19章
遺伝子、発生、進化

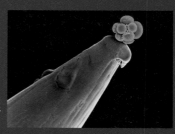

ピンの先端。胚はこの初期段階でも、後の発生段階を準備するために分子変化を行っている。

▶ 生命を研究する

幹細胞治療

　ルビーは年を取り、多くの老犬のように、腰関節の関節炎を発症した。"関節炎"は関節の炎症である。骨の間の軟骨が壊れることにより、炎症と疼痛を引き起こす。飼い主たちには、

ルビーが歩こうとするときに、腰の骨が互いにこすれて軋む音が聞こえた。獣医は人工関節を埋め込む腰関節置換術を勧めた。しかし飼い主のカレンとデイブは愛するコリー犬のために違う選択をした。

　獣医はルビーの体から脂肪組織を取り出し、これから間葉系幹細胞を単離した。幹細胞は活発に分裂する未分化

の（特殊化していない）細胞で、体から受け取る信号に応じて異なるタイプの細胞を生み出す能力を持っている。間葉系幹細胞は骨、軟骨、腱を含む多様な結合組織、血管、筋肉に分化することができる。ルビーの幹細胞は腰に移植され、数ヵ月後にルビーの体調はずっとよくなった。かつてのよくじゃれる犬に戻り、散歩と車に乗るのを楽しみ、助けなしに階段を駆け上がれるようにもなった。飼い主たちは幸福だった。

　ヒトでの幹細胞治療も最近ずっとニュースになっている。基本的な考えは、幹細胞を損傷を受けた組織に移植し、幹細胞がそこで分化し新たに健康な組織を作るというものである。多くの操作が実験的に試され、広い臨床応用がまさに始まろうとしている。しかしながら幹細胞治療は、動物に対しては既に10年以上前から用いられてきた。ルビーのようなイヌは寿命が延びて飼い主のもとに戻され、ウマは競馬場やショーの舞台に戻され、動物園の動物に対しても治療は成功している。

　未分化の幹細胞が増殖し、特徴的な形態と機能を持つ分化した細胞や組織を形成する過程は、胚で起こる発生過程によく似ている。我々の発生生物学の知識の多くは、ショウジョウバエ、線虫、カエル、ウニ、マウス、小さな顕花植物シロイヌナズナなどのモデル生物の研究から得られている。真核生物は多くの類似した遺伝子を共有し、発生の基盤となっている細胞・分子原則もまた類似していることが分かっている。であるから、1つの生物からの発見は、我々自身を含む他の生物の理解を助けてくれる。

 幹細胞の使い方にはどのような可能性があるだろうか？

🔑 19.1 発生の4つの主要な過程は、決定、分化、形態形成、成長である

発生は、多細胞生物が、1個の細胞から始まって、そのライフサイクルを特徴付ける形態を次々と取りながら、一連の変化を遂げる過程である（図19.1）。卵が受精するとそれは接合子と呼ばれ、発生の初期段階には植物や動物は**胚**と呼ばれる。しばしば胚は種皮、卵殻、子宮などの保護用の構造の中に包ま

動物の発生

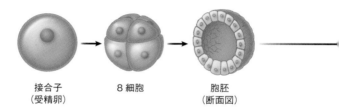

接合子
（受精卵）　　　8 細胞　　　　胞胚
　　　　　　　　　　　　　　（断面図）

植物の発生

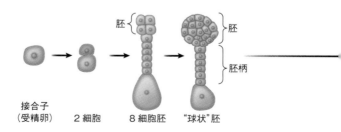

胚

胚

胚柄

接合子
（受精卵）　　2 細胞　　8 細胞胚　　"球状"胚

図19.1　受精卵から成体まで
接合子から成体への発生段階を動物と植物について示す。胞胚は　　→

れている。胚発生によって、その種に特徴的なボディープランを持つ新しい生物が誕生する。多くの生物はライフサイクルを通して発生を続ける。発生は死んで初めて停止する。

学習の要点
・胚では、細胞の運命の決定は、実際の細胞分化の前に起こる。
・実験操作から、植物ないし動物の分化した細胞はその生物の全ゲノムを持っており、その生物の他の全てのタイプの細胞を作る能力を

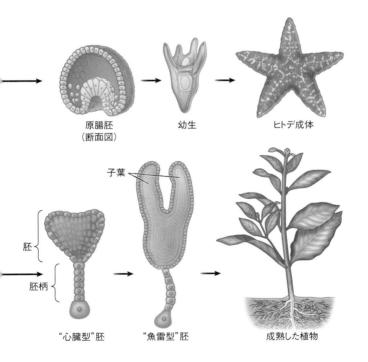

原腸胚
（断面図）

幼生

ヒトデ成体

子葉

胚

胚柄

"心臓型"胚

"魚雷型"胚

成熟した植物

細胞で作られた中空の球体であり、原腸胚は3種類の細胞層からなる。

持っていることが示唆されている。

・分化した細胞ないし核を用いた植物や動物のクローニングには、いくつかの利用法がある。

・多能性幹細胞は、実験室で動物胚から調製することができるし、分化した細胞から調製することもできる。

発生は4つの個別の重なり合う過程からなる

個体が胚から成体まで発生する過程で、4つのプロセスが重要な役割を果たす。

1. **決定**は細胞の発生運命を決める。すなわち決定は、ある細胞がどのような種類の細胞になるかを、その種類の細胞が持つ特徴を示す前の段階で決める。例えば、この章の冒頭の話で記載した間葉系幹細胞は特殊化していないように見えるが、結合組織細胞になる運命は既に決定されている。

2. **分化**は異なる種類の細胞が現れるプロセスである。すなわち分化によって、ある決定された運命を持つ細胞がその特異的な構造と機能を発揮するようになる。例えば、間葉系幹細胞は分化して、筋肉、脂肪、腱、その他の結合組織細胞になる。

3. **形態形成**は分化した細胞が寄り集まって多細胞個体とその器官を形成するプロセスである。

4. **成長**は細胞分裂と細胞拡大によって個体と器官の大きさが増大するプロセスである。

決定と分化は、多くは**第13章**で学んだトピックスである遺伝子発現制御のために起こる。その章で記載した多くの機構をこの章で見ることになる。初期胚で有糸分裂を重ねて生じた細

胞は表面的には同一に見えるかもしれないが、ゲノム中の数千の遺伝子のうちどれが発現しているか、という観点からはすぐに異なり始める。

　形態形成には、遺伝子発現の差異のみならず細胞間信号伝達（**第7章**）も関与する。形態形成は、以下の点の影響を受け、いくつかの仕方で進行する。

・細胞分裂——植物及び動物において重要なイベントである。
・細胞拡大——特に植物で重要である。植物では、細胞の位置
　と形は細胞壁によって制限されるからである。
・細胞運動——動物の形態形成では非常に重要である。
・アポトーシス（プログラム細胞死）——器官発生において特
　に重要である。

　成長は細胞拡大によって起こる。ある場合には、細胞拡大は細胞分裂と共役しており、組織が成長しても細胞の平均の大きさは同一のままであるが、別の場合には（特に植物組織の場合）、細胞は分裂することなく拡大し、細胞の平均の大きさは増大する。成長が個体の一生を通して続く生物もいれば、途中でほぼ安定した最終点に到達する生物もいる。

発生が進むにつれて細胞運命は次第に制限されていく

　発生の過程で、未分化細胞はある特定のタイプの組織の一部になる。これを**細胞運命**と呼ぶ。細胞運命の決定は胚が発生するにつれて起こる。この決定のタイミングは生物によって異なるが、通常はきわめて早期に起こる。そのタイミングを明らかにする1つの方法は、細胞をある胚から別の胚の異なる領域に移植することである（図19.2）。移植された細胞は新しい環境の分化パターンを採用するだろうか？　それとも自分自身の

経路を歩み続けるだろうか？　後者の場合、運命は既に決定されていることになる。

両生類胚の実験から、運命決定は発生初期に起こることが示唆されている。ドナー（提供者）の組織が初期段階の胚（胞胚）からのものであれば、それは新たな環境の運命を採用する。この場合、細胞運命はいまだ決定されておらず、細胞外環境の影響を受ける。しかしドナーの組織がより発生が進んだ段階（原腸胚）からのものであれば、それはもともとの発生経路に従う。この場合、細胞運命は既に決定されており、細胞外環境の影響はもはや受けない。

細胞運命の決定は細胞外環境のみならず遺伝子発現変化の影響を受ける。胚を顕微鏡で観察しても細胞運命決定を見ること

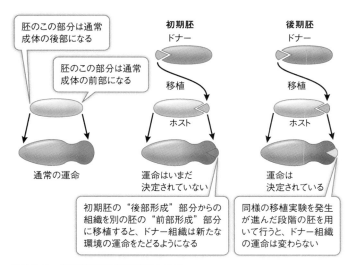

図 19.2　細胞運命は胚で決定される
両生類胚を用いた移植実験から、細胞運命は初期胚の発生段階で決定されることが分かっている。

はできない。細胞は運命決定されても見かけは変わらない。むしろ、決定の目印となるのは細胞内の分子構成である。決定に引き続き分化が起こる。分化は構造と機能の実際の変化であり、分化により異なる細胞タイプが生じる。*決定はコミットメント（拘束）であり、そのコミットメントの最終的実現が分化である。*

　動物発生が進むにつれて、細胞運命は次第に制限されていく。これは**分化能**、すなわち細胞が他のタイプの細胞に分化する能力の観点から考えることができる。

・初期胚の細胞は**全能性**である。初期胚細胞は、他の多くの胚細胞を含むどのタイプの細胞にも分化することができる。

・より発生が進んだ段階では、多くの細胞は**多能性**を持つ。それらは他のほとんどのタイプの細胞を生み出す能力があるが、新しい胚を作り出すことはできない。

・発生の後期段階を通して（成体も含む）、ある種の幹細胞は**多分化能性**を持つ。それらは、いくつかの異なるけれども互いに関連したタイプの細胞に分化することができる。間葉系幹細胞（この章の冒頭の話を参照のこと）は多分化能性幹細胞（特定幹細胞）の一種である。

・成体の多くの細胞は**単能性**であり、自分自身と同じタイプの細胞しか生み出せない。

細胞分化はしばしば可逆的である

　いったん細胞の運命が決定されると、細胞は分化する。しかしながら、適正な実験条件下では、運命決定された細胞や分化した細胞も未決定の状態に戻ることができる。ある場合には、細胞は万能になり、全ての分化した細胞を備えた個体全体を形づくることができるようになる。

植物細胞の全能性　ニンジンの根の細胞は通常は暗い未来に直面している。光合成を行うことはできないし、新しいニンジンを生み出すこともできない。しかしながら、1958年にコーネル大学のフレデリック・スチュワードは、根から細胞を単離して、適当な栄養培地に維持すると、脱分化（分化した特徴を失うこと）を誘導できることを見出した。細胞は分裂してカルスと呼ばれる一塊の未分化細胞を生み出すことができ、カルスは無限に培養することができた。さらにカルスに適当な化学的信号を与えると、カルスの細胞は胚に発生し、最終的には完全な新しいニンジンを生み出すことができた（図19.3）。新しくできたニンジンは遺伝子的にはもとのニンジンと同一なので、その個体はもとのニンジンのクローンであった。

　分化した根の細胞からニンジン全体のクローンを作製することができるという事実は、根の細胞がニンジンの全ゲノムを持ち、適正な条件下では、細胞とその子孫細胞は、正しい順番で適切な遺伝子を発現し新たな個体を形成することができることを示している。他の種類の植物からも多くのタイプの細胞が実験室でニンジンの根の細胞と同様の振る舞いを示すことが明らかになっている。またある場合には、これが自然界でも起こること（無性生殖）も分かっている。実験室で単一細胞から植物全体を生み出す能力は農業及び林業において非常に貴重である。例えば、植林された森林の樹木は、紙、材木、その他の製品を作るために伐採されるが、林業関連の企業は樹木を安定的に補充するために、望ましい性質を持つ樹木を選択し、その葉から新しい樹木を再生している。これらのクローンの性質は、種子から育てた樹木の性質に比べて、より均一で予測しやすい。

実験

図19.3　植物のクローニング

原著論文：Steward, F. C., M. O. Mapes and K. Mears. 1958. Growth and organized development of cultured cells. II. Organization in cultures grown from freely suspended cells. *American Journal of Botany* 45: 705-708.

　植物から細胞を取り出し、栄養分とホルモンを含む培地中で培養すると、細胞は特殊化した特徴を失った。言葉を換えると脱分化したのである。これらの細胞は再び分化する能力を保持しているだろうか？　フレデリック・スチュワードは培養したニンジン細胞が胚に発生し新たな個体を作る能力を保持していることを発見した。

仮説▶　分化したニンジン細胞は、ニンジンの全てのタイプの細胞を生み出すように誘導することができる。

方法

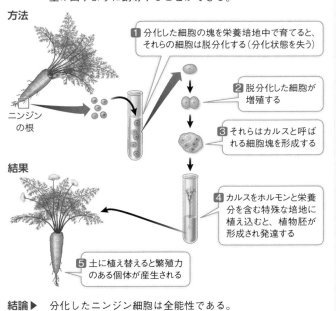

ニンジンの根

1　分化した細胞の塊を栄養培地中で育てると、それらの細胞は脱分化する（分化状態を失う）

2　脱分化した細胞が増殖する

3　それらはカルスと呼ばれる細胞塊を形成する

結果

4　カルスをホルモンと栄養分を含む特殊な培地に植え込むと、植物胚が形成され発達する

5　土に植え替えると繁殖力のある個体が産生される

結論▶　分化したニンジン細胞は全能性である。

動物細胞の核の全能性　動物の体細胞は、植物の細胞のようには容易に取り扱うことはできない。しかし動物のごく初期の胚細胞は全能性を保持している。ヒトではこの全能性により胚の遺伝子スクリーニングが可能となっている（**キーコンセプト12.4**）。胚から1個か2個の細胞を取り出し、ある遺伝的条件が存在するかどうかを調べることができる。全能性があるため、残りの細胞からでも完全な胚が発生することができ、それを母親の子宮に移植すれば、正常な胎児及び乳児に発達することができる。後期の動物胚細胞は完全な個体には発達することができない。しかし、そのような細胞の核は完全な個体に発達する遺伝的能力を持っている。

　核移植実験により、単一の動物細胞からの遺伝情報を用いてクローン動物を作製可能であることが示されている。ロバート・ブリッグスとトーマス・キングは、カエル胚を用いて1950年代に初めてそのような実験を行った。彼らはまず未受精卵から核を除去して脱核卵を作製した。次に、非常に細いガラスピペットを用いて、初期胚由来の細胞に孔を開け、その核を含む内容物の一部を吸引し、脱核卵に注入した。彼らはその卵を刺激して分裂させたところ、多くの卵が胚、そして最終的にはカエルを作り出した。これらのカエルはもともと移植された核のクローンである。これらの実験から2つの重要な結論が導き出された。

1. 胚発生の初期段階では、細胞の核から失われる情報はない。この発生生物学の基本原理は**ゲノム等価性**と呼ばれる。
2. 核を取り巻く細胞質環境は核の運命を修飾することができる。

　より最近の研究では、完全に発達した動物由来の細胞を脱分

化誘導し、新しい個体を生み出すことが可能であることが明らかになった。1996年にエジンバラのロスリン研究所のイアン・ウィルムットとその同僚が、体細胞核移植により最初の哺乳類クローン動物を作製した。彼らの方法は、成体動物の（非生殖性）体細胞（ドナー由来の核を含む）と脱核卵との細胞融合を用いている。完全に分化したドナー細胞をフィン・ドーセット種の雌ヒツジの乳腺から単離し、1週間栄養飢餓の状態に置き、細胞周期のG1相に留めた。これらの細胞の1つをスコティッシュ・ブラックフェース種の雌ヒツジの脱核卵と融合させると、この融合細胞は分裂を始めた。数回細胞分裂させた後で、形成された初期胚を代理母の子宮に移植した。やがてドリーという名の子ヒツジが誕生した（図19.4）。ドリーはフィン・ドーセット種ヒツジの全ての性質を示した。ドリーは核ドナーと同一の遺伝材料を持っており、そのドナーのクローンであった。

　ドリーの作製は、成体から採取した完全に分化した細胞を全能状態に戻すことができること、またこの細胞を使って新たな個体を創造できることを証明した。ネコ、シカ、イヌ、ウマ、ブタ、ウサギ、マウスを含む20種以上の動物のクローンが核移植によって作製された。動物のクローン作製にはいくつかの理由がある。

・*希少動物の数の増加*：ウィルムット博士の実験の1つの目的は、有益な形質を持つ遺伝子改変動物のクローニングであった。例えば、遺伝子改変によりミルク中にヒト成長ホルモンを産生する雌ウシを作製した。この動物のクローンを作ってミルク中にヒト成長ホルモンを産生する雌ウシの数を増やした。この医薬品（成長ホルモン）に対する世界の需要を満たすためには、15頭の雌ウシがいれば十分である。この医薬

図19.4　哺乳動物のクローニング

　ここに記載した実験手法により、最初のクローン哺乳動物であるドリーという名のフィン・ドーセット種のヒツジが作られた（写真左）。成体になって交配し、正常な子を出産した。このことから、クローン動物が生殖可能であることが証明された。

品は成長ホルモン欠損に起因する低身長を治療するために用いられる。

・*絶滅危惧種の保存*：ヨーロッパのサルディニア島とコルシカ島に土着する小さなヒツジのムフロンはクローン作製に初めて成功した絶滅危惧種である。クローニングはジャイアントパンダのような自然繁殖が低率の絶滅危惧種を保存するための唯一の手段かもしれない。

・*ペットの永久化*：多くの人がペットから大きな個人的恩恵を被っており、ペットの死は非常に辛いものである。飼い主から提供された細胞を使ってネコやイヌのクローンを作製する会社が設立された。飼い主はペットのクローンを作ってもらうために、10万ドル以上もの金を支払ってきた。もちろん、愛するペットの行動特性は部分的には環境由来のものなので、遺伝的親とクローンで全く同一というわけにはいかない。

特定幹細胞（多分化能性幹細胞）は環境からのシグナルに応答して分化する

　章冒頭の話で学んだように、**幹細胞**は急速に分裂する未分化細胞で、多様なタイプの細胞に分化することができる。植物では、幹細胞はメリステム（分裂組織、成長点）に存在する。哺

328ページへ→

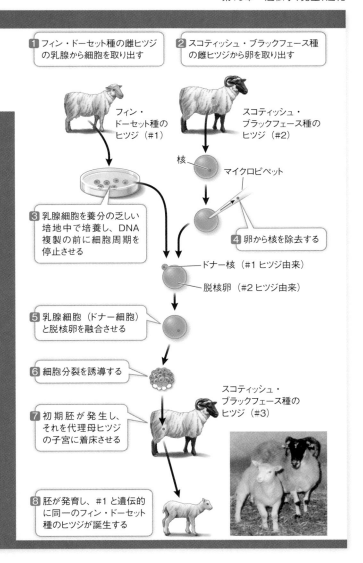

1 フィン・ドーセット種の雌ヒツジの乳腺から細胞を取り出す

2 スコティッシュ・ブラックフェース種の雌ヒツジから卵を取り出す

フィン・ドーセット種のヒツジ（#1）

スコティッシュ・ブラックフェース種のヒツジ（#2）

核

マイクロピペット

3 乳腺細胞を養分の乏しい培地中で培養し、DNA複製の前に細胞周期を停止させる

4 卵から核を除去する

ドナー核（#1 ヒツジ由来）

脱核卵（#2 ヒツジ由来）

5 乳腺細胞（ドナー細胞）と脱核卵を融合させる

6 細胞分裂を誘導する

7 初期胚が発生し、それを代理母ヒツジの子宮に着床させる

スコティッシュ・ブラックフェース種のヒツジ（#3）

8 胚が発育し、#1と遺伝的に同一のフィン・ドーセット種のヒツジが誕生する

乳類の幹細胞は、皮膚、腸管の裏打ち構造、血球や他のタイプの細胞が作られる骨髄など、頻繁に細胞の補充が必要な成体組織に存在する。

　動物成体に存在する幹細胞は全能性ではない。これらの細胞は、比較的少数の細胞種にしか分化できない。言葉を換えると、これらの細胞は多分化能性である。例えば、骨髄には2種類の特定幹細胞（多分化能性幹細胞）が存在する。造血幹細胞は赤血球と白血球を生み出し、間葉系幹細胞は（冒頭の話でルビーの治療に用いられたものと同様に）、骨、結合組織、筋肉などを生み出す。

　特定幹細胞は環境からのシグナルに応答し、"需要に応じて"増殖・分化する。例えば、造血幹細胞は成長因子に応答して骨髄内で増殖し、余分な幹細胞は血中に放出される。骨髄幹細胞移植と呼ばれる重要な治療法は、ある種の癌治療でダメージを受けた細胞を代替するのに役立つ。幹細胞は患者（癌治療前の）もしくはドナーの骨髄あるいは血液から採取し、癌治療後に患者に注射する。

　隣り合う細胞からのシグナルによって幹細胞分化が促進される。的確に対照を取った多くの実験から、損傷を受けた動物組織（心臓、腱など）に幹細胞を移植すると、移植を受けない組織に比べてより効率的に回復することが示されている。この章の冒頭の話で触れたように、加齢あるいは損傷に伴う変性関節に対する治療は、今や獣医学では確立された医療行為である（「生命を研究する：幹細胞治療」）。

　移植後に幹細胞がどのように働くのかは明らかではない。幹細胞は実際に損傷組織に入り込みその組織の新たな細胞に分化するのかもしれない。あるいは、移植細胞は成長因子や他の分子を分泌し、それらが周囲の組織の細胞を誘導して損傷組織を健全な組織へと再生するのかもしれない。特定幹細胞が損傷組

331ページへ→

▶生命を研究する　幹細胞治療

実験

原著論文：Black, L. L., J. Gaynor, D. Gahring, C. Adams, D. Aron, S. Harman, D. A. Gingerich and R. Harman. 2007. Effect of adipose-derived mesenchymal stem and regenerative cells on lameness in dogs with chronic osteoarthritis of the coxofemoral joints: A randomized, double-blinded, multicenter, controlled trial. *Veterinary Therapeutics* 8: 272–284.

　関節炎はイヌ、特に老齢のイヌにとっては大きな障害をもたらす。アメリカでは1000万匹以上のイヌが生涯のある時点で関節炎を患う。関節炎の主要な原因は骨の間の潤滑剤として機能する軟骨組織の破損である。軟骨がないと、疼痛と跛行が生じる。獣医としてバイオ医薬品会社で働いているときに、リンダ・ブラックは脂肪組織に含まれる特定幹細胞が適正な環境下で軟骨を形成し、それが関節炎を患うイヌの疼痛及び運動障害を緩和するかどうか調査する研究を開始した。

仮説▶　脂肪由来の幹細胞は関節炎を患うイヌの治療に有効である。

方法

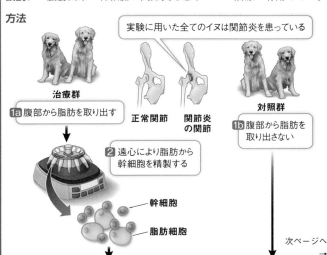

実験に用いた全てのイヌは関節炎を患っている

治療群

1a 腹部から脂肪を取り出す

正常関節　関節炎の関節

2 遠心により脂肪から幹細胞を精製する

幹細胞

脂肪細胞

対照群

1b 腹部から脂肪を取り出さない

次ページへ
→

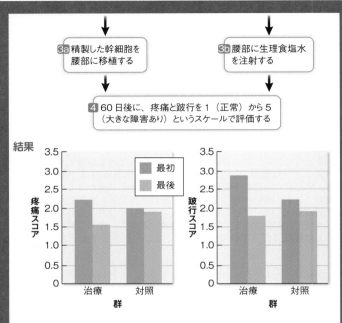

結論▶ 幹細胞治療は関節炎を患うイヌの機能を改善する。

データで考える

　実験はランダム化二重盲検管理臨床試験（RCT）として行われた。"ランダム化"とは、イヌは全て同様の臨床症状を呈し、ランダムに（選別されずに）処理群と非処理群に振り分けられたことを意味する。"二重盲検"とは、移植（注射）を行う科学者も、処理の前後でイヌを評価する科学者も、イヌがどちらの群に属するかを知らなかったことを意味する。"管理"とは、幹細胞移植を受けたイヌも受けなかったイヌも他の条件（えさ、飼育環境など）においては同一であったことを意味する。表Aに実験結果を示す。データは平均スコアで表している（±SEM）。

表A	状態	処理	最初	60日後
	跛行	幹細胞	2.89 (0.20)	1.78 (0.32)
		対照	2.22 (0.15)	1.89 (0.31)
	疼痛	幹細胞	2.22 (0.15)	1.56 (0.18)
		対照	2.00 (0.17)	1.89 (0.20)
	可動域	幹細胞	2.89 (0.20)	1.89 (0.26)
		対照	2.33 (0.17)	2.11 (0.20)

質問▶

1. どうしてRCTは臨床研究の"ゴールデンスタンダード"と考えられているのだろうか？

2. どのようにして研究者は実験でイヌに与えられた幹細胞治療が有効であったという結論に到達したのだろうか？　表Aにおける最初の観察と最後の観察の差の有意性を評価するために、どのような統計検定を使うべきであろうか？

3. 臨床状態の変化の時間経過を決定するために、イヌは移植後いくつかの時点で検査した。可動域のスコアを表Bに示す。これらのデータを、時間に対する臨床スコアの%変化としてプロットせよ。幹細胞移植の効果の時間経過に関してどんな結論を導くか？

表B	時間（日）	幹細胞群	対照群
	最初	2.89	2.33
	30	1.73	2.05
	60	1.89	2.11
	90	1.85	2.30

織の治癒にどのようなメカニズムで貢献するにせよ、疾病の治療への応用は大変将来有望である。

多能性幹細胞は2通りの方法で獲得することができる

　前に述べたように、全ての種類の細胞に分化可能な全能幹細胞はごく初期の胚にしか存在しない。マウスでもヒトでも、少し後の胚は**胞胚**と呼ばれる中空の球体である。胞胚中の一群の細胞は多能であり、ほとんどの種類の細胞に分化することがで

きるが、完全な個体を生み出すことはできない。マウスでは、これらの**胚性幹細胞（ES細胞）**を胞胚から取り出し、適正な条件下では実験室の培養系でほとんど無限に維持することができる。培養したマウスのES細胞を他のマウスの胞胚に移植してやると、それらの細胞は元々の細胞と混ざり合い、マウスの全ての種類の細胞に分化する。このことはES細胞が実験室で培養されても、その発生能力を保持していることを示している。

　実験室で培養されたES細胞は、適正な信号を与えると、特定の方向へ分化誘導することもできる（図19.5（**A**））。例えば、マウスES細胞をビタミンA誘導体で処理するとニューロンに分化するし、他の成長因子で処理すると血液細胞に分化誘導することもできる。このような実験から、ES細胞の発生能力と環境からの信号の役割が明らかになっている。この発見からES細胞培養系を特定の組織を修復するための分化細胞の源として用いる可能性が提起された。例えば、糖尿病患者のダメージを受けた膵臓や、パーキンソン病の機能不全の脳の治療などである。

　ES細胞は、両親の同意が得られれば、体外受精で作られたヒト胚から得ることができる。体外受精では通常複数の胚が得られるので、生殖医療に用いられなかった胚由来のES細胞の臨床研究には大きな興味が持たれている。組織損傷を持つ患者への移植組織の源としてヒト胚由来のES細胞を利用できる可能性は相当有望であるが、まず重大な問題に立ち向かわなければならない。1つは、ヒト胚（胎児）をこの目的（あるいはどんな目的にせよ）のために破壊することが許されるかどうかという倫理的問題である。もう1つは幹細胞あるいはそれ由来の組織が受容者（レシピエント）に免疫応答を引き起こす可能性である。

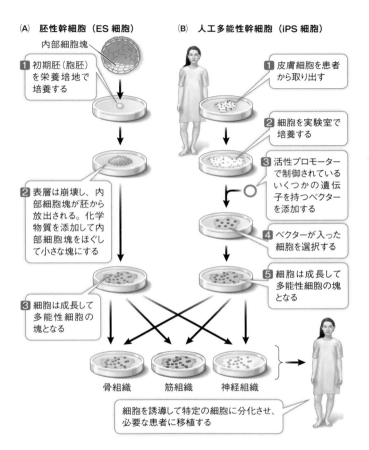

(A) 胚性幹細胞（ES 細胞）

内部細胞塊

1️⃣ 初期胚（胞胚）を栄養培地で培養する

2️⃣ 表層は崩壊し、内部細胞塊が胚から放出される。化学物質を添加して内部細胞塊をほぐして小さな塊にする

3️⃣ 細胞は成長して多能性細胞の塊となる

(B) 人工多能性幹細胞（iPS 細胞）

1️⃣ 皮膚細胞を患者から取り出す

2️⃣ 細胞を実験室で培養する

3️⃣ 活性プロモーターで制御されているいくつかの遺伝子を持つベクターを添加する

4️⃣ ベクターが入った細胞を選択する

5️⃣ 細胞は成長して多能性細胞の塊となる

骨組織　　筋組織　　神経組織

細胞を誘導して特定の細胞に分化させ、必要な患者に移植する

図19.5　多能性幹細胞を獲得する2通りの方法
多能性幹細胞は、ヒト胚から(A)、もしくは幹細胞で高レベルで発現している遺伝子を皮膚細胞に与えて幹細胞に形質転換することにより(B)、獲得することができる。

京都大学の山中伸弥教授らはこの２つの問題を回避する多能性幹細胞の作製法を開発した（図19.5（**B**））。胚胚からES細胞を取り出す代わりに、皮膚細胞から多能性幹細胞を作り出すのである。彼らはこの方法を体系的に開発した。

1. 初めにマイクロアレイ（図18.8）を用いて、ES細胞で発現している遺伝子を非幹細胞で発現している遺伝子と比較した。彼らはES細胞でのみ高レベルで発現しているいくつかの遺伝子を見つけた。これらの遺伝子は幹細胞の未分化状態と機能にとって不可欠のものと考えられた。
2. 次にそれらの遺伝子を単離し、それらを強く発現するプロモーターとつなぎ合わせ、皮膚細胞に挿入した（**キーコンセプト18.5**）。その結果、皮膚細胞は新たに挿入された遺伝子を高レベルで発現するようになった。
3. 最後に人為的に操作した皮膚細胞が多能性であり、多くの組織に分化誘導可能であることを示した。彼らはこの細胞を**人工多能性幹細胞（iPS細胞）**と名付けた。

　iPS細胞は治療を受ける個人の皮膚から調製可能なので、免疫応答は回避されるであろう。iPS細胞は既に動物では、ヒトのパーキンソン病と同様の疾患、糖尿病、鎌状赤血球貧血症に対する細胞治療に用いられている。もしiPS細胞がES細胞と同一の性質を持つことが確定的に示されたなら、ヒトへの臨床応用が始まるであろう。この章を書いている段階でiPS細胞を用いた臨床試験が無数に行われている。例えば、日本では黄斑変性症の治療目的で網膜細胞の再生のためにiPS細胞が用いられている。

　発生において起こる基本的な過程について学び、細胞の運命

決定が細胞が分化し特殊化する前に起こることを見た。次に細胞の運命決定のメカニズムに目を向けよう。

🔑 19.2 遺伝子発現の違いが　　細胞運命と細胞分化を決定する

　受精卵は多くの細胞分裂を繰り返して体のなかの多数の分化した細胞（幹細胞、筋細胞、神経細胞など）を生み出す。どのようにして1つの細胞がこのように多数の異なる細胞種を生み出すのだろうか？

　決定は2通りの仕方で起こる。

1. **細胞質分離**（不均等細胞質分裂）。発生の重要なイベントを組織化する信号カスケードの設定で重要な役割を果たす因子が、卵、接合子、前駆細胞の細胞質内で不均一に分布していることがある。細胞分裂の後で、これらの因子（**細胞質性決定因子**と呼ばれる）の1つないし複数が、ある娘細胞ないし細胞内のある領域には存在するが別の娘細胞ないし細胞内の別の領域には存在しないということになる。
2. **誘導**（細胞間情報交換）。ある種の細胞によって、他の細胞の決定を誘導する因子が、活発に産生・分泌される。

学習の要点

・極性は発生初期に起こる。受精卵の段階で起こることもある。

・胚の一部が特定の方向に発生するように他の一部に信号を送る誘導現象は、線虫の陰門の発生が良い例である。

・発生における細胞分化には、筋分化における転写因子MyoDの活性化に見られるように、遺伝子発現変化が関与する。

細胞質分離が細胞運命を決定しうる

　遺伝子発現パターンの差異の一部と細胞の運命決定は、細胞間の細胞質の違いの結果によるものである。そのような細胞質の違いの1つが、ある生物ないし構造の"頂部"と"底部"の出現である。これによって細胞の**極性**が確立される。極性の多くの例は発生が進むにつれて観察される。極性の軸は頭部と"尾部"によって決まるし、我々の腕と脚の遠位端（手首、足首、手指、足指）と近位端（肩と腰）によっても決まる。

　極性は発生の初期から生じる。受精卵のなかでも卵黄と他の因子はしばしば非対称的に分布している。動物の初期発生では、極性は接合子の頂部の**動物極**と、底部の**植物極**で規定されている。この極性が発生のごく初期の段階での細胞の運命決定につながっている。例えば、ウニ胚は8細胞期に2通りの方法で二分することができる。

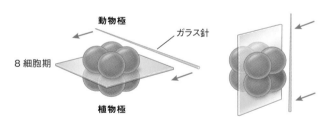

　もしこれらの胚のそれぞれの半分（4細胞から構成される）を発生させると、2つの異なる切り方で結果は劇的に異なるものとなる。

1. 胚を頂部側の半分と底部側の半分に切り分けた場合（上図の左）、底部側の半分は小さなウニに成長するが、頂部側の半分は全く成長せず未分化細胞の中空の球体を生じる。

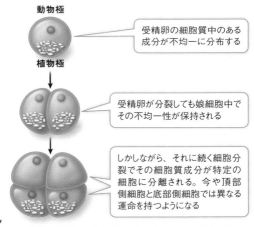

動物極

植物極

受精卵の細胞質中のある成分が不均一に分布する

受精卵が分裂しても娘細胞中でその不均一性が保持される

しかしながら、それに続く細胞分裂でその細胞質成分が特定の細胞に分離される。今や頂部側細胞と底部側細胞では異なる運命を持つようになる

図19.6
細胞質分離モデル
細胞の細胞質中のある成分の不均一な分布がその細胞の子孫の運命を決定する。

2. 胚を縦割りに切り分けると（左ページ図の右）、どちらも小さなウニに成長する。

これらの結果は8細胞期のウニ胚の頂部側の半分と底部側の半分にはすでに異なる運命が決定されていることを示唆している。このような観察から、図19.6に示す細胞質分離モデルが提案された。このモデルでは細胞質性決定因子が卵の細胞質内で不均一に分布していることが表明されている。細胞質性決定因子としては特定のタンパク質、小さな調節性RNA（miRNA、siRNAなど）、mRNAがあり、多くの生物の胚発生において重要な役割を果たしている。これらの決定因子はどうして不均一に分布しうるのであろうか？

1つの細胞から別の細胞に受け渡される誘導因子が細胞運命を決定しうる

"誘導" という用語は異なる文脈中では異なる意味を持つ。生物学ではある変化もしくは過程の開始や原因を指すときに広く用いられる。しかし細胞分化の文脈では誘導は、発生途上の生物中の細胞どうしが情報交換し互いの発生運命に影響を及ぼす際のシグナル伝達イベントを指す。誘導には化学シグナルとシグナル伝達機構が関与する。胚における誘導の一例はエレガンス線虫の生殖器官の発生で見ることができる。

エレガンス線虫は、受精卵から幼虫への発生にはおよそ12時間しかかからないし、3.5日で成虫になる。表面組織は透明なので、発生過程を低倍率の実体顕微鏡で容易に観察することができる（図19.7(**A**)）。ほとんどの成虫は雌雄同体であり、雄の生殖器官と雌の生殖器官の両方を持っている。成虫は腹側表面にあいている陰門と呼ばれる孔を通して産卵する。

発生期に、陰門の上に横たわる生殖腺中のアンカー細胞と呼ばれる単一の細胞が、線虫の腹側表面に存在する6個の前駆細胞から陰門形成を誘導する（図19.7(**B**)）。このとき、2つの分子シグナルが関与する。一次（1°）誘導因子と二次（2°）誘導因子である。6個の腹側細胞はそれぞれ3つの運命をたどりうる。一次陰門前駆細胞になるか、二次陰門前駆細胞になるか、表皮細胞となって線虫の皮膚の一部になるかである。これらのイベントの成り行きを図19.7(**B**)で追うことができる。一次誘導因子であるLIN-3の濃度勾配が非常に重要である（LINは異常な細胞系譜*lin*eageに由来する）。アンカー細胞はLIN-3を産生し、LIN-3は細胞から拡散して、隣り合う細胞群に対して濃度勾配を形成する。他の細胞に比べて多くのLIN-3を受け取った3個の細胞は、陰門前駆細胞となる。アンカー細胞から遠い細胞はLIN-3を受け取る量が少なく表皮細胞となる。

アンカー細胞に最も近い細胞はLIN-3を一番多く受け取る。最も近くに存在する細胞では十分量のLIN-3を受け取り、二次誘導因子の発現にいたるシグナル伝達反応が惹起される。二次誘導因子は2個の隣り合う細胞に作用する。この二次誘導現象により、結局2種の陰門前駆細胞が発生する。一次陰門前駆細胞と二次陰門前駆細胞である。

　誘導には、応答する細胞内でのシグナル伝達カスケードを介した特定の遺伝子セットの活性化もしくは不活化が関与する。誘導因子が細胞表面の特異的受容体に結合すると、シグナル伝達経路を介して1個ないし複数個の転写因子が活性化される。**キーコンセプト13.2**からこれらのDNA結合タンパク質が特定の遺伝子の発現を制御することを思い出してほしい。この過程を**焦点：キーコンセプト図解　図19.8**で追うことができる。この図では左の細胞は高濃度の誘導因子に曝されている。誘導因子は細胞質の転写因子を活性化し、転写因子は核に移行して特定の遺伝子の発現のスイッチをオンにする。右の細胞は低濃度の誘導因子に曝されているので、その結果、遺伝子発現は活性化されない。

特異的な遺伝子転写が細胞分化の大きな目印である

　細胞分化のよく研究された例が、筋肉への分化を運命決定された細胞への未分化筋前駆細胞の変換である（図19.9）。脊椎動物の胚では、これらの細胞は*中胚葉と呼ばれる組織層に由来する。これらの細胞の筋細胞への運命決定（コミットメント）において重要なイベントは分裂停止である。実際、胚の多くの部分で、*細胞分裂と細胞分化は相互排他的な関係にある*。細胞のシグナル伝達系は**MyoD**と呼ばれる転写因子の遺伝子を活性化する。このことにより、p21の遺伝子が活性化される。p21は、通常細胞周期をG1で促進するサイクリン依存性

343ページへ→

(A) エレガンス線虫の基本的構造

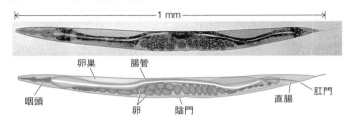

卵巣　　腸管

咽頭　　　　卵　　陰門　　直腸　　肛門

(B) エレガンス線虫の細胞分化に関与する一次誘導因子と二次誘導因子に対する LIN-3 の影響

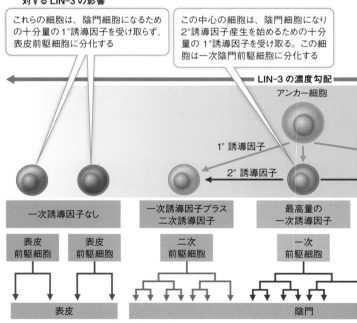

これらの細胞は、陰門細胞になるための十分量の1°誘導因子を受け取らず、表皮前駆細胞に分化する

この中心の細胞は、陰門細胞になり2°誘導因子産生を始めるための十分量の1°誘導因子を受け取る。この細胞は一次陰門前駆細胞に分化する

LIN-3 の濃度勾配

アンカー細胞

1° 誘導因子

2° 誘導因子

| 一次誘導因子なし | 一次誘導因子プラス二次誘導因子 | 最高量の一次誘導因子 |

表皮前駆細胞　　表皮前駆細胞　　二次前駆細胞　　一次前駆細胞

表皮　　　　　　　　　　　　　　陰門

図19.7　エレガンス線虫の陰門発生における誘導現象

(A)エレガンス線虫（擬似カラーで表示）では、受精卵から成虫に存在する959個の細胞にいたる全ての細胞分裂を追跡することが可能である。

(B)陰門の発生では、アンカー細胞によって分泌される分子（LIN-3タンパク質）が一次（1°）誘導因子として働く。一次前駆細胞（最も高濃度のLIN-3を受け取る細胞）は二次（2°）誘導因子を分泌し、これが隣り合う細胞に作用する。これらの分子スイッチによって惹起される遺伝子の発現パターンが細胞運命を決定する。

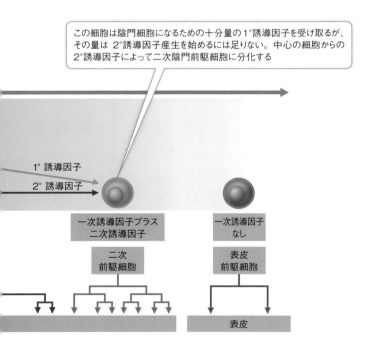

この細胞は陰門細胞になるための十分量の1°誘導因子を受け取るが、その量は 2°誘導因子産生を始めるには足りない。中心の細胞からの2°誘導因子によって二次陰門前駆細胞に分化する

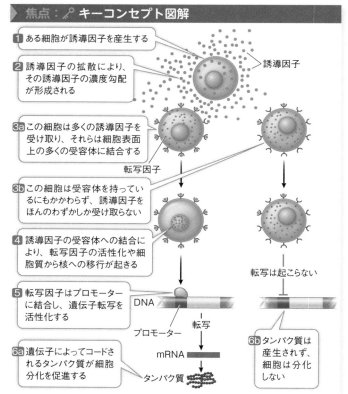

1 ある細胞が誘導因子を産生する

誘導因子

2 誘導因子の拡散により、その誘導因子の濃度勾配が形成される

3a この細胞は多くの誘導因子を受け取り、それらは細胞表面上の多くの受容体に結合する

転写因子

3b この細胞は受容体を持っているにもかかわらず、誘導因子をほんのわずかしか受け取らない

4 誘導因子の受容体への結合により、転写因子の活性化や細胞質から核への移行が起きる

転写は起こらない

5 転写因子はプロモーターに結合し、遺伝子転写を活性化する

DNA

プロモーター

転写

6a 遺伝子によってコードされるタンパク質が細胞分化を促進する

6b タンパク質は産生されず、細胞は分化しない

mRNA

タンパク質

図19.8 **誘導**
誘導因子の濃度が、ある転写因子が活性化される程度を直接決定する。誘導因子は標的細胞表面の受容体に結合して作用する。この結合により転写因子の活性化や細胞質から核への移行を含むシグナル伝達系が惹起される。核内では転写因子は細胞分化に関与する遺伝子発現を促進する。

Q：受容体遺伝子の特異的発現は、誘導を介して遺伝子の特異的発現をもたらすだろうか？

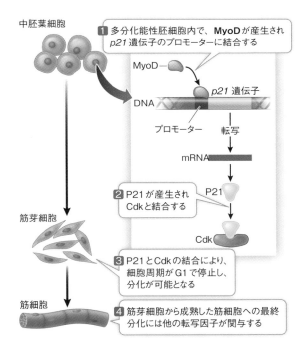

中胚葉細胞

1 多分化能性胚細胞内で、**MyoD** が産生され *p21* 遺伝子のプロモーターに結合する

MyoD

p21 遺伝子

DNA

プロモーター　　転写

mRNA

2 P21 が産生され Cdk と結合する

P21

Cdk

筋芽細胞

3 P21 と Cdk の結合により、細胞周期が G1 で停止し、分化が可能となる

筋細胞

4 筋芽細胞から成熟した筋細胞への最終分化には他の転写因子が関与する

図19.9　筋細胞形成における転写と分化
転写因子 MyoD の産生が筋細胞分化において重要である。

キナーゼ（Cdk）（**図8.5**）の阻害因子をコードする。*p21* 遺伝子発現により細胞周期は停止し、他の転写因子が動員されて分化が進むようになる。興味深いことに、MyoD は成体の筋組織中に存在する幹細胞においても活性化されていて、筋組織が損傷を受けたり消耗したりしたときに、筋組織の修復にこの転写因子が関与することを示唆している。

---

*概念を関連づける　中胚葉は原腸形成と呼ばれる発生ステージで動物

胚で形成される3つの胚葉（原始組織層）の1つである。他は内胚葉と外胚葉である。

myoDのような、（しばしば他の染色体上の他の遺伝子を制御することによって）発生において最も根本的な決定を左右する遺伝子は、通常転写因子をコードしている。単一の転写因子がある細胞を特定の方向に分化させる場合もあれば、遺伝子とタンパク質の複雑な相互作用によって、分化にいたる一連の転写イベントが決定される場合もある。

どのようにして細胞運命が決定されるかを学び、細胞の運命決定と分化における遺伝子発現の役割を調べた。今度はどのようにして遺伝子発現が分化と形態形成に影響を及ぼすかを見てみよう。

🔑 19.3 遺伝子発現が形態形成とパターン形成を決定する

パターン形成は組織・個体の空間的構成を形づくる過程である。パターン形成は形態形成すなわち体の形づくりに密接に関連している。

学習の要点
・顕花植物の発生において、器官固有遺伝子は花器の分化をもたらす転写因子をコードしている。
・遺伝学的証拠と実験的証拠から花器決定モデルが支持されている。
・発生初期の遺伝子発現イベントのカスケードにより、ショウジョウバエ胚の成長軸の分化と器官形成が確立される。

・Hox遺伝子の変異によりホメオティック変異が生じる。

モルフォゲンの濃度勾配が位置情報を提供する

　発生において、細胞にとって非常に重要な疑問である "私は何（あるいは私は何になるの）？" は、しばしば部分的には "私はどこにいるの？" という疑問に置き換えられる。発生期の線虫の細胞を考えてみよう。これらの細胞はアンカー細胞との位置関係に依存して陰門の異なる部分に分化する（図**19.7**）。この空間的 "センス" は**位置情報**と呼ばれる。位置情報はしばしば**モルフォゲン**と呼ばれる誘導因子の形で与えられる。モルフォゲンは、ある細胞あるいは一群の細胞から周囲の細胞に拡散し、濃度勾配を形成する（エレガンス線虫の陰門誘導でのLIN-3の例を見た）。ある信号がモルフォゲンかどうかは次の2つの条件を満たすかどうかで決まる。

1. 二次的な信号を介して標的細胞に影響を与えるのではなく、標的細胞に直接効果をもたらさなければならない。
2. 信号の濃度が違えば、違う効果をもたらさなければならない。

　発生生物学者のルイス・ウォルパートは "フランス国旗モデル" を用いてモルフォゲンを説明している（図**19.10 (A)**）。このモデルは線虫における陰門の分化にも脊椎動物の肢の発生にも当てはめることができる。

　脊椎動物の肢はしゃもじの形をした肢芽から発生する（図**19.10 (B)**）。異なる指に発生する細胞は位置情報を受け取らなければならない。もし位置情報を受け取らないと、肢は全体が混乱した構造となる（親指だけの手とか小指だけの手を想像し

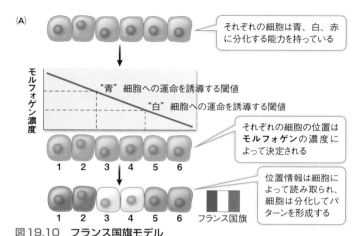

(A)

それぞれの細胞は青、白、赤に分化する能力を持っている

モルフォゲン濃度

"青"細胞への運命を誘導する閾値

"白"細胞への運命を誘導する閾値

1 2 3 4 5 6

それぞれの細胞の位置は**モルフォゲン**の濃度によって決定される

1 2 3 4 5 6 フランス国旗

位置情報は細胞によって読み取られ、細胞は分化してパターンを形成する

図19.10 フランス国旗モデル
(A)"フランス国旗モデル"では、拡散可能なモルフォゲンの濃度勾配がそれぞれの細胞にその位置情報を提供する。

てほしい）。肢芽の後側基部（肢芽が体壁に結合するところ）は極性化活性帯（ZPA）と呼ばれる。ZPAの細胞はソニックヘッジホッグ（Shh）と呼ばれるタンパク質性のモルフォゲンを分泌する。Shhは濃度勾配を形成し、この濃度勾配が発生期の肢の後前軸（小指から親指へ）を決定する。ヒトでも他の霊長類でも、Shhを最も高濃度で受け取る細胞が小指となり、最も低濃度で受け取る細胞が親指となる。

転写因子の遺伝子発現が
植物における器官分化を決定する

　動物と同様に植物も器官を持っている。例えば葉とか根である。多くの植物には花があり、多くの花は4種類の器官から構成されている。萼片、花弁、雄しべ（雄性生殖器官）、雌しべ（雌性生殖器官）である。これらの花を構成する器官（花器）

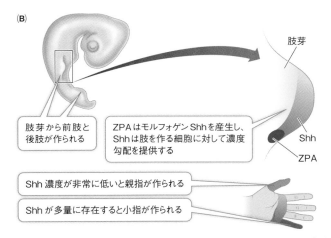

(B)胚の肢芽の極性化活性帯（ZPA）がモルフォゲンのShhを分泌する。肢芽の細胞はShhの濃度に依存して異なる指を作る。

は輪生体として生じる。輪生体は中心軸を囲むそれぞれのタイプの花器の集合体である。萼片は外側に、雌しべは内側に位置する（図19.11（A））。

シロイヌナズナでは、花は新芽（茎と葉）が成長し伸びるにつれて、その頂点のまわりに放射状パターンで発生する。新芽の頂点や成長と分化が起きる植物の他の部分（根の先端など）には、**成長点**と呼ばれる未分化で迅速に分裂する細胞群が存在する。それぞれの花は、およそ700個の未分化細胞がドーム状に配列した花器成長点として発生を始める。そしてこの成長点から4つの輪生体が生じる。どのようにして特定の輪生体の独自性が決定されるのであろうか？　**器官固有遺伝子**と呼ばれる3種の遺伝子が、組み合わさって特定の輪生体の特徴を生み出すタンパク質をコードしている（図19.11（B）及び（C））。

(A)

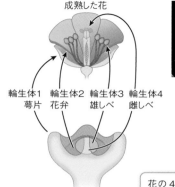

成熟した花

輪生体1　輪生体2　輪生体3　輪生体4
蕚片　　花弁　　雄しべ　　雌しべ

花の4つの器官は**成長点**中の
4種の細胞群によって決定される

花の初期分化（成長点）

図19.11　シロイヌナズナの花の器官固有遺伝子

(A)花の4つの器官、雌しべ（黄色）、雄しべ（緑）、花弁（紫）、蕚片（ピンク）は花の成長点から発生した輪生体として生じる。　　　↗

1. クラスA遺伝子は輪生体1と2に発現する（それぞれ蕚片と花弁を形成する）。
2. クラスB遺伝子は輪生体2と3に発現する（それぞれ花弁と雄しべを形成する）。
3. クラスC遺伝子は輪生体3と4に発現する（それぞれ雄しべと雌しべを形成する）。

　これらの遺伝子はダイマー（二量体、2つのポリペプチドサブユニットを持つタンパク質）として活性を持つ転写因子をコードしている。この転写因子がどの遺伝子を活性化するかはダイマーの構成によって決まる。例えば、クラスAモノマー（単量体）2個からなるダイマーは蕚片を作る遺伝子の転写を活性化する。AモノマーとBモノマーからなるダイマーは花弁

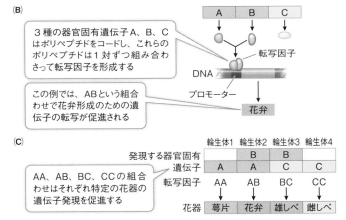

(B)

3種の器官固有遺伝子A、B、Cはポリペプチドをコードし、これらのポリペプチドは1対ずつ組み合わさって転写因子を形成する

この例では、ABという組合わせで花弁形成のための遺伝子の転写が促進される

(C)

AA、AB、BC、CCの組合わせはそれぞれ特定の花器の遺伝子発現を促進する

(B)花器は3種の器官固有遺伝子で決定される。これらの遺伝子のポリペプチド産物は1対ずつ組み合わさって転写因子を形成する。

(C)転写因子のポリペプチドサブユニットの組合わせにより、特定の花器の遺伝子発現が活性化される。

を作る（以下同様）。A、B、Cタンパク質や多くの他の植物の転写因子に共通する特徴は、**MADSボックス**と呼ばれるDNA結合ドメインである。"MADS" という名称は、このドメインを持つタンパク質をコードする4つの遺伝子のイニシャルに由来する。

　花器決定に対するこのモデルには2つの実験的証拠が存在する。

1. *機能喪失変異*：例えば、クラスA遺伝子の変異で萼片と花弁が発生しなくなる。
2. *機能獲得変異*：例えば、クラスC遺伝子のプロモーターを人為的にクラスA遺伝子につなげることができる。この場合、クラスA遺伝子は4つの輪生体全てに発現し、萼片と

花弁しか発生しなくなる。どの生物でも、ある器官を別の器官で置き換えることをホメオーシス（相同異質形成）と呼び、このタイプの変異を**ホメオティック変異**と呼ぶ。

花器の器官固有遺伝子の転写は、LEAFYタンパク質を含む他の遺伝子産物によっても制御されている。野生型のLEAFYタンパク質はクラスA、B、C遺伝子の発現を促進し、その結果花が作られることになる転写因子である。*LEAFY*遺伝子の機能喪失変異により、花の代わりに茎が作られ、苞葉（ほうよう）と呼ばれる葉の変形物の数が増加する。この発見も実用応用ができる。柑橘類の樹木が開花し果実を実らせるのには通常6〜20年かかる。科学者たちは、強く発現するプロモーターに*LEAFY*遺伝子をつなげた遺伝子組換えオレンジを作った。このオレンジは通常のものより数年早く開花し果実を実らせる。

ショウジョウバエでは、転写因子カスケードが体の分節化を決定する

たぶん、どのようにしてモルフォゲンが細胞運命を決定するかについて一番よく研究されている例は、ショウジョウバエの体の分節化である。ショウジョウバエの体節は互いにはっきりと異なっている。成虫は頭部（いくつかの融合した体節から構成される）、3つの異なる胸部体節、そして最後部の8つの腹部体節から構成される。それぞれの体節は体の異なる部分を形成する。例えば、触角と眼は頭部体節から形成されるし、羽は胸部体節から形成される。

ショウジョウバエの受精卵から成虫へのライフサイクルは、室温でおよそ2週間である。卵は孵化して幼虫になり、幼虫はサナギになり、サナギは最終的には成虫のハエになる。幼虫になる頃までには（受精後およそ24時間）、体節が見えるように

なる。胸部体節と腹部体節は全て同じように見えるが、この時点で既にそれらの細胞の運命は成虫の異なる体節に分化することが決定されている。

他の生物と同様に、ショウジョウバエでも受精により一連の迅速な細胞分裂が誘導される。しかしながら、核分裂の最初の12サイクルは細胞質分裂を伴わない。その結果、多細胞の胚ができる代わりに、多核の胚ができる（下の顕微鏡写真では核は明るく染色されている）。

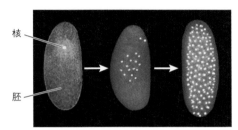

1回目のサイクル　5回目のサイクル　9回目のサイクル

通過すべき細胞膜がないので、モルフォゲンは胚内を容易に拡散できる。ここでは我々は、受精後最初の24時間に起こる決定イベントに焦点を当てよう。細々したことを提示するように見えるかもしれないが、実際には分子イベントのほんのアウトラインに過ぎない。これらのイベントを記載するなかで、生物学者は、単一の細胞からどのようにして複雑な個体が形成されるのか、という重要な問題の答えに近づくのである。

・最初に、発生上の変異が同定された。例えば、ある変異種では2つの頭部を持つ幼虫あるいは体節がない幼虫が生まれるかもしれない。
・次に、変異を持つハエを野生型ハエと比較し、発生上の誤りを引き起こす遺伝子及びその産物であるタンパク質を単離し

た。

・最後に、遺伝子操作実験（遺伝子組換えハエを作る）及びタンパク質実験（当該タンパク質を卵もしくは胚に注入する）を行って、予想される発生経路におけるこの遺伝子及びタンパク質の役割を確かめた。

　こうしたアプローチによって、受精後24時間以内に起こるそれぞれの体節の決定にいたる驚異的な遺伝子発現カスケードが明らかになった。いくつかの種類の遺伝子が関与している。

・**母性効果遺伝子**は卵の主要な体軸（前後軸及び背腹軸）を決定する。
・**分節遺伝子**はそれぞれの体節の境界と極性を決定する。
・**Hox遺伝子**はある場所にどの器官が形成されるのかを決定する。

母性効果遺伝子　ウニの卵と初期胚と同様に、ショウジョウバエの卵と幼虫の場合も、細胞質性決定因子が不均一に分布していることが大きな特徴である（図19.6）。これらの分子は母親の卵巣の細胞内で転写された特定の母性効果遺伝子の産物である。*bicoid*と*nanos*という2つの母性効果遺伝子が卵の前後軸を決定する（ここでは記載しない他の母性効果遺伝子が背腹軸を決定する）。

　*bicoid*と*nanos*のmRNAは、母親の細胞から卵の前部になる部分へと細胞質間橋を通して拡散する。*bicoid* mRNAは翻訳されてBicoidタンパク質が合成される。Bicoidタンパク質は転写因子で、卵の前方端から拡散し卵の細胞質内に濃度勾配を形成する（図19.12（**A**））。一方、卵の細胞骨格は*nanos* mRNAを卵の前方端から後方端へと輸送し、そこで*nanos* mRNAは

翻訳される（図19.12（B））。

　Bicoid と Nanos の作用で、Hunchback と呼ばれる別のタンパク質の濃度勾配が形成される。このタンパク質によって胚の前後軸が決定される。始めは*hunchback* mRNA は胚内で均一に分布している。しかし Nanos がその翻訳を阻害し、胚の後方端で Hunchback タンパク質が蓄積するのを阻害する（図19.12（C））。一方で、胚の前方端では、Bicoid が*hunchback*遺伝子の転写を促進し、*hunchback* mRNA 量（したがって Hunchback タンパク質量も）を増加させ、Hunchback 濃度勾配を増強する。

　生物学者はどのようにしてこれらの経路を解明したのだろうか？　この例で用いられた実験アプローチを見てみよう。

・*bicoid* 遺伝子のある特定の変異をホモ接合体で持つ雌は、頭部も胸部も持たない幼虫を産む。このことから、Bicoid タンパク質は前部の構造発生に必要であることが分かる。
・これらの*bicoid*変異を持つ雌の卵の前方端に、野生型卵の前方端の細胞質を移植すると、移植を受けた卵は正常な幼虫へと発生する。この実験からも Bicoid タンパク質が前部の構造発生に関与していることが分かる。
・野生型卵の前部領域の細胞質を別の卵の後部領域に注入すると、そこで前部の構造が発生する。どのくらいの量を注入するかによってどの程度の構造ができるかが決まる。
・*nanos* 遺伝子変異をホモ接合体で持つ雌の卵は腹部体節を持たない幼虫になる。
・野生型卵の後部領域の細胞質を*nanos* 変異卵の後部領域に注入するとその卵は正常に発生する。

　bicoid、*nanos*、*hunchback* が関与する事象は受精前から始

まり受精後の多核期（数時間続く）も続く。この時期には、胚を光学顕微鏡で観察しても、区別の付かない核の一団にしか見えない。しかしながら分子レベルでは多くのことが進行しており、細胞運命は既に決定され始めているのである。胚の前後軸が決定した後では、パターン形成における次のステップは体節

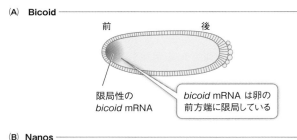

(A) Bicoid

前　　　　　　　　　　　　後

限局性の
bicoid mRNA

bicoid mRNA は卵の
前方端に限局している

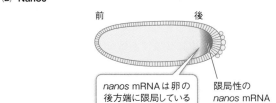

(B) Nanos

前　　　　　　　　　　　　後

nanos mRNA は卵の
後方端に限局している

限局性の
nanos mRNA

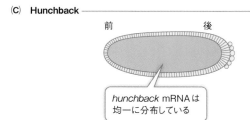

(C) Hunchback

前　　　　　　　　　　　　後

hunchback mRNA は
均一に分布している

図19.12
Bicoid タンパク質と Nanos タンパク質の濃度が前後軸を決定する
ショウジョウバエの前後軸は(A)*bicoid* 遺伝子と(B)*nanos* 遺伝子に　↗

の数と局在の決定である。

分節（体節形成）遺伝子 ショウジョウバエの幼虫の体節の数と極性を決定するのがこれらの遺伝子で、胚におよそ6000個の核が存在する時期（受精後およそ3時間）に発現する。3種

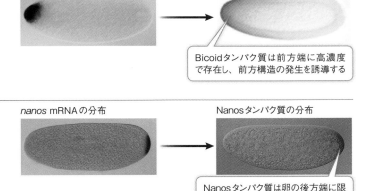

bicoid mRNAの分布　　　　　Bicoidタンパク質の分布

Bicoidタンパク質は前方端に高濃度で存在し、前方構造の発生を誘導する

nanos mRNAの分布　　　　　Nanosタンパク質の分布

Nanosタンパク質は卵の後方端に限局し、前方構造の発生を阻害する

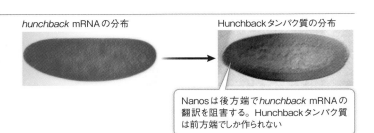

hunchback mRNAの分布　　　Hunchbackタンパク質の分布

Nanosは後方端で*hunchback* mRNAの翻訳を阻害する。Hunchbackタンパク質は前方端でしか作られない

よってコードされるモルフォゲンの濃度勾配で決定される。BicoidとNanosが一緒になってHunchbackの濃度勾配を決定する。

類の分節遺伝子が次から次へと作用して分節化パターンの詳細を精密に制御する。

1. **ギャップ遺伝子**は前後軸に沿って広い領域を組織化する。ギャップ遺伝子の変異は体の設計図にギャップ（欠損）をもたらす。すなわち幼虫の体節が数個連続して欠損することになる。
2. **ペアルール遺伝子**は胚を2つずつの体節に分ける。ペアルール遺伝子の変異により胚の体節が1つおきに欠損することになる。
3. **セグメントポラリティ遺伝子**は個々の体節の境界と前後方向の構造を決定する。セグメントポラリティ遺伝子の変異は、後方構造が逆の（鏡像関係の）前部構造によって置き換えられた体節の形成をもたらす。

　これらの遺伝子の発現は順番に起こる（図19.13）。ギャップ遺伝子産物はペアルール遺伝子転写を促進し、ペアルール遺伝子産物はセグメントポラリティ遺伝子転写を促進する。このカスケードの終わりには、胚全体の核は、自分たちが成虫のどの体節の一部になるかを"認識"している。
　カスケードの次の一群の遺伝子がそれぞれの体節の形と機能を決定する。
　（訳註：ショウジョウバエの遺伝子はしばしば変異体の表現型に基づいて命名される。*hunchback* 遺伝子は、この遺伝子が欠損するハエの頭部が変形していたり欠損していたりすることから命名された。同様に、*fushi tarazu* は"節が足りない"という日本語であり、このペアルール遺伝子の変異体は体節が足りない）

Hox遺伝子　Hox（ホメオボックスHomeoboxから命名）遺伝

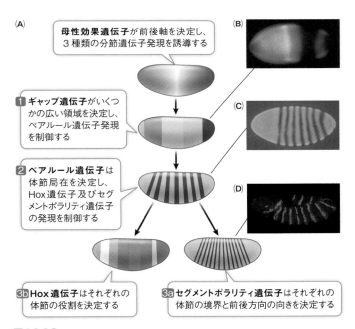

(A)

母性効果遺伝子が前後軸を決定し、3種類の分節遺伝子発現を誘導する

1 **ギャップ遺伝子**がいくつかの広い領域を決定し、ペアルール遺伝子発現を制御する

2 **ペアルール遺伝子**は体節局在を決定し、Hox遺伝子及びセグメントポラリティ遺伝子の発現を制御する

3b **Hox遺伝子**はそれぞれの体節の役割を決定する

3a **セグメントポラリティ遺伝子**はそれぞれの体節の境界と前後方向の向きを決定する

(B)

(C)

(D)

図19.13
遺伝子カスケードがショウジョウバエの胚のパターン形成を制御する
(A)母性効果遺伝子がギャップ、ペアルール、セグメントポラリティ遺伝子（これらをまとめて分節遺伝子と呼ぶ）を誘導する。
(B) 2つのギャップ遺伝子、すなわち*hunchback*遺伝子（オレンジ）と*Krüppel*遺伝子（緑）はオーバーラップする。黄色の領域では両者が転写される。
(C)ペアルール遺伝子の*fushi tarazu*が暗青色の領域で転写される。
(D)セグメントポラリティ遺伝子の*engrailed*発現（明るい緑）が(A)よりほんの少しだけ進んだステージで認められる。このカスケードの終わりには、例えば、胚の前方の一群の核はハエの成虫の第一頭部体節になることが決定される。

子は胚の長軸に沿って異なる組合わせで発現する転写因子をコードしており、これらの転写因子はそれぞれの体節内の細胞運命の決定に関与している。Hox遺伝子発現は、頭部のある体節の細胞に眼を形成するよう指令を出し、胸部のある体節の細胞に羽を形成するよう指令を出す。ショウジョウバエのHox遺伝子は3番目の染色体上で2つの遺伝子群として、自分が決定する機能を持つ体節と全く同じ順番で並んでいる（図19.14）。ショウジョウバエの幼虫が孵化する頃までには、幼虫の体節は完全に決定されている。Hox遺伝子は全ての動物が共有しており、ホメオティック遺伝子である。すなわち、Hox遺伝子の変異はある器官が別の器官によって置き換わるという

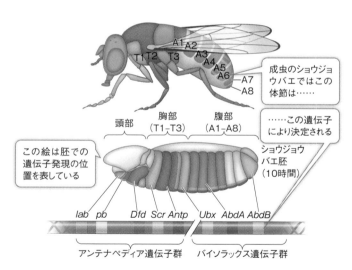

図19.14　ショウジョウバエのHox遺伝子は体節の性質を決定する
第3染色体上の2つのHox遺伝子群（下）がショウジョウバエ成虫の体節機能を決定する（上）。これらの遺伝子は体節構造が実際に現れるずっと以前に胚で発現する（中）。

結果をもたらしうる。

　ショウジョウバエでは、母性効果遺伝子、分節遺伝子、Hox遺伝子が、未受精卵から始まって、相互作用しながら、少しずつショウジョウバエの幼虫を"作り上げていく"。どうしてHox遺伝子が体節の運命を決定するということが分かったのだろうか？　重要な手がかりは、ホメオティック変異から得られた。Hox遺伝子アンテナペディア *Antennapedia*（触角脚）の変異では、頭部に触角の代わりに脚が生える。

触角　　**触角があるべきところに生えている脚**

　ウルトラバイソラックス *Ultrabithorax*（双胸）変異では、通常翅が生えない胸部体節でもう1対余分な翅が生える。であるからHox遺伝子の正常（野生型）機能は、体節にどの器官を形づくるかを"伝える"ことであるに違いない。

　アンテナペディア遺伝子とウルトラバイソラックス遺伝子は両方とも転写因子をコードしており、**ホメオボックス**と呼ばれる共通の180塩基対の配列を持っている。ホメオボックスは**ホメオドメイン**と呼ばれる60アミノ酸の配列をコードしている。ホメオドメインは標的遺伝子のプロモーター中の特定のDNA配列を認識して結合する。このタンパク質ドメインは、前後軸を持つ多くの他の動物において発生を制御する転写因子中に存在する。次節では、これらの発生の共通経路の進化における重要性について検討する。

これまで、シロイヌナズナとショウジョウバエという2つのモデル生物で、発生制御における遺伝子発現の役割の詳細を記載した。両者ともに、転写因子としての発現が他の遺伝子の発現を制御する遺伝子が関与している。その結果、分化と器官形成が起こる。これらのメカニズムは発生生物学にとって基本的なものなのだろうか？　またこれらのメカニズムは進化を通して保存されているものなのだろうか？

🔑 19.4 遺伝子発現変化が 発生の進化の基盤となっている

　ショウジョウバエの発生を制御する遺伝子の発見は、生物学者に他の生物の発生を研究するツールを提供した。例えば、科学者がホメオボックスDNAをハイブリダイゼーションプローブ（**キーコンセプト11.4**）として用いて、他に同様の遺伝子があるかどうか探したときに、他の生物の多くの遺伝子にホメオボックス配列を見つけた。この発見やそれに続く他の発見から、ハエや魚から哺乳動物に及ぶ生物の形態形成の基礎となる分子イベントの類似性が明らかになった。これらの発見から、生物の形が共通の祖先から修飾を受けて子孫を通して進化したように、これらの形を作る分子メカニズムも同様に進化したことが示唆された。生物学者は進化過程と発生過程の相互作用についての新たな疑問を問い始めた。これが**進化発生生物学**あるいは**evo-devo**（エヴォ・デヴォ）と呼ばれる学問領域である。

学習の要点
・昆虫と脊椎動物の眼の形成などのように、多くの動物の胚発生には

共通の発生経路が関与している。

・発生経路で共通のDNA配列や調節性タンパク質が"ツールキット"を構成する。遺伝子スイッチによってツールキットがどのように発現するかが制御される。

・キリンの首の極端な長さによって例示されるように、異時性は大きな重要性を持つ。

・生物が発生するに伴い、発生遺伝子が、どこで（異所性）、いつ（異時性）、どの程度（ヘテロメトリー）発現するか、が変化する。

・発生遺伝子発現の空間的差異は異所性として知られる。

エヴォ・デヴォとは何か？

エヴォ・デヴォの基本原則は下記の通りである。

・生物は発生のための類似の分子メカニズムを共有している。それには遺伝子発現を制御する調節性分子の"ツールキット"が含まれる。

・ツールキットの調節性分子は体の異なる組織及び領域で独立に働くことができ、モジュール（機能単位）的な進化的変化が可能になる。

・発生の違いは、調節性分子が作用するタイミングの変化、作用する場所の変化、作用する量の変化によって起こりうる。

・種間の差異は、発生遺伝子の発現変化によって生じる。

・発生上の変化は、発生過程への環境からの影響によって生じうる。

この章の前半で見たように、受精卵から多細胞生物が発生する過程には、連続的な遺伝子発現が関与する。それぞれの生物の複雑さから、生物学者は、例えばマウスを作る経路はショウジョウバエを作る経路とは全く異なっているに違いないと予測

した。しかし驚くべきことに、器官形成を制御する調節性遺伝子は、非常に異なる生物間でも同様であることが判明した。

縁が遠い生物でも発生遺伝子は似通っている

　ヒトのカメラのような眼や昆虫の複眼など、十数種の眼が異なる動物で知られている。昆虫の眼と脊椎動物の眼は独立して進化したが、眼の胚における形成では両者で共通の発生経路が関与するということが、驚くべき発見から明らかになった。

　1世紀以上も前に、eyeless（眼なし）と呼ばれるショウジョウバエの変異体が記載された。名前から想像が付くようにこの変異体には眼がない。

　この変異は1990年代にその分子的性質が解明されるまで何十年もの間、実験室の"珍奇なもの"でしかなかった。スイスの発生生物学者のレベッカ・クヴィリングとヴァルター・ゲーリングは、eyeless遺伝子の野生型版のタンパク質産物を単離し、それが眼の発生に必要な遺伝子の発現を制御する転写因子であることを突き止めた。どうして彼らはそれを知ったのだろうか？　遺伝子改変ハエの異なる胚組織で野生型のeyeless遺伝子が発現するような組換えDNAコンストラクトを作ることにより、彼らは脚、触角、翅の下など多様な体の部分に余分な眼を持つハエを作ることができたのだった。

　eyeless遺伝子の配列を決定し、コンピューターを用いて既知の配列を持つ遺伝子データベースを検索したところ、驚愕すべき事実が明らかになった。eyeless遺伝子の配列はマウスのPax6遺伝子の配列と似通っていたのである。Pax6遺伝子の変異で異常に小さな眼を持つマウスができる。ハエとマウスのきわめて異なる眼は共通の発生学的主題の変奏なのだろうか？昆虫の遺伝子と哺乳類の遺伝子の機能の類似性をテストするために、彼らはハエで実験を繰り返した。ただし今回はハエの

eyeless 遺伝子の代わりにマウスの *Pax6* 遺伝子を用いた。またもや遺伝子改変ハエのいろいろな部位に眼が発生した。すなわち、その発現により通常は哺乳類の眼が発生する遺伝子によって、昆虫の全く異なる種類の眼が発生したのである。

　ショウジョウバエとマウスの共通の祖先にたどり着くためには、進化の時間をはるか昔まで遡らなければならない。しかしながら、*eyeless* 遺伝子と *Pax6* 遺伝子は、この２つの種のみならず他の種においても高度に保存された配列を含んでいるのである。生物学者はそのような遺伝子を**相同遺伝子**と呼ぶ。相同というのは、共通の祖先に存在した１つの遺伝子から進化したという意味である。

　近年、非常に多くの相同遺伝子（調節性 "ツールキット"）が縁遠い動物種で発生を制御していることが明らかになった。例えば、アンテナペディアとバイソラックスのようなショウジョウバエのホメオティック遺伝子は、マウス（及びヒト）の発生において同様の役割を果たす遺伝子と似通っている。この発見は、これらの遺伝子によって制御される位置情報は、たとえそれぞれの位置で作られる構造が変わっても、保存されていることを示唆している。驚くべきことに、これらの遺伝子はショウジョウバエでもマウスでも、胚の前後軸に沿って発現しているのと同じ順番で染色体上に配置されている（図19.15）。これらの例などから生物学者は、ある種の発生メカニズムは**遺伝子ツールキット**を構成する特定の配列によって制御され、その内容が進化の時間経過のなかで変化し入れ替えられて、我々が今日見るような植物、動物、その他の生物の驚くべき多様性が生み出されたと考えるにいたった。

　ツールキットが変化する１つの方法は遺伝子重複である。図19.14で記したように、アンテナペディアとバイソラックスはそれぞれ単なる単一遺伝子ではなく、遺伝子群であり、その

中の個々の遺伝子は互いに少しずつ異なっている。**キーコンセプト17.3**で遺伝子ファミリーを記載したときに、ファミリーの個々のメンバーは単一の祖先遺伝子から進化したことを見た。これらの発生遺伝子についても同様である。重複とそれに引き続いて起こる変異を通して、Hox遺伝子は多様化し、異なる体節で異なる構造をコードするようになった。

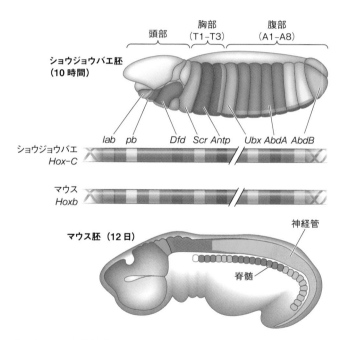

図19.15　調節性遺伝子は類似の発現パターンを示す
似通った転写因子をコードする相同遺伝子は、昆虫でも脊椎動物でも前後軸に沿って似通ったパターンで発現する。マウス（及びヒト）のHox遺伝子は複数コピー存在する。これが1つの変異により激烈な効果がもたらされることを防いでいる。

どのように遺伝子ツールキットが用いられるかは遺伝子スイッチが支配する

　共通の一揃いの遺伝子による指令に基づく発生モジュールは、ある種内で個別に進化することができる。というのは、**遺伝子スイッチ**がツールキットの用いられ方を制御するからである。これらのスイッチには下記のものが含まれる。

・遺伝子プロモーターとプロモーターに結合する*転写因子
・転写因子とプロモーターの相互作用を調整するエンハンサーとリプレッサー
・経路や遺伝子発現を活性化する信号分子
・信号伝達とその効果を媒介する信号伝達構成要素

---

*概念を関連づける　どのようにして転写因子が遺伝子発現を誘導したり抑制したりするのかは、**キーコンセプト13.2**で説明している。

　複数のスイッチが個々の遺伝子を制御し、異なる場所で異なる遺伝子発現パターンを実現している。このようにして、遺伝子ツールキットの構成要素は、複数の発生過程に関与し、それでいながら、個々のモジュールが独立して発生し進化することを可能にしている。

　進化の過程で、遺伝子スイッチの機能の変化は個体の形と機能の変化をもたらした。その例として、ショウジョウバエや他の昆虫の翅の発生を見てみよう。ショウジョウバエは双翅目という昆虫グループの一員である。双翅とは"2つの翅"を意味し、それらが1対の翅を持っていることを意味している。一方で、ほとんどの昆虫は2対の翅（すなわち4枚の翅）を持っている。双翅目昆虫の1対の翅は第2胸部体節に発生する。そこではHox遺伝子のアンテナペディア（*Antp*）が発現してい

る。*Antp* は第３胸部体節でも発現している。しかしながら双翅目昆虫のその体節では、平均棍と呼ばれる１対のバランスを取る器官が発生する。第２胸部体節と第３胸部体節の大きな違いは、第３胸部体節ではもう１つのHox遺伝子であるウルトラバイソラックス（*Ubx*）が *Antp* と並んで発現していることである（図19.16）。双翅目昆虫では *Ubx* は *Antp* の機能を抑制する。もし *Ubx* が変異により不活化されると、多くの他の昆虫で典型的に見られるように、第３胸部体節に２番目の翅の

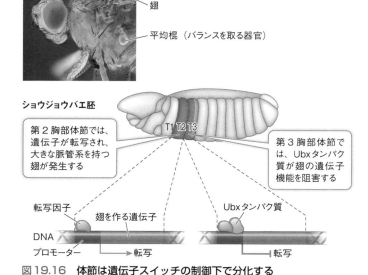

図19.16　体節は遺伝子スイッチの制御下で分化する
たった１つのタンパク質、ウルトラバイソラックス（Ubx）が、胸部体節が完全な羽を発生するか平均棍を発生するかを決定する。

Q：チョウの胚の全ての胸部体節で、Ubxを遺伝子操作により発現させた場合、何が起こるだろうか？

ペアが発生する。このように、動物間の大きな形態の差異の一部は、遺伝子発現の比較的小さな変化によって生じうる。

モジュール方式のために
遺伝子発現のタイミングにおける差異が可能となる

　発生がモジュール方式であるというのは、器官形成のような発生過程の分子経路が、互いに独立に働くということを意味する。例えば、359ページに示したアンテナペディア変異を持つハエは、触角があるべき場所に脚が生えるが、残りの体節は正常な構造を作る。モジュール方式によって、1つの発生過程のタイミングと場所が、生物全体を変化させることなく変わることが可能になる。いくつかのパターンは既に例示した。

ヘテロメトリー　ヘテロメトリー（"異なる尺度"）の顕著な例は、ダーウィンフィンチ類のクチバシの発生である。ある種のクチバシは種子を砕くために大きくがっしりとしているが、他の種のクチバシは食物を探るために細く長い。チャールズ・ダーウィンがガラパゴス諸島を訪ねたときに、"非常に近い関係にある鳥の小グループ内でのこのクチバシの段階的変化と多様性を見ると、この諸島における鳥類の少なさからして、1つの種が修飾されて異なる種が出来上がったのではないかと考えたくなる"と書いた。

　ダーウィンはそのような修飾の遺伝学的基盤は知る由もなかった。だが、我々は知っている。クチバシの形は鳥が孵化したときにははっきり見て取れる。すなわち発生過程で決定されるに違いない。クチバシは顔面骨を作る胚の前部にある組織から発生する。この胚組織の細胞分裂はシグナルタンパク質によって制御されているが、その1つが骨形成タンパク質4（BMP4）であり、もう1つがカルモジュリンというタンパク

質である。もしBMP4が早期に大量に存在すると、クチバシ
は広く厚くなる。もしカルモジュリンが早期に大量に存在する
と、クチバシは長く細くなる（図19.17）。このようにクチバ
シの構造はタンパク質産生の変化の影響を受ける。

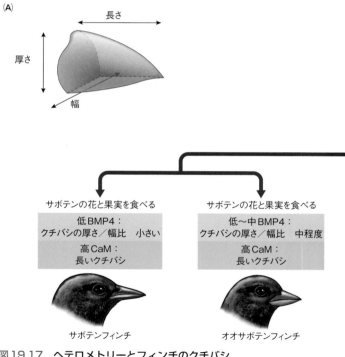

(A)

長さ

厚さ

幅

サボテンの花と果実を食べる

低BMP4：
クチバシの厚さ／幅比　小さい

高CaM：
長いクチバシ

サボテンフィンチ

サボテンの花と果実を食べる

低～中BMP4：
クチバシの厚さ／幅比　中程度

高CaM：
長いクチバシ

オオサボテンフィンチ

図19.17　ヘテロメトリーとフィンチのクチバシ
(A)鳥のクチバシは三次元（長さ、幅、厚さ）で測ることができ、それ
　で異なる種を比較することができる。

異時性　キリンの首の進化は**異時性**（"異なる時間"）の一例である。キリンは、マナティーとナマケモノを除く全ての哺乳類と同様に、7個の頸椎を持っている。であるからキリンの首が長くなったのは、頸椎を多くしたからではない。そうではなくて、キリンの頸椎は他の哺乳類の頸椎よりもずっと長いのである（図19.18）。

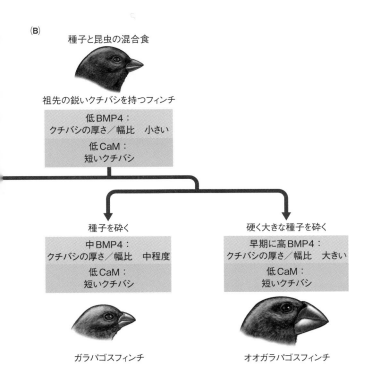

(B) ダーウィンフィンチ類では、BMP4とカルモジュリン（CaM）発現の異なるパターンを生じさせる変異のために、クチバシの大きさと形が異なる種が生まれたと考えることができる。このクチバシの多様性は異なるタイプの餌を探すために好都合である。

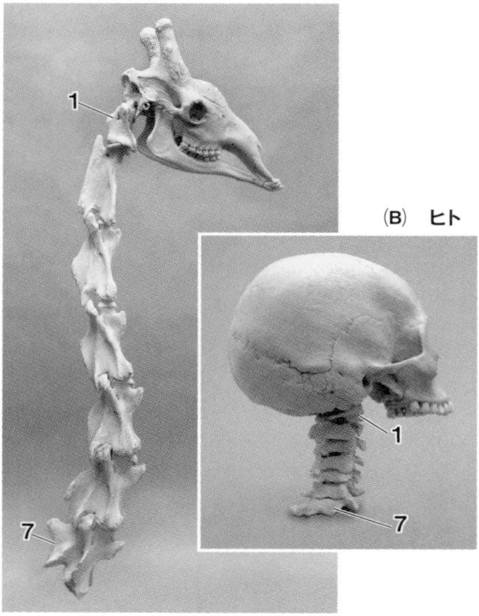

図19.18　長い首の発生における異時性
キリン(A)とヒト((B)、ただし(A)と同じスケールではない)には7個の頸椎がある。しかし、キリンの頸椎はヒトのものよりもはるかに長い(25 cmと1.5 cm)。というのは、発生期に成長が長期間続くからである。このタイミングの違いを異時性と呼ぶ。

　哺乳類の骨成長は、軟骨細胞と呼ばれる軟骨産生細胞の増殖の結果として起こる。骨成長は軟骨細胞のアポトーシス(細胞死)と骨基質の石灰化にいたる遺伝子シグナルによって停止する。キリンではこのシグナル過程が頸椎で遅れるために、頸椎が長くなる。このように、長い首の進化は、骨形成を制御する遺伝子発現のタイミングの変化によって起こったのである。

異所性　発生遺伝子発現の空間的差異を**異所性**("異なる場

所”）と呼ぶ。この例としては、カモとニワトリの足の異なる発生が挙げられる。全ての鳥類の胚の足には、足指間をつなぐ皮膚からできた水かきが存在する。この水かきは成鳥のカモ（及び他の水鳥）の足では保持されるが、ニワトリ（及び他の陸鳥）の足では保持されない。水かきの消失はBMP4シグナルタンパク質によって制御されている。BMP4は既に見てきたように、クチバシの発生にも関与している（共通の遺伝子ツールキットによって異なる種類の変化がもたらされる一例である）。

BMP4タンパク質は水かきを作る細胞のアポトーシスを誘導し、足指間の水かきを消失させる。カモとニワトリの胚の後肢は、足指間の水かきで*BMP4*遺伝子を発現する。しかしながら、カモとニワトリでは*Gremlin*遺伝子の発現に違いがある。*Gremlin*遺伝子は*BMP4*遺伝子発現を抑制するタンパク質をコードしている（図19.19）。カモでは（ニワトリとは異なり）、*Gremlin*が水かき細胞で発現し、Gremlinタンパク質が*BMP4*発現を抑制する。アポトーシスを促進するBMP4タンパク質が産生されないため、水かきのある足が発生する。もしニワトリの後肢が発生途上で実験的にGremlinに曝されると、成鳥のニワトリはカモのような水かきがある足を持つことになる。

個々の生物で遺伝子ツールキットがどのように形態形成を誘導し、遺伝子スイッチの差異が種間の差異にどのように寄与するかを見てきた。これから、これらの同じツールが、新たな形と新たな種の進化において果たす役割について考えてみる。

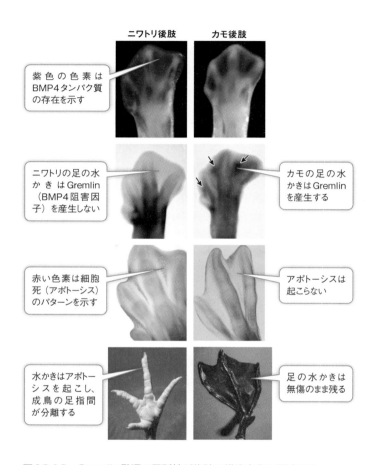

ニワトリ後肢 **カモ後肢**

紫色の色素は BMP4タンパク質の存在を示す

ニワトリの足の水かきは Gremlin（BMP4阻害因子）を産生しない

カモの足の水かきは Gremlin を産生する

赤い色素は細胞死（アポトーシス）のパターンを示す

アポトーシスは起こらない

水かきはアポトーシスを起こし、成鳥の足指間が分離する

足の水かきは無傷のまま残る

図19.19　Gremlin発現の異所性が後肢の構造変化と関連する
左側の写真はニワトリの足の発生を、右側の写真はカモの足の発生を示している。カモの足の水かき中のGremlinタンパク質はBMP4信号伝達系を抑制し、胚の水かきがアポトーシスを起こすのを防ぐ。

Q：もしカモ胚の足でGremlinの発現を阻害したらどんなことが起こるだろうか？

19.5 発生に伴う遺伝子変化が
　　 発生を決定する

　胚の異なる領域で異なる構造が発生することを可能にした遺伝子スイッチが、種間の主要な形態学的差異をも生み出しうる。遺伝子スイッチのタイミングと位置の変化（例えば *Gremlin* 発現）が、形態学的変化（水かきの有無）を生じ、これが自然淘汰の対象となる。

学習の要点

・調節性分子の変化により大きな発生上の変化が生じうる。
・隔離された生物の個体群で生じた遺伝子発現の類似の変化は、進化上同一の結果をもたらすことがある。これが平行進化と呼ばれる過程である。

　フランスの遺伝学者フランソワ・ジャコブは、進化は鋳掛け屋（よろず修繕屋）のようなものだと言った。鋳掛け屋は、劇的に異なるデザインを自由に開発する（例えばプロペラ駆動のエンジンをジェットエンジンで置き換えるように）エンジニアと違って、あり合わせの材料を組み合わせ手直しして新しい構造を組み立てる。形態の進化は、革新的に新しい遺伝子の獲得によって支配されてきたのではなく、既存の遺伝子の発現パターンを"手直し"することによって進んできた。発生遺伝子とその発現は進化を2つの方法で規定する。

1. ほとんど全ての進化上の革新は、既存の構造の修飾である。
2. 発生を制御する調節性遺伝子の基本セットは広く保存されている。すなわち、制御遺伝子自身は進化の過程でゆっくりとしか変化しない。

発生遺伝子の変異は
大きな形態学的変化を引き起こしうる

　主要な発生上の変化は、調節性分子がどこで、いつ、どのぐらい発現するのかという点の変化ではなく、調節性分子そのものの変異によってしばしば引き起こされる。節足動物の脚の数を制御する遺伝子が良い例である。節足動物は全て頭部、胸部、腹部領域を持ち、それぞれが多様な数の体節からなっている。ショウジョウバエのような昆虫では、3個の胸部体節に3対の脚が生えている。一方で、ムカデは胸部体節と腹部体節の両方に多くの脚を持っている。全ての節足動物は *Distal-less*（*Dll*）と呼ばれる遺伝子を発現しており、これが脚の発生を制御している。昆虫では、腹部体節での *Dll* 発現は Hox 遺伝子の *Ubx* によって抑制されている。*Ubx* は全ての節足動物の腹部体節で発現しているが、異なる種では異なる効果をもたらす。

図 19.20　Hox 遺伝子の変異が昆虫の脚の数を変化させた

節足動物の昆虫系譜（青いボックス）では、*Ubx* 遺伝子の変化により、脚の形成に必要な *Dll* 遺伝子を阻害するタンパク質が生まれた。昆虫はこの変異 *Ubx* 遺伝子を腹部体節で発現するので、腹部体節からは脚が生えてこない。ムカデのような他の節足動物では、正常 Ubx タンパク質が作られ、腹部体節から脚が生えてくる。

Q：遺伝子改変ショウジョウバエでムカデと同じ *Ubx* を発現させたら、その表現型はどのようなものになるだろうか？

昆虫

Ubx タンパク質
構造の変化

共通の祖先

ムカデでは、*Ubx*は*Dll*と共発現し、脚の形成を促進する。昆虫の進化の過程で、*Ubx*遺伝子配列の変異の結果、腹部体節で*Dll*発現を抑制するような変異Ubxタンパク質が生じた。節足動物の系統樹は、昆虫の祖先において、この*Ubx*の変化が起こると同時に腹部の脚が失われたことを示している（図19.20）。

保存された発生遺伝子により平行進化が生じうる

　高度に保存された発生遺伝子が存在することにより、類似の形質が繰り返して進化する可能性が高くなる。これは近縁の種間では特に起こりやすく、**平行進化**と呼ばれる。平行進化の良い例は、イトヨという小さな魚である。イトヨは大西洋、太平洋に広く分布し、多くの淡水湖と川にも生息する。海洋性のイトヨは生涯の大部分を海で過ごすが、産卵のために淡水に戻

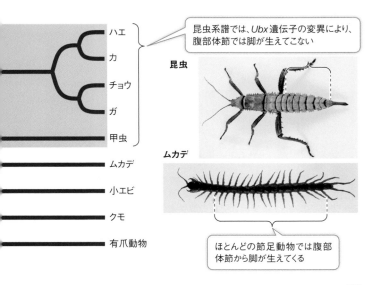

ハエ

カ

チョウ

ガ

甲虫

ムカデ

小エビ

クモ

有爪動物

昆虫系譜では、*Ubx*遺伝子の変異により、腹部体節では脚が生えてこない

昆虫

ムカデ

ほとんどの節足動物では腹部体節から脚が生えてくる

る。しかしながら淡水産のイトヨは湖の中で暮らし、決して塩水には出合わない。

遺伝学的な証拠から、淡水産のイトヨは海洋性のイトヨから何度も独立に進化したことが示されている。海洋性のイトヨは捕食性の海洋魚から身を守る構造を持っている。それは骨板と骨盤突起を持つよく発達した骨盤骨であり、これらが捕食者の口を傷付けるのである。淡水産のイトヨはそのような捕食者による危険には直面しない。体を守るよろいのような構造は大幅

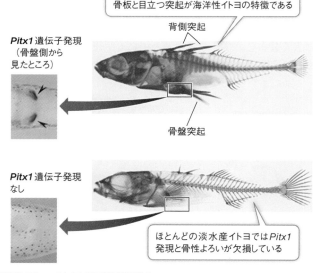

骨板と目立つ突起が海洋性イトヨの特徴である

背側突起

Pitx1 遺伝子発現
（骨盤側から
見たところ）

骨盤突起

Pitx1 遺伝子発現
なし

ほとんどの淡水産イトヨでは *Pitx1* 発現と骨性よろいが欠損している

図19.21　イトヨの平行表現進化
発生遺伝子の *Pitx1* は骨板と突起の産生を促進する転写因子をコードしている。この遺伝子は海洋性イトヨでは活性があるが、淡水産の多様な個体群では変異し、不活化されている。この変異が、地理的に遠く離れて隔離された淡水産の個体群で見つかることが、平行進化の証拠である。

に減少し、背側突起と骨盤突起はずっと短いかまったく欠けている（図19.21）。

　海洋性イトヨと淡水産イトヨの違いは環境条件によって誘導されたものではない。海洋性イトヨを淡水で飼っても、まだよろいと突起をまとっている。この違いは発生制御遺伝子*Pitx1*の発現によるものである。*Pitx1*は発生期の海洋性イトヨ胚の頭部、体幹、尾部、骨盤を形成する領域で発現する転写因子をコードしている。しかしながら、それぞれが長期間隔離されてきたカナダ、英国、米国、アイスランドの淡水産イトヨの個体群では、*Pitx1*遺伝子は骨盤では発現せず、突起は生えてこない。制御遺伝子発現のこの同じ変化により、進化上、いくつかの独立した個体群で類似の形質変化が生み出された。これは平行進化の良い例である。

 生命を研究する

Q A　幹細胞の使い方にはどのような可能性があるだろうか？

　手術室で患者から幹細胞を単離する手技が開発された。脂肪吸引として知られる美容整形手術で得られた脂肪から大量の幹細胞を得ることができる。これらの幹細胞は超低温で保存され、温めると生き返る。脂肪吸引術で得られた幹細胞は組織修復に用いられてきた。例えば、乳癌手術後の幹細胞移植に利用されてきたし、頭蓋骨骨折の治療にも用いられている。脂肪ならびに骨髄由来の間葉細胞は、スポーツ外傷での筋肉や腱などの結合組織の治療にも活用されている。

今後の方向性

　数百万人が1型糖尿病を患っている。1型糖尿病では膵臓の β （ベータ）細胞がインスリンホルモンを作れない。患者は、DNA組換え技術で作られたインスリンを薬として注射しなければならない（**キーコンセプト18.5**）。しかしながら、注射するインスリンの量の調節と注射するタイミングは難問であり、症状が改善されないことも多い。患者に機能する β 細胞を供給するのが、1型糖尿病を根治する治療法となりうる。実験室レベルでは胚性幹細胞と人工多能性幹細胞の両者由来の細胞がインスリンを作ることが示された。さらに、それらの細胞は糖尿病マウスの膵臓に移植すると、環境条件に応答してインスリン放出を制御し、正常機能を回復するのである。糖尿病患者での臨床試験が計画されている。

　米国では、厳格に試験され政府によって承認されたヒトに対する幹細胞の唯一の臨床使用は、造血細胞（骨髄）移植である。しかしながら、南米、アジア、米国（政府未承認）で多くの疾患に対する幹細胞治療を提供する病院が林立しており、毎年多くの患者を治療している。根治したという主張が数多くなされているが、幹細胞治療の有効性と安全性を確立するためには、より多くの研究が必要である。

▶ 学んだことを応用してみよう

まとめ
19.3 Hox遺伝子変異はホメオティック変異をもたらしうる。
19.4 キリンの首の極端な長さで示されるように、異時性は非常に重要である。
19.4 発生遺伝子発現の空間的差異を異所性と呼ぶ。
19.5 調節性分子の変化により、大きな発生上の変化が生じうる。

ハエの剛毛の生え方のパターンの違いは、しばしば、ハエがどのように世界を知覚しているかと密接な関係があり、彼らの求愛行動にも影響を及ぼす。剛毛はこれらのハエの進化において重要である。

2種の仮想上の類縁のハエは、主として胸部の第3体節の剛毛の長さだけが違っている。Hairballという転写因子がこの差異の決定に関与していると考えられる。下の図は、両種のこの遺伝子発現パターンの時間変化を示している。

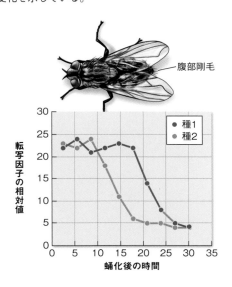

質問

1. 結果について記述し、2つの種におけるこの転写因子の役割についての仮説を立てよ。これが異所性、ヘテロメトリー、異時性の例かどうかを評価せよ。

2. 質問1で立てた仮説を検証する実験的アプローチを概説せよ。そして期待される結果を示せ。

3. どちらの種でも剛毛は通常他の2つの胸部体節には生えず、*hairball* はこれらの体節では高レベルでは発現しない。3番目の種である種3では、他の胸部体節でも剛毛が生え、これらの体節でも発生期に *hairball* を発現する。種1と種2で他の胸部体節でも *hairball* が発現すると何が起こるか、予想せよ。これが異所性、ヘテロメトリー、異時性の例かどうかを評価せよ。

4. *Hox* 遺伝子が *hairball* 発現を制御し、種3の *Hox* 遺伝子は種1と種2のものと1ヌクレオチドだけ違う変異体であると仮定せよ。この *Hox* 遺伝子が種3と種1及び種2の差異の原因であることをどのようにして示すか?

第14章　エネルギー、酵素、代謝

図14.7（35ページの**Q**への解答）

A：ATP合成のΔGは+7.3 kcal/molである。したがって、この合成を駆動する反応は少なくとも-7.3 kcal/molのΔGを持っていなければならない。熱力学第二法則から、エネルギー転移は効率的ではないので（エントロピーが増加する）、駆動反応のΔGは-7.3 kcal/molより大きくなければならない。

図14.8（39ページの**Q**への解答）

A：必要である。この場合、活性化エネルギーは基質がエネルギーを取り込めるようになるために必要であり、その後初めて反応が進む。

図14.12（51ページの**Q**への解答）

A：共有結合は壊れない。典型的には、タンパク質の三次構造は疎水性相互作用、イオン結合、水素結合などの弱い非共有結合によって維持されている。基質結合はこういう弱い結合を変化させるが、共有結合は壊さない。

1.

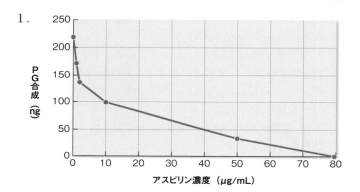

2. 酵素活性（PG合成）とアスピリン濃度の間には逆相関関係があり、アスピリンは肺組織ホモジェネートにおける反応の阻害剤である。アスピリンはヒト血小板のPG合成も阻害するので、阻害は異なる生物の異なる組織で同様に起こると結論することができる。

3. 3人全てで、生体内に与えられたアスピリンは血小板によるPG合成を阻害した。このことから試験管実験で得られた結果を生体に一般化できる。

図14.19（73ページの**Q**への解答）

A：リソソーム酵素にはアミノ酸配列があり、三次構造を持つ。この三次構造はpH4.8で活性部位が露出する。pH7.2では、この三次構造の活性部位は露出せず、酵素活性はない。

▶ 学んだことを応用してみよう （78～79ページの「質問」への解答）

1. 必要な分子はルシフェリン、酸素、ATP、マグネシウムイオンである。ルシフェリンは酸素と反応して化学変化を受け、その際に発光が起きる。この反応を駆動するためには、エネルギーを放出するATPのリン酸結合の加水分解が必要である。このエネルギーの一部がルシフェリンと酸素が反応するときに光として放出される。マグネシウムイオンは、他の分子が関与する反応を触媒する酵素の補因子として要求される。

2. ホタルは化学エネルギー源として餌を摂取する。食物が消化されると食物分子の結合中の化学エネルギーの一部が、ADPがリン酸化されてATPになるときにATPのリン酸結合の中に貯蔵される。この化学エネルギーがATPがルシフェリン反応の過程で加水分解されるときに放出され、その一部が光として放出される。

3.

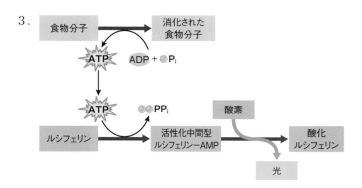

4. 熱処理により酵素の触媒活性が失われていることが証拠として挙げられる。また、触媒活性はpH変化の影響も受けている。熱処理の効果は、高温による酵素の三次構造の破壊によるものと考えられる。ほとんどのタンパク質は高温に曝されると活性のある形を維持できない。pH変化の影響は、塩基性アミノ酸のリシンやアルギニン、酸性アミノ酸のアスパラギン酸やグルタミン酸の側鎖のイオン化状態の変化によるものと考えられる。これらの側鎖のイオン化状態の変化は、基質結合や酵素の三次元構造を安定化する官能基間の相互作用に影響を及ぼす。

5. これは誘導適合の例であり、これにより酵素は、基質どうし及び基質と触媒機構に重要な酵素の官能基を適切な位置に配置する。この酵素の変形により、水が活性部位から排除され、ATPは加水分解されることなくルシフェリンのみと反応してAMPを転移し、ピロリン酸PPiを放出することになる。

第15章　化学エネルギーを獲得する経路

図15.3（89ページの**Q**への解答）

A：H原子は基質の酸化に由来する。

図15.7（103ページの**Q**への解答）

A：-20 kcal／mol。

データで考える　（112〜113ページの「質問▶」への解答）

1. 変異マウスも正常マウスも加齢に伴って体重が増加したが、変異マウスの方が正常マウスに比べて体重増加は小さかった。

2. 摂食量及び活動レベルは両グループで同様であった。であるから、変異マウスで体重増加が小さかったのは、食物摂取や運動のせいではない。

3. UCP1レベルは正常マウスに比べて変異マウスの方がはるかに高かった。高UCP1と低体重増加の相関関係は、褐色脂肪中のミトコンドリアでのATP合成の電子伝達からの脱共役が、低体重増加の原因であることを示唆している。

図15.13（125ページの**Q**への解答）

A：DNAもエネルギー源となりうる。DNAが加水分解されると、ヌクレオチドは代謝されるとクエン酸回路の中間代謝物となる（訳註：ピリミジンヌクレオチドの場合）。この中間代

謝物は酸化され、エネルギーは還元型補酵素に移され、還元型補酵素はミトコンドリアで酸化され、放出されたエネルギーを使ってATPが合成される。しかしながら、遺伝物質であるDNAは保存されなければならないので、DNAは合成された後に細胞核に隔離され、加水分解から守られる。

▶ 学んだことを応用してみよう （137～138ページの「質問」への解答）

1. 人体は最後の食事由来のグルコースをまず利用し、次にグリコーゲン分解を開始する。全てのグリコーゲンを使い果たすと、人体は体内に存在する分子を使って糖新生を行ってグルコースを合成する。

2. 哺乳類はタンパク質を分解し、アミノ酸を糖新生を介したグルコース合成に利用する。哺乳類はトリグリセリド由来のグリセロールも利用する。しかし脂肪酸はこういう利用ができない。脂肪酸は糖新生の材料とはなり得ない。

3. そのような人は、筋肉量が減少する。筋細胞中のタンパク質が糖新生経由でグルコースを作るために分解されるからである。これは勧められない。体を弱らせ、健康状態を悪化させるからである。このことは一般的には認識されていない。人々はダイエットによって筋肉よりは脂肪が減少すると考えているからである。

4.

$$\underset{\textbf{アラニン}}{\overset{\displaystyle CH_3}{\underset{\displaystyle COO^-}{\vert}}\!\!\overset{\displaystyle\vert}{\underset{}{CH-NH_3^+}}} \xrightarrow{\hspace{3cm}} \underset{\textbf{ピルビン酸}}{\overset{\displaystyle CH_3}{\underset{\displaystyle COO^-}{\vert}}\!\!\overset{\displaystyle\vert}{\underset{}{C=O}}}$$

アラニンのいずれかの炭素原子を炭素14で標識すれば、糖新生経路中を追跡することができる。というのは、アラニン炭素骨格から除去されるのはNH₃基のみだからである。

第16章　光合成：日光からのエネルギー

データで考える （145ページの「質問▶」への解答）

1. 実験1では、O_2の$^{18}O/^{16}O$比（0.84-0.86）はH_2Oのもの（0.85）と同じで、CO_2源のもの（0.2-0.61）とは異なっていた。実験2でも、O_2の比（0.20）はH_2Oのもの（0.2）と似ていて、CO_2源のもの（0.40-0.50）とは異なっていた。

2. O_2の酸素原子の由来はH_2Oである。

図16.2 （148ページの**Q**への解答）

A：還元反応は葉緑体のストロマで起こり、還元剤はNADPHである。

図16.4 （153ページの**Q**への解答）

A：フィコビリンは短い波長（540 nm）の黄色い光を吸収する。これはクロロフィルが吸収する長い波長（660 nm）よりも高エネルギーである。このことは、フィコビリンからクロロフィルへのエネルギー転移（高エネルギーから低エネルギーへ）が熱力学的に起こりやすいことを意味する。

図16.7 （159ページの**Q**への解答）

A：NADP$^+$レダクターゼではなく、除草剤が非循環光化学系Iからの電子を受け取る。そのためNADPHは産生されない。これは、光依存性反応システムにおける太陽エネルギーから化学エネルギーへの転移を重度に阻害する。

データで考える （168ページの「質問▶」への解答）

1.

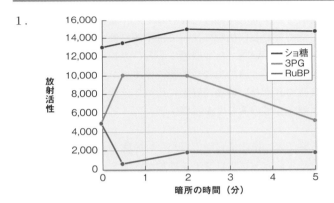

データは3PGが最初は（最初の30秒）上昇することを示す。ルビスコは初めはまだ活性があり、CO_2とRuBPから3PGを産生する反応を触媒するからである。30秒と2分の間は、3PG量は横ばいになる。ルビスコは暗所では不活性になるからである。2分後からは3PGの量は低下する。他の経路に入るからである（図16.14参照）。

2. RuBP量は暗所で最初は低下する。ルビスコによって触媒される反応で消費されるからである。

▶ 学んだことを応用してみよう （192ページの「質問」への解答）

1. 光は光反応を促進し、光反応はカルビンサイクルを促進する。また、光によって誘導された変化はカルビンサイクル酵素を活性化する。

2. 日陰で育つ植物は、日陰で育たない植物と同じ照明条件で
栽培され、同じ光強度に曝されても、光合成の最大速度は
日陰で育たない植物に比べてはるかに低い。このことは、
日陰で育つ植物では光収穫中心及びカルビンサイクル酵素
が少ないか、日陰で育つ植物のカルビンサイクル酵素が、
日陰で育たない植物の酵素に比べて、低速で機能するよう
に順応していることを示唆する。

3. 日陰で育つ植物も日陰で育たない植物も、光量を制限して
栽培すると、クロロフィルの量が増加する。これにより低
光量が代償されて、植物がより多くの光を集められるよう
になる。

4. 比葉表面積は日陰で育つ植物の方が大きい。これにより、
光収穫中心をできるだけ拡げて、日陰でも最大限の光を捕
捉することができるようになる。このため、光量が少なく
ても、植物が光合成を行うのに十分な光を集めることが可
能になる。

5. 日陰で育たない植物の方が、日陰で育つ植物に比べて、光
合成速度の変動が大きいと思われる。これは、日陰で育た
ない植物のグラフの方が、日陰で育つ植物のものと比べ
て、光合成速度データの変動範囲が大きいということから
予測される。

第17章　ゲノム

データで考える　(206～207ページの「質問▶」への解答)

1．２種のネコ科動物のゲノム間には、1080万年の間にDNA配列に4.4%の変化があった。このことは、100万年あたりの変化速度が0.4%であることを意味する。これに対し、ヒトとゴリラのゲノム間の変化速度は100万年あたり0.6%で、ネコ科の1.5倍である。

2．a. 調査した全ての哺乳動物ゲノムに共通する遺伝子ファミリーは１万4425種類。
   b. 103種類がトラと飼いネコのゲノムに特有で、231種類がヒトとマウスのゲノムに特有である。
   c. 哺乳動物ゲノムの90%以上が全ての哺乳動物に共通している。調査したそれぞれの哺乳動物に固有の遺伝子ファミリーは比較的少数である。

3．トラは狩りをするので、この事実は嗅覚、シグナル伝達と消化に関与する遺伝子を通じてそのゲノムに反映されている。

図17.4 (217ページの***Q***への解答)

A：レトロウイルスは細胞に感染し、自らのゲノムのcDNAコピーを作る。cDNAは、ウイルスのインテグラーゼの働きで宿主細胞のゲノムに挿入される。細胞が分裂する度にcDNAは宿主染色体とともに娘細胞に受け継がれる。組換

えを通じてcDNAは切り出しのための遺伝子を付加する。cDNAはまた隣接した遺伝子を付加し、ゲノム中を動き回ることができる。

図17.6 （222ページの**Q**への解答）

A：必ずしも増加しない。タンパク質コード遺伝子は真核生物のゲノムのごく一部を占めるにすぎない。ゲノムサイズの増大には、タンパク質をコードしない遺伝子や反復配列によるものも含まれる。

図17.10 （234ページの**Q**への解答）

A：どちらの過程でもタンパク質構造が核酸に沿って移動する。ポリソームではリボソームがmRNAに沿って、rRNA合成ではRNAポリメラーゼがDNAに沿って動き、ポリマー産物が合成される。ポリソームでの産物はポリペプチドであり、rRNAではRNAである。2つの過程は"カフェテリア"形式で同時に多くのポリマーが合成されるという点においても類似している。

▶ 学んだことを応用してみよう （254ページの「質問」への解答）

1. SNP5689では、遺伝子型*AA*の人でカルム濃度が最も高く（したがって代謝が最も遅く）、遺伝子型*GG*の人で濃度が最も低い（代謝が最も速い）。ヘテロ接合の人はその中間である。SNP8835では、*AA*ホモ接合の人でカルム濃度が最も低く（代謝が最も速く）、*CC*ホモ接合の人で濃度が最も高く（代謝が最も遅く）、ヘテロ接合の人はその中間である。SNP11286では、ヘテロ接合の人で濃度が最も高い（代謝が最も遅い）。2種類のホモ接合の人ではカルム濃度

がほぼ同じで、したがって代謝速度も同程度である。

2. このSNPが *AA* ホモの人は薬剤の代謝が *GG* ホモの人より遅いので、低用量の薬剤処置を受けるべきである。

3. *AA* ホモの人は代謝が最も遅く、*GG* ホモの人は最も速い。したがって、この遺伝子の *A* アレルがコードする酵素は *G* アレルがコードする酵素より活性が低いと予想される。

4. *AA* ホモの人は代謝が最も速く、*CC* ホモの人は最も遅い。したがって、この遺伝子の *A* アレルがコードする抑制酵素は *C* アレルがコードする酵素より活性が低いと予想される。

第17章 解答

5. 薬剤を投与した検定マウスと非投与の対照マウスを用意する。検定マウスと対照マウスの肝臓組織を準備する。2次元ゲル電気泳動と質量分析法を用いて、検定マウスと対照マウスの肝臓から得たタンパク質の違いを同定する。

第18章　組換えDNAとバイオテクノロジー

図18.2（261ページのQへの解答）

A：DNAリガーゼにより強い共有結合を形成してDNA分子を連結すればよい。

図18.4（273ページのQへの解答）

A：GFPレポータープラスミドで形質転換された細胞は死なない。これは、他の細胞を犠牲にすることなく、プラスミドを持つ細胞や個体を直接培養できることを意味する。また、生きた個体を用いた実験で長時間にわたって組換えDNAを持つ細胞の運命を追跡することも可能となる。

データで考える（296～297ページの「質問▶」への解答）

1．TPAなしでは血栓溶解が見られないが、TPAがあると血栓は溶解する。実験室で合成したTPAは、血栓溶解速度においても最終的な血栓溶解程度においても天然のTPAよりいくぶん優れていた。

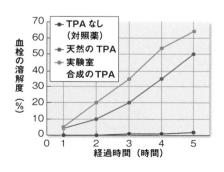

2. 実験室で合成したTPAは、ウサギの血栓溶解の点でも天然のTPAより優れていた。t検定を用いて最終的な血栓溶解度を比較することが可能である。

図18.10（299ページの**Q**への解答）

A：酵素の翻訳後修飾をコードするDNA配列、特に酵素のリソソームへのターゲティングに関わるシグナル配列が必要である。

図18.13（307ページの**Q**への解答）

A：構造と標的を変化させた抗生物質、生分解性プラスチックや燃料のような新たな特性を持つ天然化合物を作るように合成細胞を設計することが可能である。

▶ 学んだことを応用してみよう（313ページの「質問」への解答）

1. 雌の子は全て導入遺伝子についてホモ接合である。メンデルの法則に従えば、全てヘテロ接合となるはずである。

2. 雄の子はX染色体を雌親から受け継ぐ。この交配の雌親は導入遺伝子を持っていなかった。

3. F₁雌は導入遺伝子についてホモ接合だから、交配相手の遺伝子構成にかかわらず、全て導入遺伝子を持つ雄の子が生まれる。雄はX染色体を1コピーしか持たないからである。こうした雄から生じる雌の子は導入遺伝子について全てホモ接合となる。このサイクルが繰り返され、導入遺伝子を持つハエが続々と生まれる。

4. マラリアの伝播を阻害する別の導入遺伝子が必要であろう。実際、プラスモディウムに対する抵抗性をハマダラカに付与する遺伝子が存在する。そうした遺伝子を持つ蚊もヒトを刺すが、マラリアを媒介する確率は低下するだろう。

5. この技術は強力で、CRISPRは理論上どんな生物にも使えるから、導入遺伝子の予期しない拡散に関して当然ながら懸念が存在する。したがって、実験室の安全手順がきわめて重要である。研究者は研究所からの承認に適合した厳格な封じ込め手順に従う必要があるし、実際そうしてきた。

第19章　遺伝子、発生、進化

データで考える　（331ページの「質問▶」への解答）

1. RCTでは、実験群と対照群の間の差異は試験における変数への応答だけである。実験群と対照群の間の遺伝的差異等はランダム化され、群間で等しいと仮定される。

2. 60日後の幹細胞処理群の跛行評価スコアの差異は-1.11であった。これは対照群の差異（-0.33）よりも大きい。だから幹細胞処理群の方が改善効果が大きいと考えられる。この差異の有意性を検証する統計検定としてはt検定がよいだろう。

3. 表計算ソフト（エクセル）を用いてプロットせよ。幹細胞治療の有効性は30日以降に明らかになった。

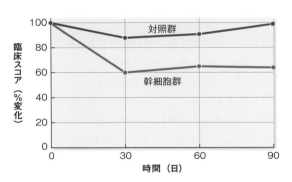

図19.8（342ページの**Q**への解答）

A：もたらしうる。もし図の左の細胞の受容体発現が少ない場

合、同一濃度の誘導因子に曝されたとしても、転写の活性化の程度は低いであろう。

図19.16（366ページの**Q**への解答）

A：もしUbxを全ての体節で発現させると、翅を作る遺伝子の発現は抑制され、平均棍ができるだろう。

図19.19（372ページの**Q**への解答）

A：もしGremlin発現をカモ胚の発生途上の足で阻害すると、足指の間でアポトーシスが起こらず、ニワトリのような足が作られるだろう。

図19.20（374ページの**Q**への解答）

A：ムカデのUbx遺伝子を持つショウジョウバエは、腹部体節から脚が生えてくるだろう。

▶ 学んだことを応用してみよう （380ページの「質問」への解答）

1．2つの種は転写因子発現が高く保たれている時間の点で違っていて、高発現時間が長いのは種1である。であるからこのタイミングの違いは異時性の例である。合理的な仮説は、種間の形態学的差異は転写因子発現のタイミングの違いに由来するというものである。具体的には、（種1のように）高発現が長時間続くとより長い剛毛ができるのだろう。

2．仮説の直接的な試験は、2つの種で転写レベルを実験的に操作することであろう。種2で*hairball*の高発現期間を増加させると、種1の剛毛サイズに近い剛毛が生えてくると予想できる。種1で*hairball*の高発現期間を減少させる

と、種2の剛毛サイズに近い剛毛が生えてくるだろう。

3. 他の体節で剛毛が生えるかどうかの差異は、それらの体節での *hairball* 発現によるものであろう。その仮説に基づけば、種1と種2の他の体節で *hairball* を適切に発現させると、それらの体節にも剛毛が生えてくると予測される。これは異所性の例である。

4. 種3由来の *Hox* 遺伝子を種1と種2で発現させ、これらの種の正常な *Hox* 遺伝子の発現を阻止すればいい。もし *Hox* 遺伝子の差異が剛毛パターンの差異の原因ならば、種3の *Hox* 遺伝子を発現する種1と種2のハエは種3のような剛毛パターンとなるであろう。同様に、種3に種1の *Hox* 遺伝子を発現させると種3は種1のような剛毛パターンになるであろう。

著者略歴（『LIFE』eleventh edition より）

デイヴィッド・サダヴァ（David E. Sadava）

クレアモント大学ケック・サイエンス・センターで教鞭を執るプリッカー家財団記念教授・名誉教授。これまで生物学入門、バイオテクノロジー、生理化学、細胞生物学、分子生物学、植物生物学、癌生物学などの講座を担当し、優れた教育者に与えられるハントゥーン賞を2度受賞。著書多数。約20年にわたり、ヒト小細胞肺癌の抗癌薬多剤耐性の機序解明に注力し、臨床応用することを目指している。非常勤教授を務めるシティ・オブ・ホープ・メディカル・センターでは現在、植物由来の新たな抗癌剤の研究に取り組む。

デイヴィッド・M・ヒリス（David M. Hillis）

テキサス大学オースティン校で総合生物学を講じるアルフレッド・W・ローク百周年記念教授。同校では生物科学部長、計算生物学・バイオインフォマティクスセンター所長なども兼任する。これまでに生物学入門、遺伝学、進化学、系統分類学、生物多様性などの講座を担当。米国科学アカデミー、米国芸術科学アカデミーの会員に選出され、進化学会ならびに系統分類学会の会長も歴任。その研究は、ウイルス進化の実験的研究、天然分子の進化の実証研究、系統発生学応用、生物多様性分析、進化のモデリングなど進化生物学の多方面にわたる。

H・クレイグ・ヘラー（H. Craig Heller）

スタンフォード大学で生物科学と人体生物学の教鞭を執るロリー・I・ローキー／ビジネス・ワイア記念教授。1972年以来、同校で生物学の必修講座を担当し、人体生物学プログラムのディレクター、生物学主任、研究担当副学部長を歴任。科学雑誌『サイエンス』の発行元でもあるアメリカ科学振興協会の会員で、卓越した教育者に贈られるウォルター・J・ゴアズ賞などを受賞。専門分野は、睡眠・概日リズム、哺乳類の冬眠に関わる神経生物学、体温調節、ヒトの行動生理学など。学部生の学際的なアクティブラーニングの推進にも尽力している。

サリー・D・ハッカー（Sally D. Hacker）

オレゴン州立大学教授。2004年以来同校で教鞭を執り、これまでに生

態学入門、群集生態学、外来種の侵入に関する生物学、フィールド生態学、海洋生物学などの講座を担当。米国生態学会が若手研究者の優れた発表を表彰するマレー・F・ビューエル賞や米国ナチュラリスト協会の若手研究者賞を受賞。種間の相互作用や地球規模の変化の様々な条件下における、自然および管理された生態系の構造や機能、貢献（人類に提供する効能）を追究する。近年は、気候変動による沿岸域の脆弱性緩和に資する砂丘生態系の保護機能の研究に注力している。

【監訳・翻訳】

石崎 泰樹（いしざき　やすき）

1955年生まれ。東京大学医学部医学科卒業後、東京大学大学院医学系研究科を修了、医学博士。生理学研究所、東京医科歯科大学、英国ロンドン大学ユニヴァシティカレッジ、神戸大学、群馬大学医学部長・大学院医学系研究科長、医学系研究科教授（分子細胞生物学）を経て、2021年4月より群馬大学学長。編著・訳書に『イラストレイテッド生化学原書7版』（丸善、共監訳）、『症例ファイル　生化学』（丸善、共監訳）、『カラー図解　人体の細胞生物学』（日本医事新報社、共編集）など。

中村千春（なかむら　ちはる）

1947年生まれ。京都大学農学部卒業後、米国コロラド州立大学大学院博士課程修了（Ph.D）。神戸大学農学研究科教授、同研究科長、神戸大学副学長・理事を経て同名誉教授。専門は植物遺伝学。著書・訳書に『エッセンシャル遺伝学・ゲノム科学』（化学同人、共監訳）、『遺伝学、基礎テキストシリーズ』（化学同人、編著）など。

【翻訳】

小松佳代子（こまつ　かよこ）

翻訳家。早稲田大学法学部卒業。都市銀行勤務を経て、ビジネス・出版翻訳に携わる。訳書に『もうひとつの脳　ニューロンを支配する陰の主役「グリア細胞」』（講談社ブルーバックス、共訳）、『図書館巡礼　「限りなき知の館」への招待』（早川書房、翻訳）。

さくいん

太字のページ番号は、本文中で強調表示している箇所
斜体のページ番号は、図表、および図表解説中に表示している箇所

N.D.C.460　414p　18cm

ブルーバックス　B-2165

カラー図解　アメリカ版　新・大学生物学の教科書
第3巻　生化学・分子生物学

2021年4月20日　第1刷発行
2024年3月8日　第4刷発行

著者　　　　D・サダヴァ 他

監訳・翻訳　石崎泰樹
　　　　　　中村千春

翻訳　　　　小松佳代子

発行者　　　森田浩章

発行所　　　株式会社講談社
　　　　　　〒112-8001　東京都文京区音羽2-12-21

電話　　　　出版　　03-5395-3524
　　　　　　販売　　03-5395-4415
　　　　　　業務　　03-5395-3615

印刷所　　　(本文印刷) 株式会社新藤慶昌堂
　　　　　　(カバー表紙印刷) 信毎書籍印刷 株式会社

本文データ制作　ブルーバックス

製本所　　　株式会社国宝社

ISBN978-4-06-513745-1

発刊のことば

科学をあなたのポケットに

二十世紀最大の特色は、それが科学時代であるということです。科学は日に日に進歩を続け、止まるところを知りません。ひと昔前の夢物語もどんどん現実化しており、今やわれわれの生活のすべてが、科学によってゆり動かされているといっても過言ではないでしょう。

そのような背景を考えれば、学者や学生はもちろん、産業人も、セールスマンも、ジャーナリストも、家庭の主婦も、みんなが科学を知らなければ、時代の流れに逆らうことになるでしょう。

ブルーバックス発刊の意義と必然性はそこにあります。このシリーズは、読む人に科学的に物を考える習慣と、科学的に物を見る目を養っていただくことを最大の目標にしています。そのためには、単に原理や法則の解説に終始するのではなくて、政治や経済など、社会科学や人文科学にも関連させて、広い視野から問題を追究していきます。科学はむずかしいという先入観を改める表現と構成、それも類書にないブルーバックスの特色であると信じます。

一九六三年九月

野間省一